线阵推扫式光学卫星几何高精度处理

张　过　著

科　学　出　版　社

北　京

版权所有，侵权必究

举报电话：010-64030229；010-64034315；13501151303

内 容 简 介

本书研究了线阵推扫式光学卫星几何定位模型与误差改正、在轨几何检校、高频误差探测、无畸变影像生成、区域网平差等方面的一批关键技术，开发相关处理软件并推广应用，形成了一套线阵推扫式光学卫星高精度几何处理理论方法以及配套软件，在多颗国产卫星数据处理与应用中心业务化实际使用。

本书可供测绘、国土、航天、规划、农业、林业、资源环境、遥感、地理信息系统等空间地理信息相关行业的生产技术人员和科研工作者参考。

图书在版编目(CIP)数据

线阵推扫式光学卫星几何高精度处理/张过著. —北京：科学出版社，2016.11

ISBN 978-7-03-050509-5

Ⅰ.①线… Ⅱ.①张… Ⅲ.①卫星遥感—遥感图象—数字图象处理 Ⅳ.①TP751.1

中国版本图书馆CIP数据核字(2016)第271454号

责任编辑：张颖兵 杨光华 / 责任校对：董 丽

责任印制：彭 超 / 封面设计：苏 波

科学出版社 出版

北京东黄城根北街16号

邮政编码：100717

http://www.sciencep.com

武汉中远印务有限公司印刷

科学出版社发行 各地新华书店经销

*

开本：787×1092 1/16

2016年11月第 一 版 印张：14 1/2

2017年9月第二次印刷 字数：368 000

定价：108.00元

(如有印装质量问题，我社负责调换)

前　　言

提升国产光学卫星几何质量，保障国产卫星数据应用效果，是真正解决国内遥感数据自主化的关键。自 1999 年发射中巴地球资源卫星（China & Brazil Earth Resource Satellite，CBERS-01）后，我国陆续设计并发射了系列高分辨率光学遥感卫星，使得我国可以快速获取全球范围的高分辨率光学影像；但因为国内卫星硬件水平限制和设计缺陷，国产高分辨率光学卫星影像几何质量差，应用效果不理想，导致我国长期无法在高分辨率影像数据上自给自足。在 2010 年启动实施的高分辨率对地观测系统重大专项（简称“高分专项”）推动下，天绘系列卫星、资源三号卫星及高分系列卫星陆续发射，我国在航天遥感领域取得了系列突破和可喜成果。其中，2012 年发射的资源三号卫星解决了我国 1∶50 000 比例尺测图自主数据供应难题，实现了我国民用高分辨率立体测绘卫星领域零的突破；2014 年发射的“高分二号”卫星全色分辨率达到 0.8m，标志着我国民用遥感卫星跨入亚米级时代。但时至今日，我国资源系列、遥感系列卫星的大量数据仍然因质量问题得不到较好应用而造成堆积浪费。

从 2002 年起，针对国产线阵推扫式光学卫星图像数据几何内外精度低这一问题开展了相关研究，在多个项目的支持下，在高精度几何处理方面取得了初步进展：①创建了国产线阵推扫式光学卫星的高精度在轨几何检校方法集，实现了国产线阵推扫式光学卫星在轨几何检校突破，支持了我国测绘卫星、遥感卫星、资源卫星和商业卫星的高精度几何定标；②提出了基于平行观测的国产光学卫星的“高频姿态误差”探测原理及方法，在无需地面控制数据的条件下实现了高频误差的探测与量化表征；③针对单相机多线阵和多相机多线阵高精度拼接问题，提出了虚拟 CCD、虚拟相机的传感器校正产品概念，构建了制作满足理想线中心投影的无畸变影像产品技术体系；④针对区域卫星影像正射纠正控制点需求多和影像间接边精度差问题，提出了 DEM 辅助的卫星影像平面区域网平差方法；⑤针对线阵推扫式光学卫星基于标准景的立体区域网平差需求控制点多问题，提出了基于轨道约束的标准景卫星影像立体区域网平差方法；⑥提出了以 SRTM-DEM 为控制的光学卫星立体影像几何纠正方法，解决了全球部分无控制点区域卫星影像纠正问题。

为了加强与各位同仁交流，促进我以及团队在光学卫星影像精处理方向的创新发展，将多年来在线阵推扫式光学卫星高精度几何处理方向的研究成果进行归纳总结，以几何定位模型与误差改正、在轨几何检校、高频误差探测、无畸变影像生成、区域网平差等方面的发展现状、问题原因、理论方法、误差模型、算法流程、试验验证、应用情况为章节主线，形成了本书的主体内容。希望本书对丰富线阵推扫式光学卫星高精度几何处理技术体系，促进航天摄影测量学的发展起到一定的推动作用。

在十多年研究过程中，得到多项课题的资助，在此对这些课题资助单位的领导与管理人员表示感谢。还要对完成课题研究合作单位的相关研究伙伴一并致谢，感谢他们在我研究中的无私关怀、鼓励与奉献。

感谢研究团队人员蒋永华、汪韬阳、潘红播、李立涛、张浩、黄文超、徐凯、崔子豪、祝小勇、刘斌等为本书编辑工作和相关试验做出的努力。

由于卫星信息精处理方向发展迅速，而我的水平有限，本书中还存在许多不足，敬请各位同仁批评指正，本人深表感谢！

作　者

2016 年 9 月于武汉

目　　录

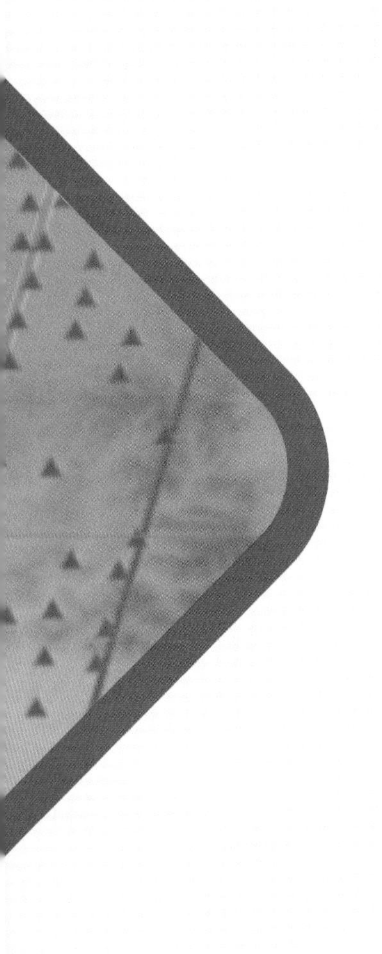

第 1 章 绪论

本章简要介绍国内外高分光学卫星的发展现状与存在的问题，指出国内外光学卫星朝着高空间分辨率、高敏捷机动能力、高定位精度方向发展，但我国光学卫星存在的几何质量问题也就是“测不准”的问题日益凸显，影响我国高分光学遥感卫星的应用效果。本章还描述与定义了和高精度几何处理与应用相关的基本概念，并对影像处理常用的相关坐标系的定义及转换模型进行了论述。

1.1 国内外高分光学卫星发展现状

光学遥感卫星能够长时间、周期性地对地球成像，具备数据获取快速、成本低且不受区域限制的优势，已经成为人们获取地球空间信息的重要手段。长期以来，世界各国竞相发展遥感对地观测技术，陆续发射了系列光学卫星，如美国的 Landsat、IKONOS 系列卫星，法国的 SPOT 系列卫星、日本的 ALOS 系列卫星等。这些卫星为各国国防建设、能源监测、农业估产、自然灾害评估等提供了大量的数据。

近年来随着航天技术的不断发展，国外光学遥感卫星朝着高空间分辨率、高敏捷机动能力、高定位精度等方向发展，主要体现在：①空间分辨率方面，国外亚米级甚高分辨率卫星已经得到大规模应用，美国于 2014 年发射的 WorldView-3 卫星全色分辨率已经达到 0.31 m(图 1.1)(Digitalglobe,2014)，成为当前最高分辨率的商业卫星；②敏捷机动方面，美国最早于 1999 年发射敏捷卫星 IKONOS-2，得到广泛关注及应用；此后美国陆续发射了 Quickbird、WorldView 等敏捷卫星(表 1.1)(张新伟等，2011)；2011～2012 年法国发射的 Pleiades 系列卫星展现出了更为优秀的敏捷机动能力(Greslou et al.,2012)；③定位精度方面，卫星影像的定位精度由早期的千米量级(Wong,1975)，逐渐提升至 SPOT5 的 50 m(Bouillon et al., 2003)、IKONOS 的 12 m(Grodecki et al., 2005)，直至当前 WorldView、GeoEye 的 3 m 左右(Aguilar et al.,2013)。国外光学遥感卫星的发展呈现出蓬勃生机。

图 1.1 WorldView-3 示意图

表 1.1 国外敏捷卫星性能参数

卫星	IKONOS	Quickbird-2	WorldView-1	WorldView-2	GeoEye-1
发射时间	1999 年	2001 年	2007 年	2009 年	2008 年
设计寿命/年	7	7	7.25	7.25	7
轨道高度/km	681	450	496	770	684
质量/kg	1 100	950	2 500	2 800	1 955

续表

卫星	IKONOS	Quickbird-2	WorldView-1	WorldView-2	GeoEye-1
全色分辨率/m	1	0.61	0.5	0.46	0.41
多光谱分辨率/m	4	2.44	2	1.8	1.64
成像幅宽/km	11	16.5	17.6	16.4	15.2
角速度	4°/s	10°/20 s 50°/45 s	4.5°/s	3.5°/s	——

在国际高分辨率(简称高分)对地观测技术的发展热潮中,我国也积极开展相关研究。自1999年发射中巴地球资源卫星(CBERS-01)后,我国陆续设计并发射了系列高分辨率光学遥感卫星。2006年我国政府将高分专项列入《国家中长期科学与技术发展规划纲要(2006~2020年)》,并于2010年5月经国务院批准启动实施。在高分专项的推动下,我国高分光学卫星快速发展。2012年,我国发射资源三号(ZY3-01)卫星,解决了1∶50 000比例尺测图自主数据供应难题,实现了我国民用高分辨率立体测绘卫星领域零的突破,是我国卫星测绘发展史上一座新的里程碑(李德仁,2012);2013年,高分专项首发星"高分一号"卫星成功发射,卫星上搭载了2 m/8 m分辨率的全色/多光谱相机和16m分辨率的多光谱宽幅相机,其宽幅相机的覆盖幅宽达到800 km,突破了高空间分辨率、多光谱与高时间分辨率的结合;2014年,"高分二号"卫星发射成功,其全色分辨率达到0.8 m,标志着我国民用遥感卫星跨入亚米时代,国内迎来了高分光学卫星发展的高潮。表1.2列举了我国现役主流高分辨率光学卫星。

表1.2 我国现役主流高分辨率光学卫星基本参数

卫星	发射时间	轨道高度/km	分辨率/m	成像幅宽/km	实际定位精度/m
遥感6号	2008年	650	2	48	无控制定位精度200 m(随着时间漂移),有控制定位精度优于20 m
资源一号02C	2011年	780	P/MS:5/10 HR:2.36	P/MS:60 HR:54	无控制优于150 m
天绘一号01	2010年	500	P/MS:2/10 F/B/N:5	60	——
天绘一号02	2012年	500	P/MS:2/10 F/B/N:5	60	无控制平面10.3 m,高程5.7 m
资源三号	2012年	505	F/B:3.5 N:2.1 MS:5.8	51	无控制平面优于10 m,高程优于5 m
实践九A	2012年	640	P:2.5 M:10	30	无控制定位精度200 m(随着时间漂移)

续表

卫星	发射时间	轨道高度/km	分辨率/m	成像幅宽/km	实际定位精度/m
遥感 11 号	2012 年	479	0.8	23	无控制定位精度 100 m,有控制定位精度优于 20 m
高分一号	2013 年	645	P/MS:2/8 宽幅相机:16	P/MS:60 宽幅相机:800	—
高分二号	2014 年	631	P:1 MS:4	45	—
遥感 10 号	2014 年	500	P:1 MS:4	12	无控制定位精度 200 m,有控制定位精度优于 20 m
遥感 6A 号	2014 年	640	P:1 MS:3	64	—
遥感 14A 号	2014 年	500	P:0.5 MS:2	24	—
吉林一号	2015 年	648	P:0.7 MS:2.8	11.7	无控制定位精度 200 m,有控制定位精度优于 1.5 个像素

注:P 表示全色;MS 表示多光谱;F 表示三线阵前视;N 表示三线阵正视;B 表示三线阵后视。

随着在轨光学卫星数量的增多,我国具备了快速获取全球区域高分辨率光学影像的能力;但与强大的数据获取能力相矛盾的是,多数国产卫星影像数据没有得到充分的利用,造成大量的卫星数据浪费。究其原因,国产光学卫星影像的几何质量问题(表 1.2)是影响其应用效果的重要因素。随着遥感影像分辨率及辐射质量的提高,我国逐渐解决了卫星“看不清”的问题,但伴随着遥感应用研究的逐步深入,“测不准”的问题却日益凸显。国民经济的发展与国防建设的需要,对我国高分光学卫星的定位精度提出了较高的要求,而当前大多数的卫星数据难以满足要求。目前,地面高精度的处理方法研究已经成为一个非常重要的研究领域。

1.2 基本概念

本节主要介绍几个与高分辨线阵推扫式光学卫星影像处理相关的概念。

1. 线阵推扫成像

线阵推扫式光学成像卫星采用 TDI CCD(time delay integration charge-coupled device)或 CCD 线阵推扫成像,单次曝光成像仅获取相机视场内的一行图像,而随着卫星与地面的相对运动，相机随卫星运动扫描地面不同区域最终形成二维图像，如图 1.2 所示。线阵推扫式卫星单行成像符合线中心投影原理，可依据经典共线方程建立其几何定位模型。

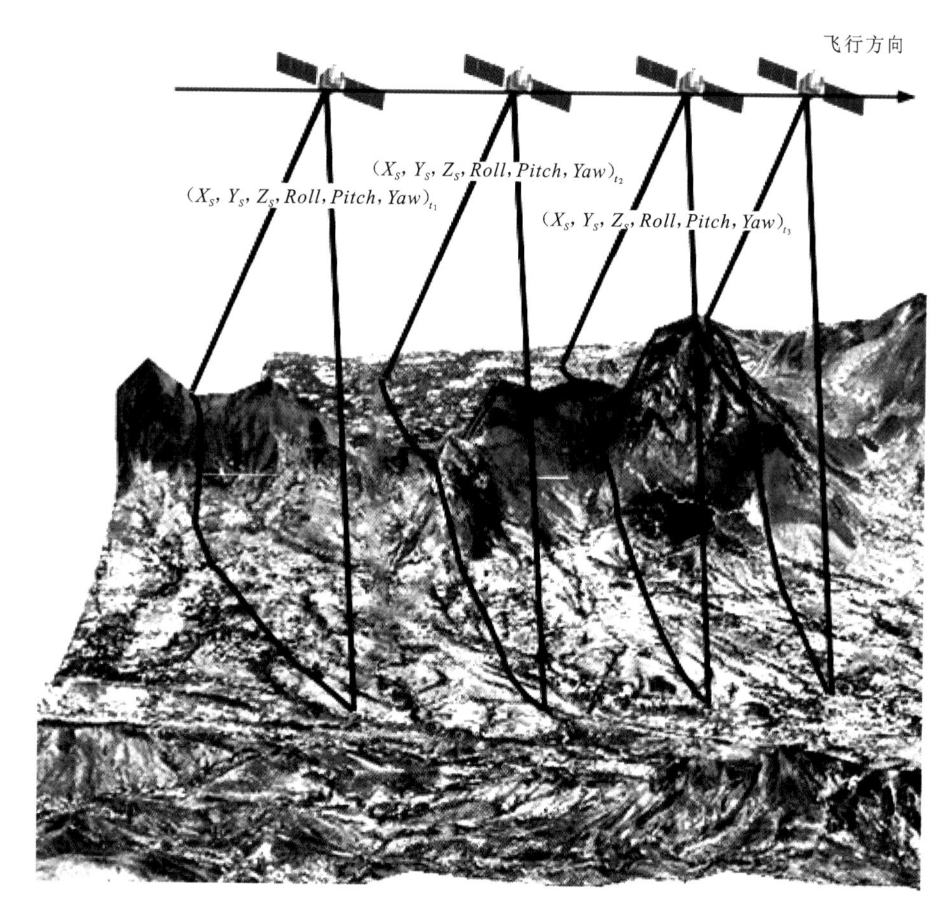

图 1.2 线阵推扫成像示意图

2. 内方位元素

内方位元素描述了图像坐标系下像点在相机坐标系的指向，对于星载线阵推扫式的传感器而言，内方位元素除主点和主距外，还包含镜头畸变、像素尺寸变化、CCD 像点位移、多 CCD 拼接等反映影像复杂变形的因素。

3. 外方位元素

用于描述摄影中心的空间坐标位置和姿态的参数，称为外方位元素。包含：三个线元素，用于描述摄影中心的空间位置；三个角元素，用于影像的空间姿态。

4. 高频误差

高频误差一般指误差产生频度大于某一频率的误差。为提高处理精度，本书将高频误差概念拓展定义为星上姿轨量化精度不高、测量频率不够而无法准确采样记录的如姿态轨道误差、时间同步误差等统称为高频误差，而不仅仅局限于姿态抖动等常规的高频率误差。

对应高频误差的还有静态误差、动态误差，其基本定义见几何内/外定标。

5. 平行观测

将相邻CCD阵列对同一地物成像获取的同名点对（包含点对位置关系、成像时间间隔）定义为平行观测。

6. 几何内/外定标

根据星上误差随时间变化特性，可以分为动态误差及静态误差。其中，动态误差主要包括姿轨测量误差、设备安装误差，这些误差在短时段内（如单景成像时间内）主要表现为系统误差，而长时段内会发生变化且变化幅度不可忽略；静态误差主要包括相机内方位元素误差，其在一定时间内（如三个月内）不会发生变化或变化幅度可以忽略。针对动态误差的检校称为外方位元素检校，而针对静态误差的检校称为内方位元素检校。

7. 几何定位模型

由于卫星的轨道运动、相机的扫描运动和地球自转，遥感图像定位是空间几何和时序的结合。所谓几何定位模型，指的是地物点的影像坐标(x,y)和地面坐标(X,Y,Z)之间的数学关系。对任何一个传感器成像过程的描述都可以通过一系列点的坐标来进行。

8. 区域网平差

区域网平差是以影像为基本平差单元，根据控制点内外业坐标相等、加密点的内业坐标相等，按照几何定标模型列出误差方程，在全测区统一进行平差处理，求解测区内所有影像的定向参数和加密点的三维坐标。

1.3 相关坐标系定义及转换

光学卫星几何定位涉及的坐标系主要包括：影像坐标系，相机坐标系、本体坐标系、轨道坐标系、地心惯性坐标系及地固坐标系。

1.3.1 影像坐标系

影像坐标系以影像的左上角点为原点，以影像的列方向为y轴方向，以影像的行方向为x轴方向，如图1.3所示，其大小由像素点的行列号确定。

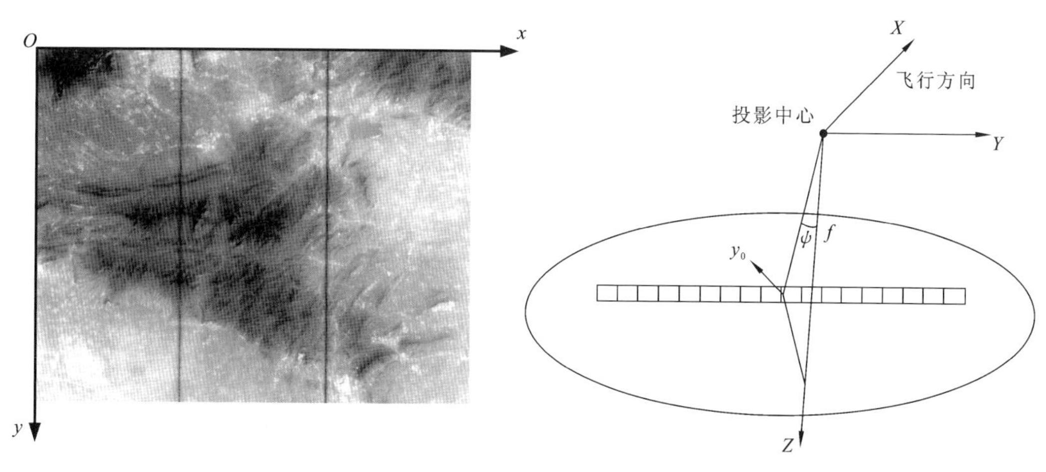

图 1.3 图像坐标系示意图　　图 1.4 相机坐标系示意图

1.3.2 相机坐标系

相机坐标系原点位于相机投影中心，Z 轴为相机主光轴且指向焦面方向为正，Y 轴平行于 CCD 阵列方向，X 轴指向卫星飞行方向，三轴指向满足右手坐标系规则，如图 1.4 所示。

对于影像坐标(x_i, y_i)(以 x_i 为影像行，y_i 为影像列)，其对应的相机坐标(x_c, y_c, z_c)如下：

$$\begin{bmatrix} x_c \\ y_c \\ z_c \end{bmatrix} = \begin{bmatrix} f \cdot \tan\psi \\ (y_i - y_0) \cdot \lambda_{ccd} \\ f \end{bmatrix} \tag{1.1}$$

其中：f 代表相机主距；ψ 为 CCD 阵列沿轨向偏场角；y_0 为主视轴(过主点垂直于 CCD 线阵的垂点)对应位置；λ_{ccd} 为探元大小。

1.3.3 本体坐标系

卫星本体坐标系是与卫星固联的坐标系。通常取卫星质心作为原点，取卫星三个主惯量轴为 X、Y、Z 轴。其中，OZ 轴由质心指向地面为正，OX 轴指向卫星飞行方向为正，OY 轴由右手坐标系规则确定(图 1.5)。

相机坐标系与本体坐标系的转换关系由相机安装决定，该安装关系在卫星发射前进行测量。对于相机坐标(x_c, y_c, z_c)，其对应的本体坐标(x_b, y_b, z_b)为

$$\begin{bmatrix} x_b \\ y_b \\ z_b \end{bmatrix} = \begin{bmatrix} \mathrm{d}x \\ \mathrm{d}y \\ \mathrm{d}z \end{bmatrix} + \boldsymbol{R}_{\text{camera}}^{\text{body}} \begin{bmatrix} x_c \\ y_c \\ z_c \end{bmatrix}, \quad \boldsymbol{R}_{\text{camera}}^{\text{body}} = \boldsymbol{R}_y(\varphi_c)\boldsymbol{R}_x(\omega_c)\boldsymbol{R}_z(\kappa_c) \tag{1.2}$$

其中：$\begin{bmatrix} \mathrm{d}x \\ \mathrm{d}y \\ \mathrm{d}z \end{bmatrix}$为相机坐标系原点与本体坐标系原点偏移；$\boldsymbol{R}_{\text{camera}}^{\text{body}}$为相机坐标系相对于本体坐标系的转换矩阵；$\boldsymbol{R}_y(\varphi_c)$、$\boldsymbol{R}_x(\omega_c)$、$\boldsymbol{R}_z(\kappa_c)$分别表示绕相机坐标系 y 轴、x 轴、z 轴旋转 φ_c、ω_c、κ_c 组成的旋转矩阵。式(1.2)中偏移值、旋转角度值均在地面阶段测量获取。

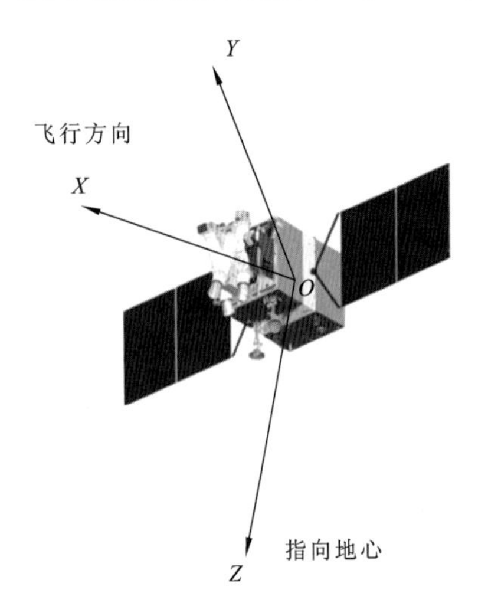

图 1.5　本体坐标系示意图

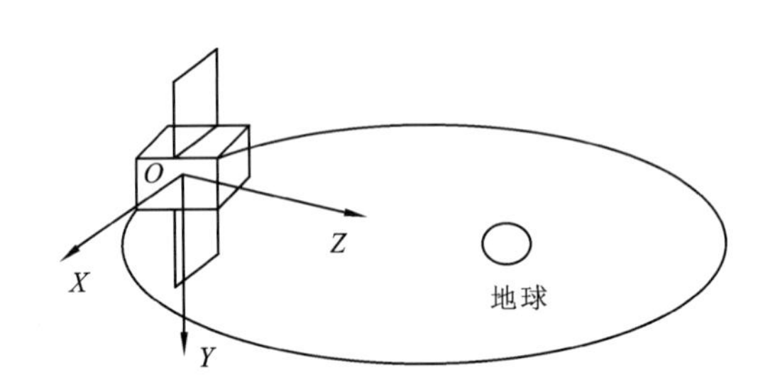

图 1.6　轨道坐标系示意图

1.3.4　轨道坐标系

轨道坐标系是关联星上与地面的过渡坐标系(图 1.6)。其原点为卫星质心，OX 轴大致指向卫星飞行方向，OZ 轴由卫星质心指向地心，OY 轴依据右手坐标系规则确定。

本体坐标系与轨道坐标系的原点重合，可以通过三轴旋转完成坐标系间的相互转换。而旋转角度可通过卫星上搭载的测姿仪器获取。本体坐标(x_b, y_b, z_b)对应的轨道坐标(x_o, y_o, z_o)为

$$\begin{bmatrix} x_o \\ y_o \\ z_o \end{bmatrix} = \boldsymbol{R}_{\text{body}}^{\text{orbit}} \begin{bmatrix} x_b \\ y_b \\ z_b \end{bmatrix}, \boldsymbol{R}_{\text{body}}^{\text{orbit}} = \boldsymbol{R}_y(\varphi_b)\boldsymbol{R}_x(\omega_b)\boldsymbol{R}_z(\kappa_b) \tag{1.3}$$

其中：$\boldsymbol{R}_{\text{body}}^{\text{orbit}}$为本体坐标系相对于轨道坐标系的转换矩阵；$\varphi_b$、$\omega_b$、$\kappa_b$ 是由星上测姿设备获取的本体坐标系相对于轨道坐标系的姿态角。

1.3.5　地心惯性坐标系

地心惯性坐标系以地球质心为原点，由原点指向北天极为 Z 轴，原点指向春分点为

X轴,Y轴由右手坐标系规则确定(图1.7)。由于章动岁差等因素的影响,地心惯性坐标系的坐标轴指向会发生变化,给相关研究带来不便。为此,国际组织选择某历元下的平春分、平赤道建立协议惯性坐标系。遥感几何定位中通常使用的是J2000.0历元下的平天球坐标系,本书称为J2000坐标系。

假定t时刻卫星在J2000坐标系下的位置矢量为$\boldsymbol{p}(t)=[X_s \quad Y_s \quad Z_s]^{\mathrm{T}}$,速度矢量为$\boldsymbol{v}(t)=[V_x \quad V_y \quad V_z]$,则$t$时刻轨道坐标系与J2000坐标系的转换矩阵(USGS,2013)为

$$\boldsymbol{R}_{\text{orbit}}^{\text{J2000}}=\begin{bmatrix} a_X & b_X & c_X \\ a_Y & b_Y & c_Y \\ a_Z & b_Z & c_Z \end{bmatrix}, c=-\frac{\boldsymbol{p}(t)}{\|\boldsymbol{p}(t)\|}, b=\frac{c\times\boldsymbol{v}(t)}{\|c\times\boldsymbol{v}(t)\|}, a=b\times c \tag{1.4}$$

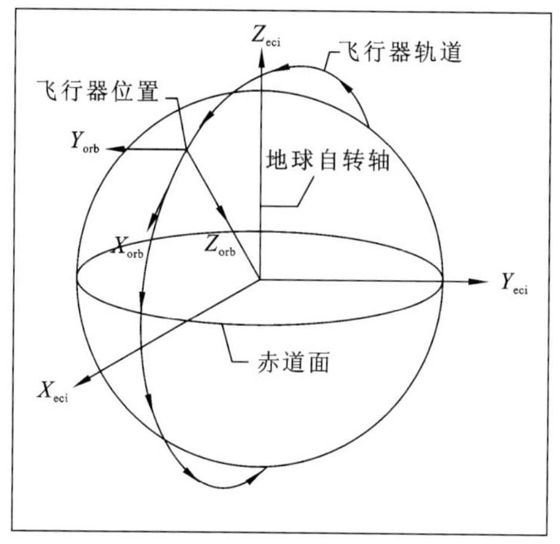

图1.7 地心惯性坐标系示意图(USGS,2013)

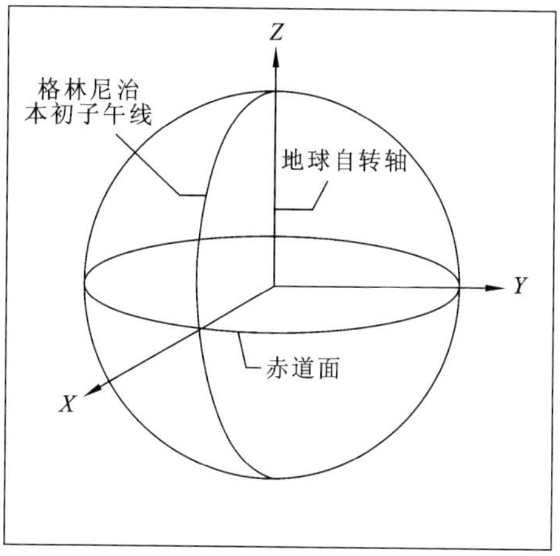

图1.8 地固坐标系示意图(USGS,2013)

1.3.6 地固坐标系

地固坐标系与地球固联,用以描述地面物体在地球上的位置(图1.8)。其原点位于地球质心,以地球自转轴为Z轴,由原点指向格林尼治子午线与赤道面交点为X轴,Y轴由右手坐标系规则确定。

由于受到地球内部质量不均匀等因素的影响,地球自转轴相对于地球体产生运动,从而导致地固坐标系轴向变化。国际组织通过协议地极建立了协议地球坐标系(USGS,2013)。

李广宇(2010)详细介绍了地心惯性坐标系及地固坐标系的两种转换方式:经典的基于春分点的转换方式及基于天球中间零点的转换方式。图1.9以基于春分点的转换方式为例给出了转换流程。

目前遥感影像几何处理中通常选用WGS84椭球框架下的协议地固坐标系,因此本研究将其简称为WGS84坐标系。

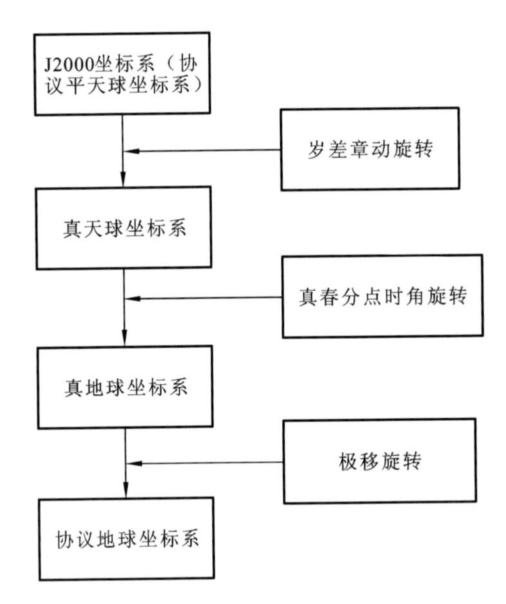

图 1.9　地心惯性坐标系与地固坐标系转换示意图

参考文献

李德仁. 2012. 我国第一颗民用三线阵立体测图卫星:资源三号测绘卫星. 测绘学报,41(3):317-322.

李广宇. 2010. 天球参考系变换及其应用. 北京:科学出版社.

张新伟,戴君,刘付强. 2011. 敏捷遥感卫星工作模式研究. 航天器工程,20(4):32-38.

Aguilar M A, del Mar Saldana M, Aguilar F J. 2013. Assessing geometric accuracy of the orthorectification process from GeoEye-1 and WorldView-2 panchromatic images. International Journal of Applied Earth Observation and Geoinformation(21):427-435.

Bouillon A,Breton E,De Lussy F,et al. 2003. SPOT5 geometric image quality. In Geoscience and Remote Sensing Symposium. 2003 IEEE International Proceedings(1):303-305.

Digitalglobeblog. 2014. http://www. digitalglobeblog. com/2014/08/26/worldview-3-first-images/[2016-03-01].

Greslou D,De Lussy F,Delvit J M,et al. 2012. Pleiades-HR innovative techniques for geometric image quality commision. International Archives of the Photogrammetry,Remote Sensing and Spatial Information Sciences. Melbourne:ISPRS Congress Volume XXXIX-B1,XXII.

Grodecki J,Lutes J. 2005. IKONOS geometric calibrations. Baltimore.

USGS. 2013. LDCM Cal/Val Algorithm Description Document(version 3.0).

Wong K. 1975. Geometric and cartographic accuracy of ERTS-1 imagery. Photogrammetric Engineering & Remote Sensing,41(5):621-635.

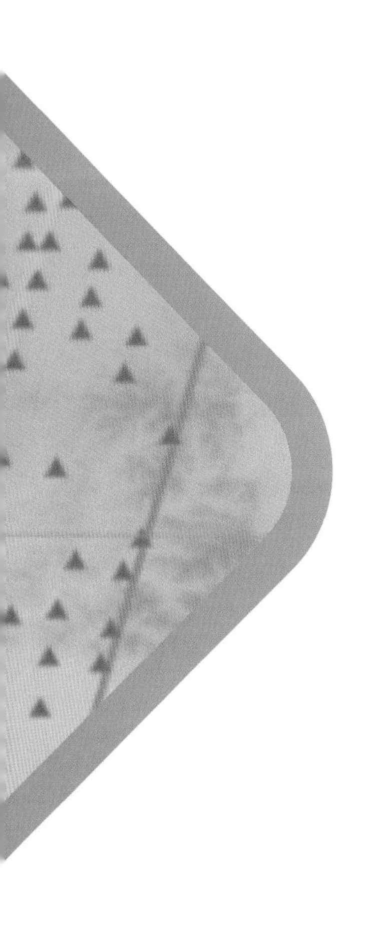

第 2 章

线阵推扫式光学卫星几何定位模型与误差分析

本章简要介绍线阵推扫式光学卫星几何定位模型的研究现状，给出适用于国产线阵推扫式光学卫星的几何定位模型，梳理成像链路中影响几何定位精度的各项误差源，并对误差特性进行推导分析。通过对有理函数的数学性质的定性分析，利用实际线阵影像试验对不同求解有理函数模型参数的方法进行比较分析，并验证有理函数模型有拟合某些五次函数的可能性。

2.1 几何定位模型研究进展

几何定标模型包含严密成像几何模型和有理函数模型。

严密成像几何模型是基于扩展共线方程，按模型中参数的来源可划分为两类：间接定位和直接定位（Poli，2005）。

早期卫星影像由于卫星的姿态、轨道测量精度不高，普遍采用间接定位方式，通过假设影像的外方位线元素和外方位角元素符合一定的模型，利用控制点直接求解模型参数。Konecny等（1987）假设卫星在一景数据获取时间范围内是匀速直线运动且姿态保持不变，基于共线方程建立了严密成像几何模型；Gupta等（1997）也提出了类似的模型。Gugan（1987）提出动态轨道模型，卫星的沿轨向运动可以用两个轨道参数描述（真近点角和升交点随时间线性变化），以及估计到姿态随时间的漂移模型共14个未知数组成共线方程。Kratky（1989）基于轨道参数获取外方位线元素，对姿态建立多项式模型，此外加入了焦距和主点的约束。Orun等（1994）顾及俯仰角和沿轨向的位移，翻滚角和垂轨向的位移高度相关，提出了一种改化模型，针对SPOT影像取得较好效果。Toutin（1995）提出了Toutin模型，该模型同样基于共线方程，建立最终的地图坐标系与影像坐标系的对应关系，在建立严密模型后经过一系列的展开化简得到最终形式，该模型作为PCI Geomatica中的成像几何模型应用于星载光学卫星影像和SAR影像，均取得较好的定位效果。德国慕尼黑工业大学利用定向片的技术获取星载三线阵传感器的外方位元素，定向片之间的外方位元素采用拉格朗日多项式约束，所有参数通过区域网平差的方式进行估计（Ebner et al.，1993）。王任享院士等（2012）基于相近似的方案建立等效框幅式相片的光束法平差方案。

随着卫星姿态和轨道测量精度的进一步提升，越来越多的卫星采用直接定位方式，即通过星历参数的内插和姿态参数的内插模型进行定位（SPOTImage，2002）。张过（2005）提出了多项式拟合轨道姿态模型的严密成像几何模型，Poli（2007）提出了分段多项式函数的姿态、轨道模型的严密成像几何模型。Weser等（2008）提出了通过样条函数建立轨道姿态模型的通用模型。

有理函数模型（rational function model，RFM），也称为RPC（rational polynomial camera）模型、有理多项式（rational polynomial coefficients）模型，是一种通用传感器模型，因其出色的替代精度、更快的计算速度、通用的形式以及隐藏原始物理参数等特性，已在高分辨率线阵推扫式传感器中得到了广泛应用（Dowman et al.，2000）。

RPC（RFM）的求解方式有两种：地形相关的求解方式和地形无关的求解方式（Tao et al.，2001）。地形相关的求解方式是利用大量控制点直接求解，类似于间接定位的方式，而地形无关的方式是通过直接定位模型建立虚拟控制格网进行求解。

当前，几乎所有的商业软件，如PCI Geomatica，ERDAS，ENVI，LH Systems SOCET Set等商业软件都支持RFM模型。然而RFM是一种平滑的替代模型，因此，原始模型中的高阶畸变将造成影像的 RFM 替代精度较低，如 ALOS 的 Level 1B1 产品中姿态的抖动（Takaku，2011）。如图 2.1 前视相机多片 CCD 间误差分布图所示，各个 CCD 之间的误差分布是一致的，表明误差的主要来源为姿态的高阶部分，RFM 无法吸收。

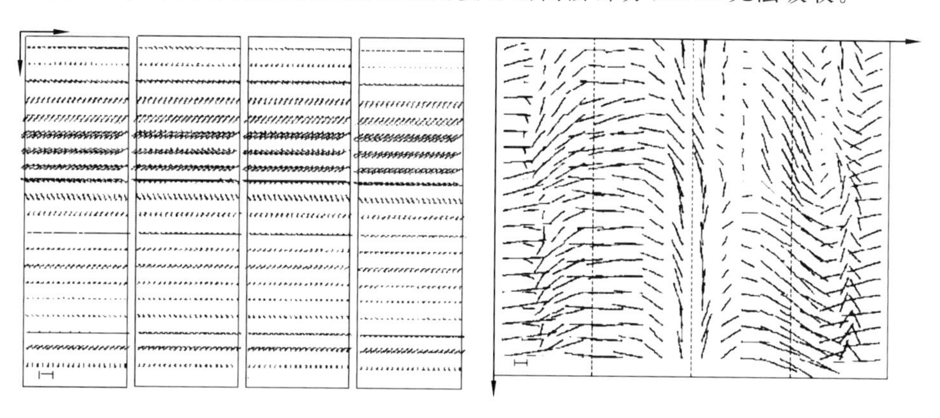

图 2.1　ALOS PRISM 前视相机分片 CCD 与整景影像检查点误差分布图

ALOS PRISM 提供了两种不同类型的 RPC（RFM）：第一种为分片 CCD 的 RPC（RFM），第二种为整景影像的 RPC（RFM）。其中，第一种的误差主要受姿态等因素影响，第二种还需要 RFM 吸收 CCD 间错位的畸变。如图 2.2 所示（Takaku et al.，2009），CCD 之间的错位达 3 个像素左右，RPC（RFM）无法对此畸变建立模型。

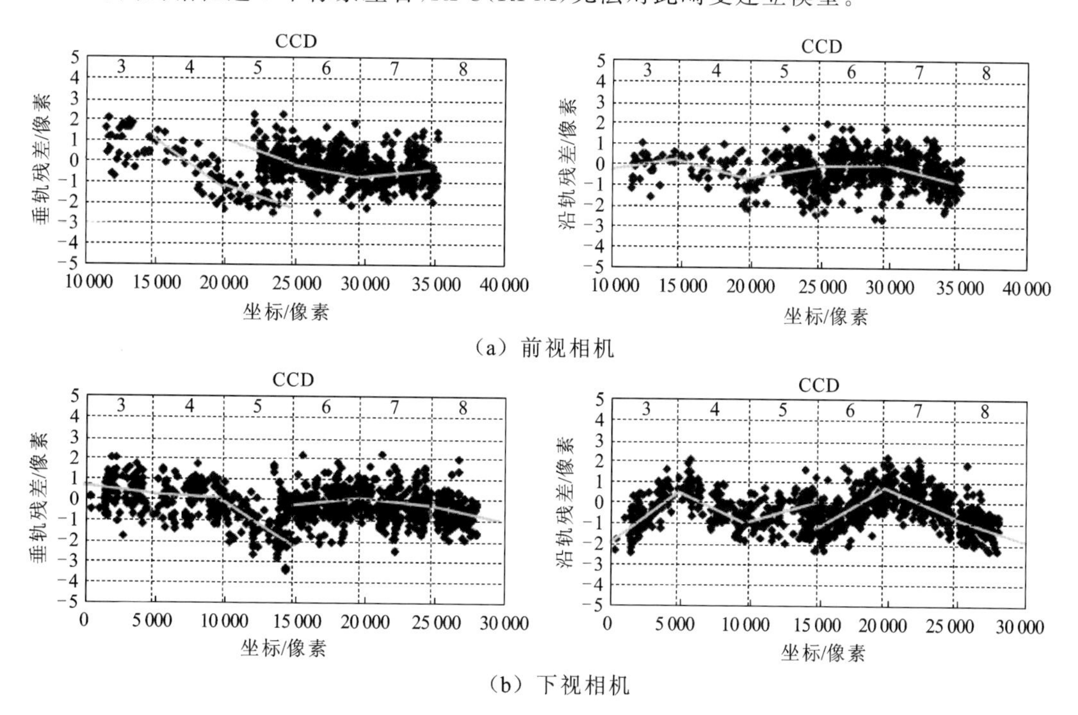

图 2.2　ALOS PRISM 控制点残差在 x 方向和 y 方向分布图（去除线性 CCD 后）

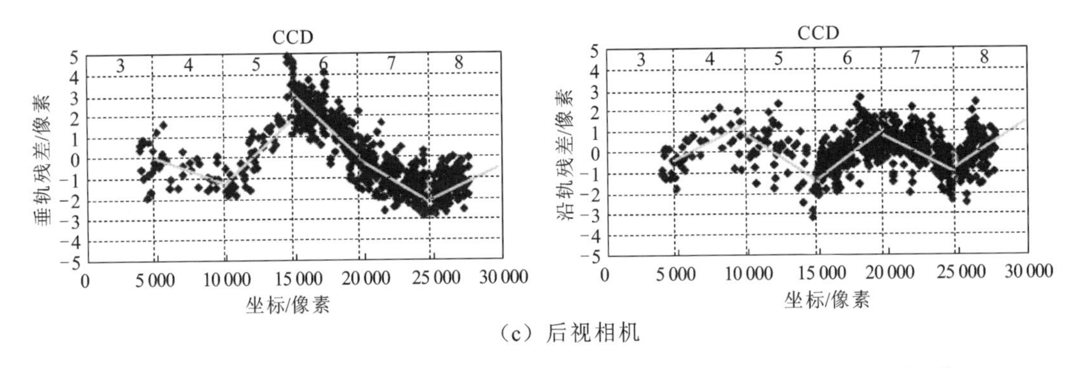

（c）后视相机

图 2.2　ALOS PRISM 控制点残差在 x 方向和 y 方向分布图(去除线性 CCD 后)(续)

模型中的残余误差将引起制作的 DSM(digital surface model)中出现系统性误差，如图 2.3 所示(Takaku,2011)，其中左图为单个 RFM 制作的 DSM 与 SRTM(shuttle radar topography mission)-DEM(digital elevation model)之间的差值图，右图为分片 CCD 的 RFM 制作的 DSM 与 SRTM-DEM 之间的差值图。由此可见，不正确的模型将在最终的 DSM 中引入系统误差，降低 DSM 的精度。

(a) 单个RPC（RFM）的结果

(b) 分片CCD的RPC（RFM）结果

图 2.3　PRISM-DSM 和 SRTM 之间的高程差值图

2.2　严密成像几何模型

卫星在轨运行中，通常采用 GNSS(global navigation satellite system)测量其相位中心在 WGS84 坐标系下的位置及速度矢量。星敏及陀螺等定姿设备测量卫星成像姿态：当星敏参与定姿时，利用观测数据最终确定卫星本体相对于 J2000 坐标系的姿态；而当星敏不参与定姿时，则通常测量卫星本体相对于轨道坐标系的姿态。当前国内在轨的线阵推扫式卫星均采用了星敏定姿，因此本书几何定位模型中仅考虑 J2000 坐标系下的姿态测量数据。

如图 1.2 所示，相机随着卫星的运动而推扫成像，各行影像符合中心投影原理。依据相关坐标系定义及转换和三点共线方程，可构建线阵推扫式光学卫星严密成像几何模型如下：

$$\begin{bmatrix} X \\ Y \\ Z \end{bmatrix} = \begin{bmatrix} X_S \\ Y_S \\ Z_S \end{bmatrix}_t + m\ (\boldsymbol{R}_{\text{J2000}}^{\text{WGS84}} \boldsymbol{R}_{\text{body}}^{\text{J2000}})_t \left[\begin{bmatrix} Dx \\ Dy \\ Dz \end{bmatrix} + \begin{bmatrix} \mathrm{d}x \\ \mathrm{d}y \\ \mathrm{d}z \end{bmatrix} + \boldsymbol{R}_{\text{camera}}^{\text{body}} \begin{bmatrix} f\tan\psi \\ (y_i - y_0)\lambda_{ccd} \\ f \end{bmatrix} \right] \tag{2.1}$$

其中：$(X_s \quad Y_s \quad Z_s)_t^{\mathrm{T}}$ 为 t 时刻 GNSS 相位中心在 WGS84 坐标系下的位置矢量；m 为比例系数；$(\boldsymbol{R}_{\text{J2000}}^{\text{WGS84}})_t$ 为 t 时刻 J2000 坐标系相对于 WGS84 坐标系的转换矩阵；$(Dx \quad Dy \quad Dz)^{\mathrm{T}}$ 为 GNSS 相位中心在本体坐标系的坐标。

根据线阵推扫成像特征，卫星在不同位置、不同姿态条件下对地面成像而获取各行影像，理论上需要任意成像时刻任意成像行的卫星位置、姿态信息以实现影像几何定位。但由于星上测量轨道和测量姿态设备的测量频率有限，卫星仅能测量一定频率的离散轨道、姿态以及行扫描时间用以后续几何定位处理，例如目前国产高分光学卫星轨道数据频率在 0.25～1 Hz，姿态数据频率在 0.25～4 Hz。因此，研究轨道、姿态、行时的内插模型，从离散测量数据中尽可能准确地恢复卫星成像几何参数，是几何定位的基础。

2.2.1　轨道模型

卫星在轨运行遵循轨道动力学规律，但由于地球引力场及各种摄动因素等的影响，其最终轨迹较为复杂。基于卫星下传轨道数据，结合航天器动力学相关理论可以较准确地确定卫星运动轨迹，从而获取成像内任意时刻的轨道数据。但该方法建立的模型过于复杂，不便用于遥感影像的几何定位。考虑到卫星轨道运行的平稳性，可以在短时间内采用拉格朗日内插或多项式拟合对轨道进行建模，从而避开复杂的卫星受力分析。

1. 拉格朗日内插模型

对卫星下传的离散轨道数据 $(p, v)_{t_i}$，时刻 t 的轨道数据可以采用邻近的 n 个离散数据按如下公式内插获取：

$$p_t = \sum_{i=0}^{n} \boldsymbol{p}_{t_i} \left(\prod_{\substack{j=0 \\ j \neq k}}^{n} \frac{t - t_j}{t_i - t_j} \right), \qquad \boldsymbol{v}_t = \sum_{i=0}^{n} \boldsymbol{v}_{t_i} \left(\prod_{\substack{j=0 \\ j \neq k}}^{n} \frac{t - t_j}{t_i - t_j} \right) \tag{2.2}$$

其中：$\boldsymbol{p}_{t_i}$、$\boldsymbol{v}_{t_i}$ 分别为 t_i 时刻卫星的位置和速度矢量。

2. 多项式拟合模型

通过卫星的离散轨道数据拟合出卫星位置矢量、速度矢量与时间的多项式模型，利用该模型可以计算任意成像时刻的轨道数据。

$$\left.\begin{aligned}X&=x_0+x_1t+x_2t^2+\cdots+x_nt^n\\Y&=y_0+y_1t+y_2t^2+\cdots+y_nt^n\\Z&=z_0+z_1t+z_2t^2+\cdots+z_nt^n\\V_x&=vx_0+vx_1t+vx_2t^2+\cdots+vx_nt^n\\V_y&=vy_0+vy_1t+vy_2t^2+\cdots+vy_nt^n\\V_z&=vz_0+vz_1t+vz_2t^2+\cdots+vz_nt^n\end{aligned}\right\}\tag{2.3}$$

利用卫星的轨道数据，通过最小二乘求解式(2.3)中多项式系数。

2.2.2 姿态模型

目前国内外卫星普遍通过星敏测量卫星在J2000坐标系下的成像姿态，并用单位四元数表示并下传到地面。可采用两种方法对卫星下传的离散姿态四元数进行内插获取任意成像时刻的姿态：(1)将姿态四元数转换成欧拉角，再建立欧拉角与时间的多项式模型；(2)采用球面内插模型直接对四元数进行内插。但方法(1)存在两个缺点：①使用过程中涉及复杂耗时的三角函数计算，且三角函数存在多解等问题；②卫星成像姿态平滑性受平台稳定性影响大，多项式模型无法精确拟合姿态抖动。图2.4中以一景资源三号的姿态数据为例，将其姿态四元数转换为欧拉角后，三次多项式无法对其精确拟合。因此，在高精度几何定位中，方法(2)更常用，本节仅对方法(2)的原理进行阐述。

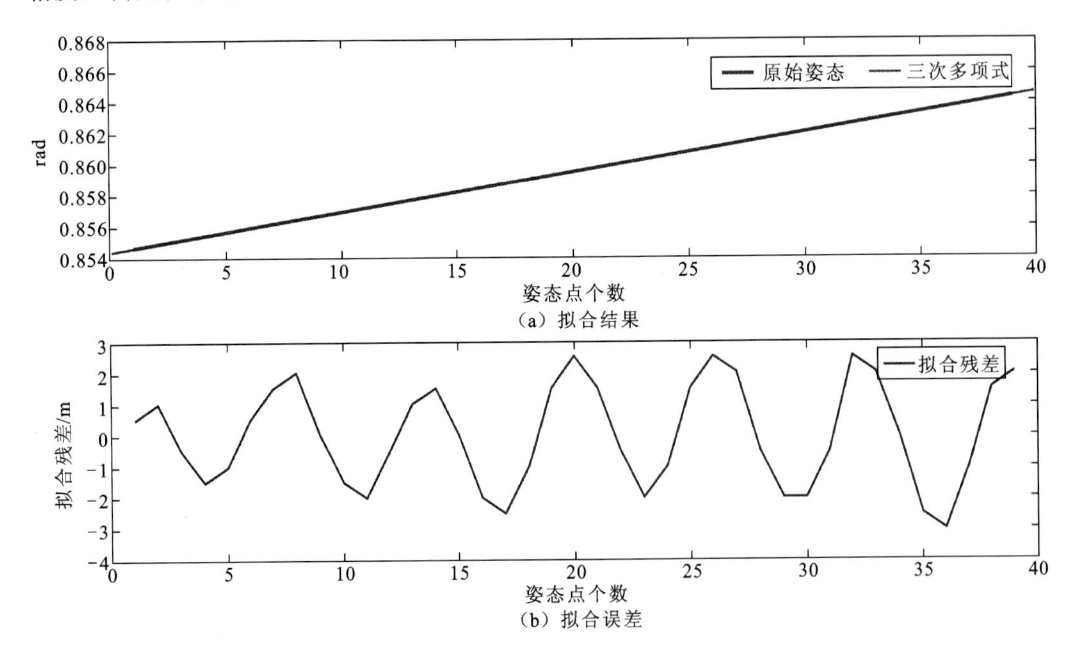

图2.4 基于欧拉角的三次多项式姿态拟合

对于任意时刻t，取其邻近t_0、t_1时刻的四元数q_0和q_1，则内插公式为

$$q_t=\eta_0(t)q_0+\eta_1(t)q_1\tag{2.4}$$

其中

$$\eta_0=\frac{\sin(\theta(t_1-t)/(t_1-t_0))}{\sin\theta}$$

$$\eta_1=\frac{\sin(\theta(t-t_0)/(t_1-t_0))}{\sin\theta}$$

$$\cos\theta=q_0 q_1$$

2.2.3　行时模型

行时模型也就是 TDI CCD 每行的积分时间计算模型。星载高分辨率光学卫星为了在较小孔径下获得信噪比较好的影像，通常对同一目标多次曝光，同时采用延时积分的方法增强地物辐射的收集。TDI CCD 的面阵 N 级积分累计输出电荷是单条 CCD 线阵的 N 倍，噪声增加 $\sqrt{N}$ 倍，相应的信噪比提升了 $\sqrt{N}$ 倍。为了保证 TDI CCD 对同一地物成像，需要保证地物在焦面上的移动速度与行积分速度一致，并且地物在焦面上的移动方向与积分方向一致，否则会造成影像的调制传递函数下降。对于非 TDI CCD 相机来说，为了保证获取地面影像空间连续，需要对行积分时间进行调整。

国内部分在轨卫星没有采用高精度的秒脉冲计时，星上按照一定频率记录并下传扫描行成像时间（例如遥感 6 号每四分钟记录一次当前扫描行的成像时间）。由于 TDI CCD 成像过程中会对积分时间进行调整，因此在进行扫描行成像时间内插时不能直接采用邻近样本线性内插，而需要顾及积分时间跳变。

假设第 l_0 行的成像时间为 t_0，当前行积分时间为 τ_0，第 l_1 行成像时间为 t_1，当前行积分时间为 τ_1，则对于第 $l(l_0\leqslant l\leqslant l_1)$ 行的成像时间 t，若 $\tau_0=\tau_1$，则

$$t=\frac{[t_0+\tau_0\cdot(l-l_0)+t_1-\tau_1\cdot(l_1-l)]}{2} \tag{2.5}$$

若 $\tau_0\neq\tau_1$，则

$$\begin{aligned}&t=t_0+\tau_0\cdot(l_x-l_0)+\tau_1\cdot(l_1-l_x)\\&l_x=\frac{(t_1-t_0+\tau_0\cdot l_0-\tau_1\cdot l_1)}{\tau_0-\tau_1}\end{aligned} \tag{2.6}$$

其中：l_x 为积分时间跳变时刻的成像行。

随着硬件技术的发展，近年发射的国产线阵推扫式光学卫星采用硬件秒脉冲来实现高精度时间同步，星上记录了每一行图像的成像时间。因此，仅仅需要对非整数行影像的成像时间进行线性内插。对于任意影像行 l，记 $l_0=\mathrm{INT}(l)$，$l_1=\mathrm{INT}(l)+1$，它们对应的成像时间分别为 t_0、t_1，则 l 行成像时间为

$$t=t_0+(t_1-t_0)\cdot(l-l_0) \tag{2.7}$$

2.3　几何定位误差分析

利用地面控制数据能够消除星上系统误差。从式（2.1）中可以梳理出影响几何定位精度的星上误差源包括：(1)姿态、轨道测量系统误差；(2)相机内方位元素误差；(3)设备

安装误差，如GNSS相位中心相对本体坐标原点的偏移、相机安装角度等。

2.3.1 轨道位置误差对几何定位的影响规律

将轨道位置误差分解为沿轨误差、垂轨误差、径向误差（$\Delta X,\Delta Y,\Delta Z$）。图2.5为沿轨向轨道位置误差对几何定位的影响，由图可知，当仅沿轨向轨道位置存在误差ΔX而姿态不存在误差时，光线指向不发生变化，即$\overline{S0}//\overline{S'0'}$，则由该误差引起的像点偏移可由式(2.8)表示，为平移误差。

$$\Delta x=\frac{\Delta X}{GSD} \tag{2.8}$$

其中：GSD(ground sampling distance)为地面分辨率，忽略相机视场范围内的地球曲率变化，其跟成像角（俯仰角或侧摆角）η的关系可简化为

$$GSD\approx\frac{\lambda_{ccd}H}{f\cos^2\eta} \tag{2.9}$$

则

$$\Delta x\approx\Delta X\frac{f\cos^2\eta}{\lambda_{ccd}H} \tag{2.10}$$

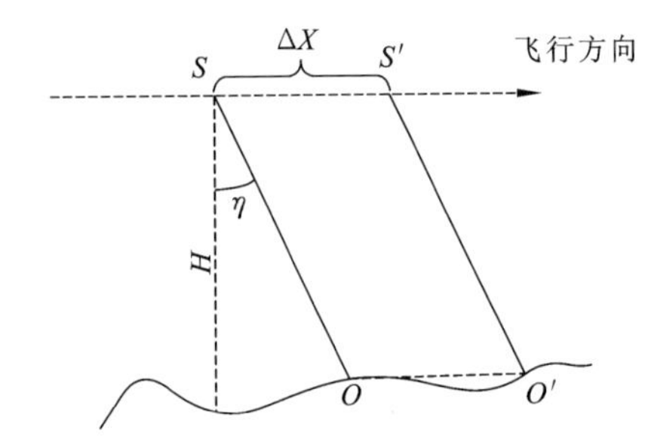

图2.5 沿轨向轨道误差对几何定位的影响

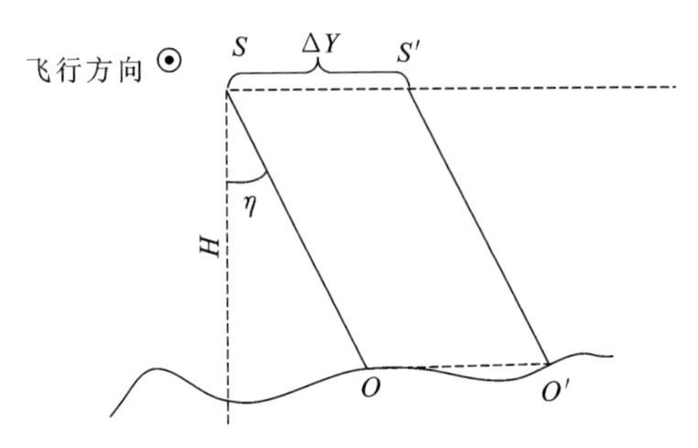

图2.6 垂轨向轨道误差对几何定位精度的影响

同样，在图2.6中，当仅垂轨向存在位置误差ΔY而姿态不存在误差时，$\overline{S0}//\overline{S'0'}$，该误差引起的像点偏移可由式(2.11)表示，同样为平移误差。

$$\Delta y\approx\Delta Y\frac{f\cos^2\eta}{\lambda_{ccd}H} \tag{2.11}$$

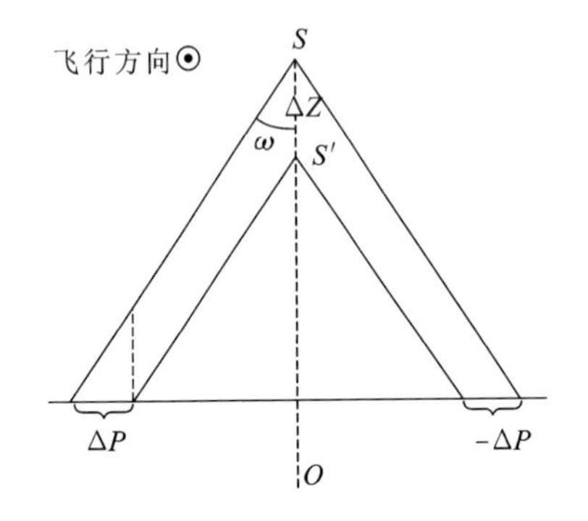

图2.7 径向轨道误差对几何定位精度的影响

图2.7所示为轨道径向位置误差对几何定位的影响。考虑沿轨向与垂轨向规律的一致性，此处仅以垂轨向为例进行阐述。假设成像光线与SO夹角为ω，其由卫星侧摆角及探元视场角决定，令$\omega=\gamma_{roll}+\Psi$，其中$\gamma_{roll}$为卫星侧摆角，$\Psi$为探元视场角，则

$$\Delta y\approx\frac{\Delta Z\cdot\tan(\gamma_{roll}+\Psi)}{GSD} \tag{2.12}$$

考虑国产在轨线阵推扫式光学卫星视场

角均较小(例如资源三号相机视场角约为 0.1 rad),可将 $\tan(\gamma_{roll}+\Psi)$ 近似为

$$\tan(\gamma_{roll}+\Psi)=\tan\gamma_{roll}+\frac{1}{\cos^2(\gamma_{roll})}\Psi \tag{2.13}$$

则式(2.13)可写成

$$\Delta y=\frac{\Delta Z \cdot \tan\gamma_{roll}}{GSD}+\frac{\Delta Z \cdot \frac{1}{\cos^2(\gamma_{roll})}\Psi}{GSD} \tag{2.14}$$

带入式(2.9),有

$$\Delta y=\Delta Z \cdot \frac{f}{\lambda_{ccd}H} \cdot \sin\gamma_{roll}\cos\gamma_{roll}+\Delta Z \cdot \frac{f}{\lambda_{ccd}H} \cdot \Psi \tag{2.15}$$

由式(2.15),ΔZ 引起的定位误差为平移误差和比例误差,且比例误差与探元视场角 Ψ 成正比。以资源三号正视相机为例,其主距 f 为 1.7 m,探元大小 0.007 mm,全视场为 6°,即最大探元视场角为 3°,国内当前轨道测量精度普遍优于 10 cm,卫星最大侧摆能力一般为 32°,则按式(2.16)所示轨道径向误差引起的最大比例误差约为 0.25 m,小于 0.2 个星下点正视 GSD。而实际上,由于国内目前卫星平台搭载双频 GPS(global positioning system)测量设备并结合地面精密定轨处理,轨道精度可以达到数米甚至厘米量级(Zhao et al.,2006),ΔZ 引起的比例误差较式(2.16)所示更小,从而该比例误差可以忽略。因此,对于国内在轨高分光学卫星而言,径向误差 ΔZ 引起的几何定位误差可以等同于平移误差。

$$\Delta y=\Delta Z \cdot \frac{f}{\lambda_{ccd}H} \cdot \Psi=0.25\ \text{m} \tag{2.16}$$

2.3.2　姿态误差对几何定位的影响规律

姿态角误差可以分为滚动角误差、俯仰角误差及偏航角误差。

图 2.8 所示为滚动角误差对几何定位的影响。$\overrightarrow{SO}$为真实光线指向;$\overrightarrow{SO'}$为带误差光线指向;$\Delta\omega$ 为滚动角误差;ψ 为成像探元的视场角,则由图中几何关系可知,滚动角引起的垂轨向像点偏移为

$$\Delta y=\frac{f}{\lambda_{ccd}\cos\psi}\Delta\omega \tag{2.17}$$

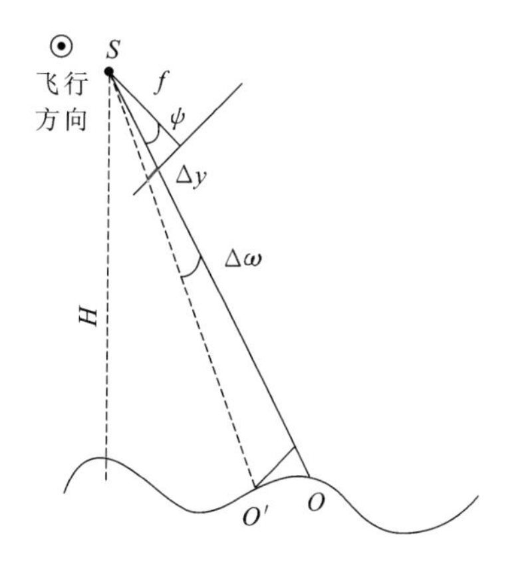

图 2.8　滚动角误差对几何定位的影响

由式(2.17)可知,滚动角引起的像点偏移与探元视场角有关,以资源三号为例(其视场角相对较大,为 6°),取其滚动角误差为 $\Delta\omega=5''$(姿态测量精度),按式(2.17)计算该姿态误差在不同视场处引起的像点偏移,结果如图 2.9(a)所示;图 2.9(b)为软件著作权(张过,2014)中资源三号模拟系统的仿真结果,其与式(2.17)计算结果具有很好的一致性,全视场内由滚动角误差引起的像

点偏移最大差异不超过 0.02 个像素，因此可以忽略该差异而认为滚动角误差引起的几何定位误差为平移误差。

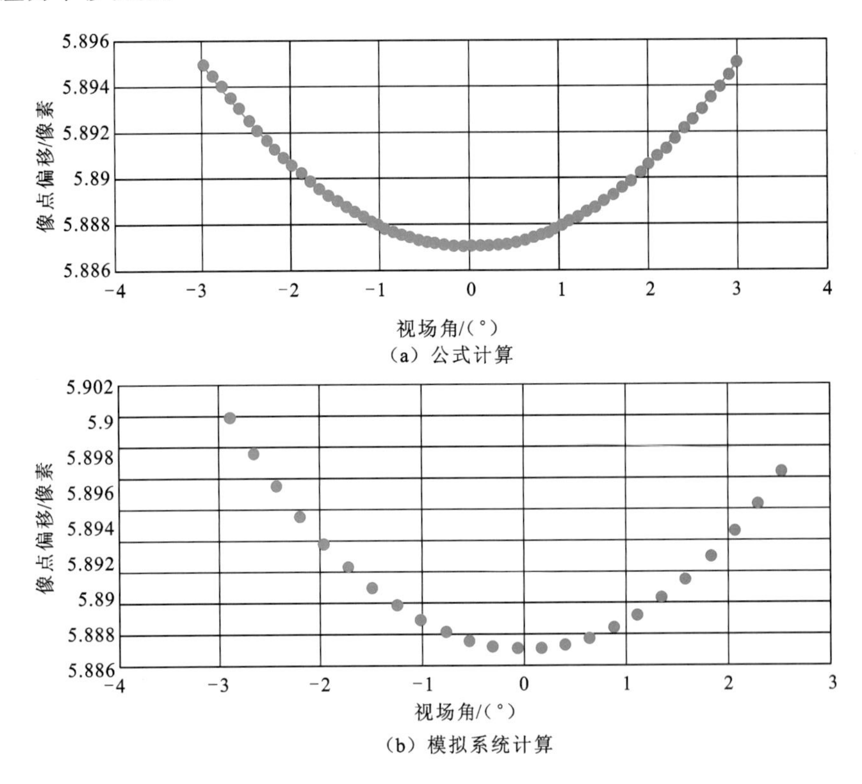

图 2.9 资源三号正视滚动角的像点偏移随视场角的变化规律

由于俯仰角误差对几何定位的影响机理与滚动角误差一致，其引起的沿轨向像点偏移为

$$\Delta x=\frac{f}{\lambda_{ccd}\cos\eta}\Delta\varphi \tag{2.18}$$

其中：$\Delta\varphi$ 为俯仰角误差；η 为 CCD 阵列偏场角。

由于 CCD 阵列的偏场角通常远小于相机视场角，根据对滚动角误差的相关分析可知，俯仰角误差引起的几何定位误差也可看成平移误差。

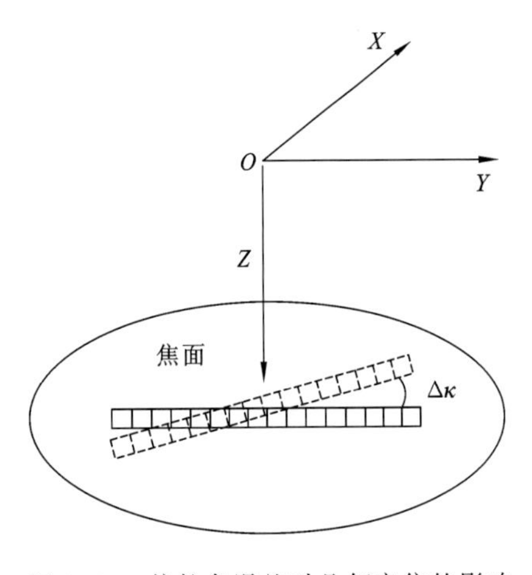

图 2.10 偏航角误差对几何定位的影响

如图 2.10 所示，偏航角误差对几何定位的影响等同于 CCD 线阵的旋转：

$$\left.\begin{aligned}\Delta x&=x(1-\cos(\Delta\kappa))\\ \Delta y&=x\sin(\Delta\kappa)\end{aligned}\right\} \tag{2.19}$$

其中：x 为影像列；$\Delta\kappa$ 为偏航角误差。

2.3.3　内方位元素误差对几何定位的影响规律

线阵推扫式相机的内方位元素误差主要包括线阵平移误差、主距误差、探元尺寸误差、CCD 旋转误差、径向畸变和偏心畸变。

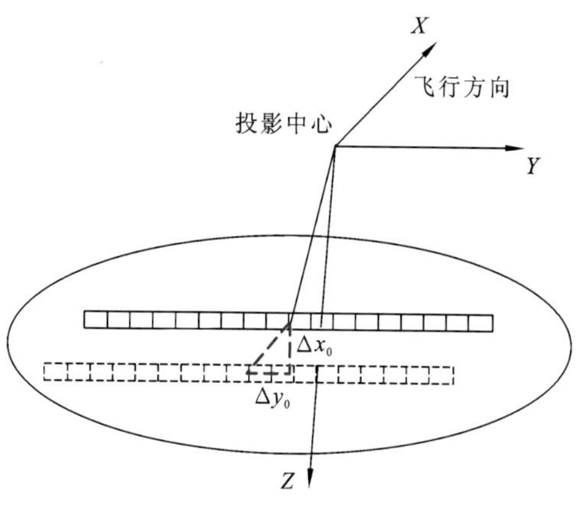

图 2.11　线阵平移误差对几何定位的影响

1. 线阵平移误差

如图 2.11 所示，线阵平移误差对几何定位的影响为等效平移误差，即定位误差 $(\Delta x,\Delta y)$ 为

$$\left.\begin{aligned}\Delta x&=\Delta x_0\\ \Delta y&=\Delta y_0\end{aligned}\right\}\tag{2.20}$$

2. 主距误差

将式(2.1)建立的几何定位模型变换成共线方程的形式，并对主距 f 求偏导，则

$$\left.\begin{aligned}\mathrm{d}x&=\frac{a_1(X-X_S)+b_1(Y-Y_S)+c_1(Z-Z_S)}{a_3(X-X_S)+b_3(Y-Y_S)+c_3(Z-Z_S)}\mathrm{d}f\\ \mathrm{d}y&=\frac{a_2(X-X_S)+b_2(Y-Y_S)+c_2(Z-Z_S)}{a_3(X-X_S)+b_3(Y-Y_S)+c_3(Z-Z_S)}\mathrm{d}f\end{aligned}\right\}\tag{2.21}$$

假设 (X,Y,Z) 对应的真实相机坐标为 (x'_c,y'_c,f')，有

$$\left.\begin{aligned}\mathrm{d}x&=\frac{x'_c}{f'}\mathrm{d}f\\ \mathrm{d}y&=\frac{y'_c}{f'}\mathrm{d}f\end{aligned}\right\}\tag{2.22}$$

根据式(2.22)，主距误差造成的几何定位误差为比例误差。

3. 探元尺寸误差

由于地面测量精度所限及在轨温度等物理环境的影响，CCD 线阵探元在轨实际尺寸可能与设计值存在差异。由式(1.1)可知，对于线阵 CCD，探元尺寸误差仅引入垂轨向定位误差，可表示为(Tadono，2007)

$$\Delta y=(y_i-y_0)\cdot\Delta\lambda_{ccd}=y_c\,\frac{\Delta\lambda_{ccd}}{\lambda_{ccd}}\tag{2.23}$$

4. CCD 旋转误差

理想情况下 CCD 线阵垂直于卫星飞行方向摆放，但由于装配精度及在轨后的变化，其位置通常会偏离理想位置而存在旋转误差。

如图 2.12 所示，假定线阵旋转角为 θ，旋转中心为 y_1，而主点为 y_0，则对于任意探元 y，在坐标系 $y_1x'y'$ 中

$$\left.\begin{aligned} x' &= 0 \\ y' &= (y-y_1)\cdot\lambda_{ccd} \end{aligned}\right\} \tag{2.24}$$

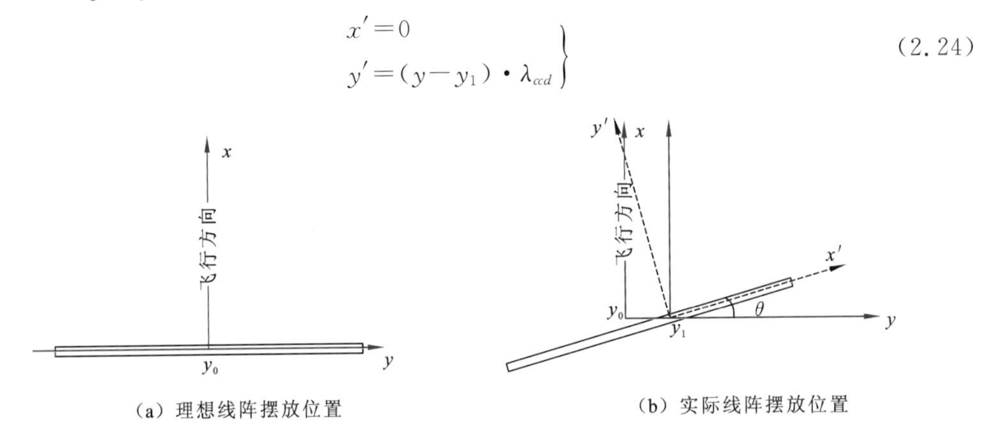

图 2.12 CCD 旋转误差对几何定位的影响

依据图 2.15(b)几何关系，y_1xy 坐标系中坐标为

$$\left.\begin{aligned} x &= (y-y_1)\cdot\lambda_{ccd}\cdot\sin\theta \\ y &= (y-y_1)\cdot\lambda_{ccd}\cdot\cos\theta \end{aligned}\right\} \tag{2.25}$$

$y_1x'y'$ 与 y_1xy 坐标系间仅存在坐标原点的平移，因此 y 在 y_0xy 坐标系中的坐标为

$$\left.\begin{aligned} x &= (y-y_1)\cdot\lambda_{ccd}\cdot\sin\theta \\ y &= (y-y_1)\cdot\lambda_{ccd}\cdot\cos\theta+(y_1-y_0)\cdot\lambda_{ccd} \end{aligned}\right\} \tag{2.26}$$

对比式(2.24)与式(2.26)，CCD 线阵旋转误差对几何定位的影响为

$$\left.\begin{aligned} \Delta x &= (y-y_1)\cdot\lambda_{ccd}\cdot\sin\theta \\ \Delta y &= (y-y_1)\cdot\lambda_{ccd}\cdot(\cos\theta-1)+(y_1-y_0)\cdot\lambda_{ccd} \end{aligned}\right\} \tag{2.27}$$

5. 径向畸变

径向畸变是由镜头中透镜的曲面误差引起的，它使像点沿径向产生偏差。根据光学设计理论，径向畸变可采用奇次多项式表示：

$$\Delta r = k_1r^3+k_2r^5+k_3r^7+\cdots \tag{2.28}$$

由径向畸变引起的像点偏移为

$$\left.\begin{aligned} \Delta x &= k_1x_cr^2+k_2x_cr^4+k_3x_cr^6+\cdots \\ \Delta y &= k_1y_cr^2+k_2y_cr^4+k_3y_cr^6+\cdots \end{aligned}\right\} \tag{2.29}$$

其中：$r^2=x_c^2+y_c^2$。

6. 偏心畸变

星载光学成像系统通常由多个光学镜头组成，由于镜头制造及安装等误差的存在，多

个光学镜头的中心不完全共线，从而产生偏心畸变，它们使成像点沿径向方向和垂直于径向的方向相对其理想位置都发生偏离（图 2.13）。

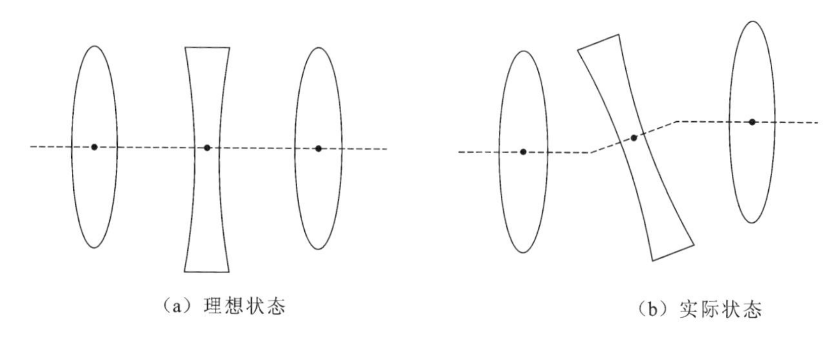

图 2.13　光学镜头不共线示意图

偏心畸变可表示为

$$P(r)=\sqrt{P_1^2+P_2^2}\cdot r^2 \tag{2.30}$$

由偏心畸变引起的像点位移为

$$\left.\begin{aligned}\Delta x&=[p_1(3x_c^2+y_c^2)+2p_2x_cy_c][1+p_3r^2+\cdots]\\ \Delta y&=[p_2(3x_c^2+y_c^2)+2p_1x_cy_c][1+p_3r^2+\cdots]\end{aligned}\right\} \tag{2.31}$$

2.3.4　设备安装误差对几何定位的影响规律

由式(2.1)可知，设备安装误差主要包括 GPS 相位中心与本体中心的平移误差、相机坐标原点与本体中心平移误差及相机安装角误差。显然，设备安装中的平移误差与轨道位置误差等效，而相机安装角误差与姿态误差等效。

2.3.5　时间同步误差对几何定位的影响规律

时间同步误差针对线阵推扫式光学卫星而言，可以视为用错了轨道和姿态数据，因此其引起的对几何定位精度的影响规律等同于轨道和姿态误差。

2.4　有理函数模型描述误差能力分析

经典观点认为有理函数模型最多只能拟合到类三次的函数，在模型中由光学投影引起的畸变表示为一次多项式，而地球曲率、大气折射、镜头畸变等的改正，可由二次多项式趋近，高阶部分的其他未知畸变可用三次多项式模拟（巩丹超等，2003）。按照该观点，有理函数模型并不能直接去拟合求解出来的内方位元素参数。但是，有理函数模型的三次形式并不一定代表它仅仅能拟合三次情况，它的分数形式实际赋予它更多的数学性质。

2.4.1 一元有理函数定性分析

1. 一元一次有理函数的性质

一元一次有理函数

$$f(x)=\frac{ax+b}{cx+d} \tag{2.32}$$

其中:a、b、c、d 为一元一次有理函数的系数;x 为自变量。一般情况下,都是令 $d=1$。

对上述一元一次有理函数求取一阶导数,得

$$\begin{aligned}f'(x)&=\frac{a\cdot(cx+d)}{(cx+d)^2}-\frac{(ax+b)\cdot c}{(cx+d)^2}\\&=\frac{ad-bc}{(cx+d)^2}\end{aligned} \tag{2.33}$$

对于上述一元一次有理函数求取二阶导数,得

$$f''(x)=-\frac{2c\cdot(ad-bc)}{(cx+d)^3} \tag{2.34}$$

其中:当 $x=-d/c$,存在一个间断点。

(1) 对于 $ad-bc>0,c<0$,当 $x>-d/c$ 时,$f'(x)>0,f''(x)\geqslant 0$,存在 0 个驻点,有理函数是单调递增的凸函数;当 $x<-d/c$ 时,$f'(x)>0,f''(x)\leqslant 0$,存在 0 个驻点,有理函数是单调递增的凹函数。

(2) 对于 $ad-bc>0,c>0$,当 $x>-d/c$ 时,$f'(x)>0,f''(x)\leqslant 0$,存在 0 个驻点,有理函数是单调递增的凹函数;当 $x<-d/c$ 时,$f'(x)>0,f''(x)\geqslant 0$,存在 0 个驻点,有理函数是单调递增的凸函数。

(3) 对于 $ad-bc<0,c<0$,当 $x>-d/c$ 时,$f'(x)<0,f''(x)\leqslant 0$,存在 0 个驻点,有理函数是单调递减的凹函数;当 $x<-d/c$ 时,$f'(x)<0,f''(x)\geqslant 0$,存在 0 个驻点,有理函数是单调递减的凸函数。

(4) 对于 $ad-bc<0,c>0$,当 $x>-d/c$ 时,$f'(x)<0,f''(x)\geqslant 0$,存在 0 个驻点,有理函数是单调递减的凸函数;当 $x<-d/c$ 时,$f'(x)<0,f''(x)\leqslant 0$,存在 0 个驻点,有理函数是单调递减的凹函数。

(5) 对于 $ad=bc,c\neq 0$,存在无穷多个驻点,有理函数是一条在 $x=-d/c$ 存在间断点的横直线。

(6) 对于 $c=0$,有理函数则为一条具有曲线的直线段。

例如对于函数 $f(x)=\frac{0.5x+1.0}{1.0x+1.0}$,其在定义域[−10,10]内的图形如图 2.14 所示。

上述性质与反比例函数的性质一致。实际上式(2.32)可以化为

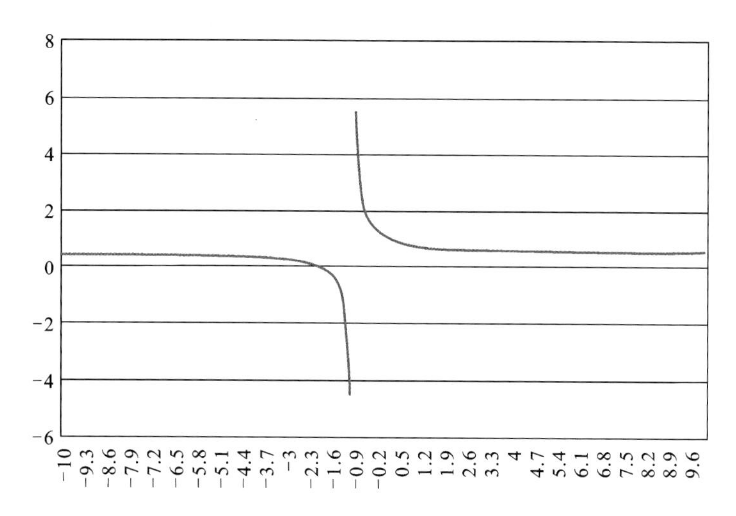

图 2.14　某个一元一次有理函数图形

$$f(x)=\frac{ax+b}{cx+d}=\frac{\frac{a}{c}(cx+d)+b-\frac{ad}{c}}{cx+d}=\frac{a}{c}+\frac{b-ad/c}{cx+d} \tag{2.35}$$

所以，一元一次有理函数从本质上来说是反比例函数。虽然一元一次有理函数不存在驻点，然而其在一定的定义域范围内为单调凸(凹)函数，因此在一定定义域范围内具有拟合某些二次函数的能力。

2. 一元二次有理函数的性质

一元二次有理函数

$$f(x)=\frac{ax^2+bx+c}{dx^2+ex+f} \tag{2.36}$$

其中：a、b、c、d、e、f 为一元二次有理函数的系数，x 为自变量。一般情况下，都是令 $f=1$。对上述一元二次有理函数求取一阶导数，得

$$\begin{aligned} f'(x)&=\frac{(2ax+b)\cdot(dx^2+ex+f)}{(dx^2+ex+f)^2}-\frac{(2dx+e)\cdot(ax^2+bx+c)}{(dx^2+ex+f)^2} \\ &=\frac{(ae-bd)x^2+2(af-cd)x+(bf-ce)}{(dx^2+ex+f)^2} \\ &=\frac{Ax^2+Bx+C}{(dx^2+ex+f)^2} \end{aligned} \tag{2.37}$$

式(2.37)中，间断点情况如下：

(1)当 $e^2-4df<0$ 时，不存在间断点，整个一元二次有理函数在实数域范围内是连续的；

(2)当 $e^2-4df=0$ 时，存在一个间断点 $x=-\frac{e}{2d}$；

(3)当 $e^2-4df>0$ 时,存在两个间断点 $x=\dfrac{-e\pm\sqrt{e^2-4df}}{2d}$。

式(2.37)中,驻点情况如下:

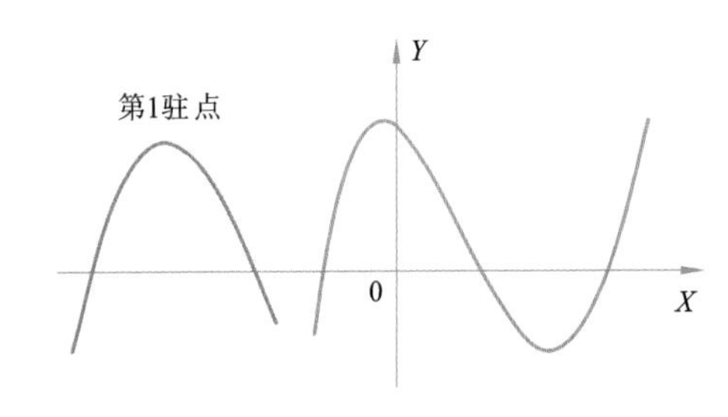

图 2.15　一元二次有理函数的形态示意图

(1)当 $B^2-4AC<0$ 时,不存在驻点,整个一元二次有理函数在实数域范围内是单调的(无间断点情况下);

(2)当 $B^2-4AC=0$ 时,存在一个驻点,此时一元二次有理函数具有拟合某些二次函数的可能,如图 2.15 中的绿线所示;

(3)当 $e^2-4df>0$ 时,存在两个驻点,此时一元二次有理函数具有拟合某些三次函数的可能,如图 2.15 中的红线所示。

例如对于函数 $f(x)=\dfrac{1.0x^2+0.5x+1.0}{1.0x^2+1.0x+1.0}$,其在定义域[−5,5]内的图形如图 2.16 所示。

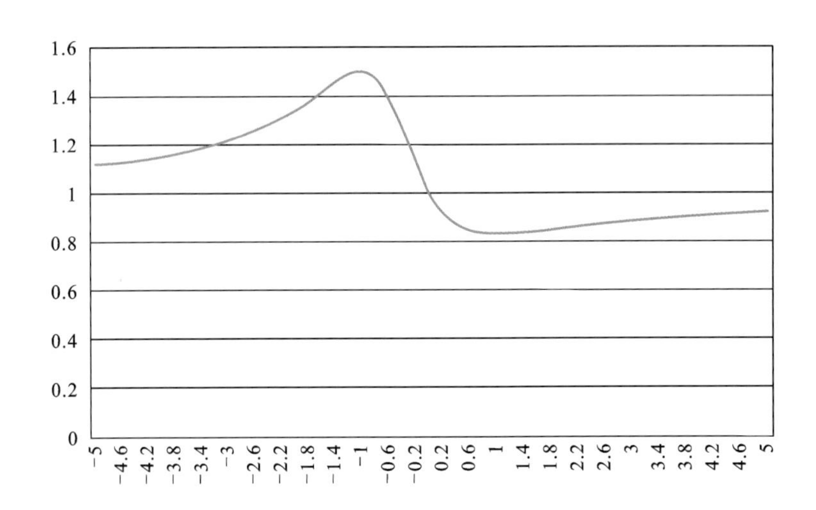

图 2.16　某个一元二次有理函数图形

上述图像具有两个波峰波谷,因此在一定情况下具有拟合某些三次函数的能力。

3. 一元三次有理函数的性质

一元三次有理函数

$$f(x)=\frac{ax^3+bx^2+cx+d}{ex^3+fx^2+gx+h} \tag{2.38}$$

其中:a、b、c、d、e、f、g、h 为一元三次有理函数的系数;x 为自变量。一般情况下,都是令

$h=1$。

对上述一元三次有理函数求取一阶导数

$$
\begin{aligned}
f'(x)&=\frac{(3ax^2+2bx+c)\cdot(ex^3+fx^2+gx+h)}{(ex^3+fx^2+gx+h)^2}-\frac{(ax^3+bx^2+cx+d)\cdot(3ex^2+2fx+g)}{(ex^3+fx^2+gx+h)^2}\\
&=\frac{(af-be)x^4+2(ag-ce)x^3+(3ah+bg-3de-cf)x^2+2(bh-df)x+(ch-dg)}{(ex^3+fx^2+gx+h)^2}\\
&=\frac{Ax^4+Bx^3+Cx^2+Dx+E}{(ex^3+fx^2+gx+h)^2}
\end{aligned}
\tag{2.39}
$$

令上述导数结果为 0,则可以得到

$$
\left.\begin{aligned}
&Ax^4+Bx^3+Cx^2+Dx+E=0\\
&ex^3+fx^2+gx+h\neq 0
\end{aligned}\right\}
\tag{2.40}
$$

对于 $ex^3+fx^2+gx+h\neq 0$ 为一元三次不等式,考虑其等式情况,可以通过卡尔丹解法求得其解析求根公式。根据卡尔丹解法的结论:在实数域内,此方程最多将有三个实根,最少将有一个实根(注:任何实系数一元奇次方程在实数域内都有实根),这几个实根即为一元三次有理函数的间断点。

对于 $Ax^4+Bx^3+Cx^2+Dx+E=0$ 为一元四次方程,可以直接通过费拉里解法求得其解析求根公式。根据费拉里解法的结论:在实数域内,此方程最多将有四个实根。即一元三次有理函数最多将有 4 个驻点。

假设一元三次有理函数能拟合的函数 $g(x)$ 的次数为 n,即有如下的关系式:

$$
g(x)\approx f(x)=\frac{ax^3+bx^2+cx+d}{ex^3+fx^2+gx+h}
\tag{2.41}
$$

由于 $f'(x)$ 最多将有 4 个实根,即函数图形最多具有 4 个驻点,其函数图形如图 2.17 所示。当 n 次函数和此有理函数图形具有最佳拟合时,$g(x)$ 具有的驻点数应该与其一致,即 $g(x)$ 应该也具有 4 个驻点,因此 $g(x)$ 的次数 $n\leqslant 5$。

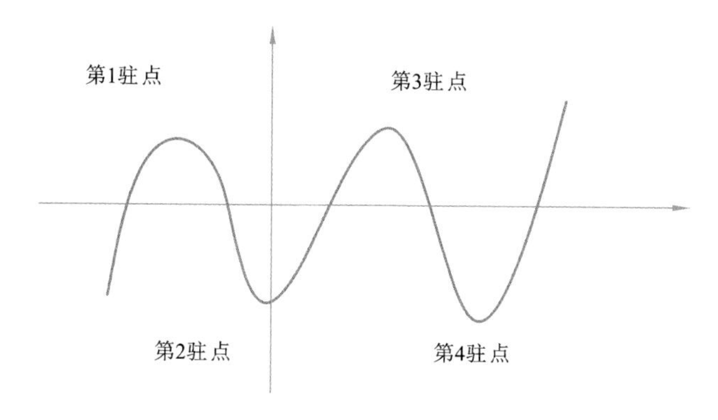

图 2.17　一元三次有理函数的形态示意图

从以上定性分析可以看出,一元三次有理函数具有拟合某些五次函数的可能性。

2.4.2 有理函数模型的定性分析

一元三次有理函数

$$f(X,Y,Z)=\frac{\sum_{i=0}^{m_1}\sum_{j=0}^{m_2}\sum_{k=0}^{m_3}a_{ijk}X^iY^jZ^k}{\sum_{i=0}^{m_1}\sum_{j=0}^{m_2}\sum_{k=0}^{m_3}b_{ijk}X^iY^jZ^k} \tag{2.42}$$

其中

$$\begin{aligned}\sum_{i=0}^{m_1}\sum_{j=0}^{m_2}\sum_{k=0}^{m_3}a_{ijk}X^iY^jZ^k = {} & a_0+a_1X+a_2Y+a_3Z+a_4XY+a_5XZ+a_6YZ \\ & +a_7X^2+a_8Y^2+a_9Z^2+a_{10}XYZ+a_{11}XY^2 \\ & +a_{12}XZ^2+a_{13}YX^2+a_{14}YZ^2+a_{15}ZX^2+a_{16}ZY^2 \\ & +a_{17}X^3+a_{18}Y^3+a_{19}Z^3\end{aligned} \tag{2.43}$$

$$\begin{aligned}\sum_{i=0}^{m_1}\sum_{j=0}^{m_2}\sum_{k=0}^{m_3}b_{ijk}X^iY^jZ^k = {} & b_0+b_1X+b_2Y+b_3Z+b_4XY+b_5XZ+b_6YZ \\ & +b_7X^2+b_8Y^2+b_9Z^2+b_{10}XYZ+b_{11}XY^2 \\ & +b_{12}XZ^2+b_{13}YX^2+b_{14}YZ^2+b_{15}ZX^2+b_{16}ZY^2 \\ & +b_{17}X^3+b_{18}Y^3+b_{19}Z^3\end{aligned} \tag{2.44}$$

对三元三次有理函数的 X 项求偏导，考虑到其形式与式(2.38)的一致性，按照如下式子进行变量置换：

$$\left.\begin{aligned}&a=a_{17}\\&b=a_7+a_{13}Y+a_{15}Z\\&c=a_1+a_4Y+a_5Z+a_{10}YZ+a_{11}Y^2+a_{12}Z^2\\&d=a_0+a_2Y+a_3Z+a_6YZ+a_8Y^2+a_9Z^2+a_{14}YZ^2+a_{16}ZY^2+a_{18}Y^3+a_{19}Z^3\end{aligned}\right\} \tag{2.45}$$

$$\left.\begin{aligned}&e=b_{17}\\&f=b_7+b_{13}Y+b_{15}Z\\&g=b_1+b_4Y+b_5Z+b_{10}YZ+b_{11}Y^2+b_{12}Z^2\\&h=b_0+b_2Y+b_3Z+b_6YZ+b_8Y^2+b_9Z^2+b_{14}YZ^2+b_{16}ZY^2+b_{18}Y^3+b_{19}Z^3\end{aligned}\right\} \tag{2.46}$$

则对于 X 项的偏导数为

$$\begin{aligned}\frac{\partial f(X,Y,Z)}{\partial X}&=\frac{(3aX^2+2bX+c)\cdot(eX^3+fX^2+gX+h)}{(eX^3+fX^2+gX+h)^2}-\frac{(aX^3+bX^2+cX+d)\cdot(3eX^2+2fX+g)}{(eX^3+fX^2+gX+h)^2}\\&=\frac{(af-be)X^4+2(ag-ce)X^3+(3ah+bg-3de-cf)X^2+2(bh-df)X+(ch-dg)}{(eX^3+fX^2+gX+h)^2}\end{aligned} \tag{2.47}$$

其形式与式(2.39)相同。同理对于 Y 项和 Z 项的偏导数也有一样的形式。故对于有理函数模型，其在各个分量方向上也具有拟合某些五次函数的可能性。

2.4.3　试验验证

试验采用高分一号 WFV-1 的景 125567 进行验证。景 125567 获取于 2013-11-27 的河南嵩山区域，景 125567 采用几何定标获取了其内方位元素，其内方位元素参数如图 2.18 中的红虚线所示。此参数包含四个波峰波谷，波峰波谷的最小间距为 4 个像素。如果有理函数模型最多只能拟合到类三次的函数，则任何求解方法也无法获得亚像素级的拟合精度。因此，该数据是作为验证有理函数模型具有拟合某些五次函数的可能性的一个比较理想数据。

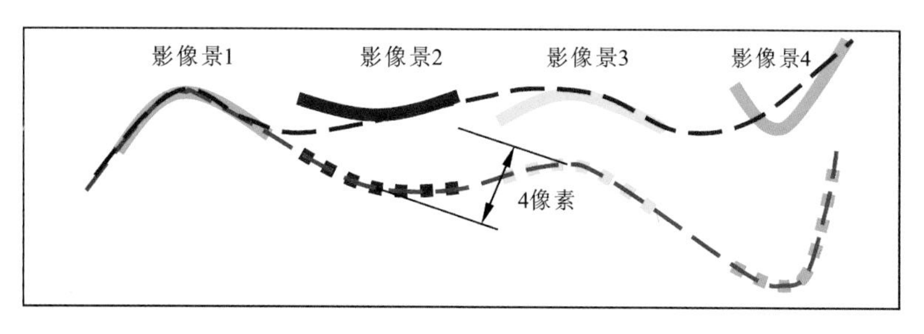

图 2.18　高分一号 WFV—1 相机内方位元素误差示意图

为了考察不同求解方法的求解精度，采用高斯消元直接解法、L 曲线岭估计直接解法、谱修正迭代直接解法、高斯消元间接解法、L 曲线岭估计间接解法、谱修正迭代间接解法、L1S1 解法(L1 范数最小二乘法)7 种求解方法用于比较有理函数模型参数的求解精度。结果如表 2.1 所示，由于五次函数存在于垂轨方向，故这里仅仅对垂轨误差进行考虑。

表 2.1 不同求解方法下有理函数生成精度表(单位：像素)

求解方法		垂轨精度		
		最大残差	最小残差	中误差
直接解法	高斯消元法	2.1×10^{16}	1.5×10^{16}	1.7×10^{16}
	L 曲线岭估计法	6 308.000	332.000	3 828.811
	谱修正迭代法	12 948.000	332.000	7 664.815
间接解法	高斯消元法	8.6×10^{18}	1.4×10^{15}	2.9×10^{17}
	L 曲线岭估计法	68.758 6	39.975 5	54.676 3
	谱修正迭代法	0.570 9	0.000 1	0.268 7
	L1S1	3.997 1	0.002 2	2.368 9

从总体来说，间接解法的精度比直接解法的精度高。高斯消元法无论采用直接求解策略还是间接求解策略都得到不合理的结果，这是因为此算法本身无法处理法方程矩阵存在病态性和复共线性的情况。L 曲线岭估计法求解的结果误差比较大，无法直接使用。L1S1 法精度较 L 曲线岭估计法精度有了比较大的提高，但是像素级精度来说仍然不够。

谱修正迭代法获得的精度最高，达到0.2个像素，最大误差也在0.6个像素以内，满足要求。因此有理函数模型有拟合某些五次函数的可能性。

2.5 小　结

本章系统研究了线阵推扫式光学卫星几何定位模型相关的原理及方法。

（1）从线阵推扫式光学卫星几何定位误差分析入手，推导了外、内方位元素误差对几何定位的影响。针对国内高分光学卫星，由于其视场较小，轨道位置误差、俯仰角误差、滚动角误差和主点误差引起的几何定位误差为平移误差。偏航角误差和CCD旋转误差引起的几何定位误差为旋转误差。主距误差和探元尺寸误差引起的几何定位误差为比例误差。径向畸变和偏心畸变引起的几何定位误差为非线性误差。

（2）对一元一次、一元二次和一元三次有理函数的数学性质及函数形态进行定性分析。将一元有理函数的结论推广到有理函数模型，进一步分析有理函数模型能够进行拟合的函数形态。最后通过试验对不同生成有理函数模型参数求解进行比较，对定性分析的结果进行验证，验证了有理函数模型有拟合某些五次函数的可能性。

参考文献

巩丹超，张永生. 2003. 有理函数模型的解算与应用. 测绘学院学报，20(1)：39-42，46.

蒋永华. 2015. 国产线阵推扫光学卫星高频误差补偿方法研究. 武汉：武汉大学.

潘红播. 2014. 资源三号测绘卫星基础产品精处理. 武汉：武汉大学.

王任享，胡莘，王新义，等. 2012. "天绘一号"卫星工程建设与应用. 遥感学报，16(增刊)：2-5.

张过. 2005. 缺少控制点的高分辨率卫星遥感影像几何纠正. 武汉：武汉大学.

张过，李德仁，黄文超，等. 星载光学几何辐射仿真软件［简称：GeometrySimulationSystem］V1.0：2014SR105545.

张过，刘斌，江万寿，等. 2011. 推扫式光学卫星遥感影像产品三维几何模型研究及应用. 遥感信息(2)，58-62.

Dowman I, Dolloff J T. 2000. An evaluation of rational functions for photogrammetric restitution. International Archives of Photogrammetry and Remote Sensing, 33(B3/1) PART 30: 254-266.

Ebner H, Kornus W, Ohlhof T. 1993. A simulation study on point determination for the MOMS-02/D2 space project using an extended functional model. International Archives of Photogrammetry and Remote Sensing, 29: 458-458.

Gugan D J. 1987. Practical aspects of topographic mapping from SPOT imagery. The Photogrammetric Record, 12(69): 349-355.

Gupta R, Hartley R I. 1997. Linear pushbroom cameras. IEEE Transactions on Pattern Analysis and Machine Intelligence, 19(9): 963-975.

Konecny G, Lohmann P, Engel H, et al. 1987. Evaluation of SPOT imagery on analytical photogrammetric instruments. Photogrammetric Engineering & Remote Sensing, 53(9): 1223-1230.

Kratky V. 1989. On-line aspects of stereophotogrammetric processing of SPOT images. Photogrammetric

Engineering & Remote Sensing, 55(3): 311-316.

Orun A, Natarajan K. 1994. A modified bundle adjustment software for SPOT imagery and photography: tradeoff. Photogrammetric Engineering & Remote Sensing, 60(12): 1431-1437.

Poli D. 2005. Modelling of Spaceborne Linear Array Sensors. Zurich: Swiss Federal Institute of Technology.

Poli D. 2007. A rigorous model for spaceborne linear array sensors. Photogrammetric Engineering & Remote Sensing, 73(2): 187-196.

Tadono T, Shimada M, Hashimoto T, et al. 2007. Results of Calibration and Validation of ALOS Optical Sensors, and Their Accuracy Assessments. Proc. IEEE IGARSS, Barcelona, Spain: 3602-3605.

Takaku J. 2011. RPC generations on ALOS PRISM and AVNIR-2. Proceedings of the Geoscience and Remote Sensing Symposium (IGARSS): 539-542.

Takaku J, Tadono T. 2009. PRISM on-orbit geometric calibration and DSM performance. IEEE Transactions on Geoscience and Remote Sensing, 47(12): 4060-4073.

Tao C V, Hu Y. 2001. A comprehensive study of the rational function model for photogrammetric processing. Photogrammetric Engineering & Remote Sensing, 67(12): 1347-1357.

Toutin T. 1995. Multisourcedata fusion with an integrated and unified geometric modelling. EARSeL Advances in Remote Sensing, 4(2): 118-129.

Weser T, Rottensteiner F, Willneff J, et al. 2008. Development and testing of a generic sensor model for pushbroom satellite imagery. The Photogrammetric Record, 23(123): 255-274.

Zhao Q L, Liu J N, Ge M R. 2006. High Precision orbit determination of CHAMP satellite. Geo-Spatial Information Science, 9(3): 180-186.

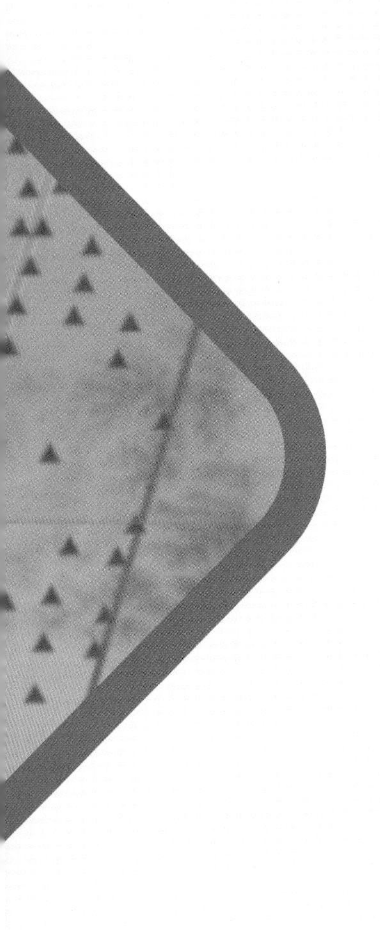

第 3 章

在轨几何检校

在轨几何检校又称在轨几何定标，是利用地面控制数据消除星上成像系统误差，提升影像几何定位精度，实现卫星高精度定位的关键环节。本章简要介绍在轨几何检校的发展状况，重点论述场地定标、交叉定标、无场定标方法以及基于基准波段的多（高）光谱定标方法，并利用多颗在轨运行卫星的数据进行试验，验证检校方法的精度。

3.1 在轨几何检校研究进展

卫星发射前，卫星设计人员会在地面对相机安装、镜头畸变等影响几何定位精度的关键参数进行测量。由于发射过程中的应力释放及在轨运行后热环境等的变化，使得载荷状态发生改变，从而导致地面测量值失效，无法直接用于高精度几何定位。因此，需要通过在轨检校恢复星上成像几何参数。

根据星上误差随时间变化特性，可以分为动态误差及静态误差。其中，动态误差主要包括姿轨测量误差、设备安装误差，这些误差在短时段内（如单景成像时间内）主要表现为系统误差，而长时段内会发生变化且变化幅度不可忽略；静态误差主要包括相机内方位元素误差，其在一定时间内（如三个月内）不会发生变化或变化幅度可以忽略。将针对动态误差的检校称为外方位元素检校，而针对静态误差的检校称为内方位元素检校。

国外在轨几何检校领域发展相对成熟，尤其是法国，自 1986 年发射 SPOT-1 以来，一直开展高精度几何检校研究，在全球范围内建立了 21 个几何检校场，检校场分布相对均匀，对 SPOT 系列卫星实现了高精度几何检校。2002 年发射 SPOT-5 卫星后，法国空间中心（Centre National D′études Spatiales，CNES）组织相关部门，建立了星敏相机光轴夹角误差模型及 5 次多项式拟合的内方位元素误差模型，采用分布定标策略，实现了精确几何定标（Valorge et al.，2003）；最终 SPOT5 单片无地面控制平面定位精度达到 50 m（root mean square，RMS），无控制下的多立体像对高程定位精度达到 15 m（RMS）（Bouillon et al.，2003）。

美国 1999 年发射的 IKONOS 卫星是世界上第一颗高分辨率商业卫星。卫星发射后美国国家宇航局等单位对其进行了在轨几何检校，以保障几何定位精度。利用 Denver、Lunar lake 等多个几何检校场，对各像素在相机坐标系下的指向（field angle map，FAM）及相机星敏光轴夹角（Interlock ngles）进行了检校，最终在无地面控制条件下达到平面 12 m（RMS）、高程 10 m（RMS）的定位精度（Dial et al.，2003；Grodecki et al.，2002）。类似于 IKONOS，美国研究者采用航空影像对 GeoEye-1 卫星的 FAM 及 Interlock angles 进行了周期性检校，如 2010 年对 Interlock angles 进行了检校更新（Mulawa，2011），最终，GeoEye-1 无控定位精度优于 3 m。Mulawa（2003）对 2003 年发射的 Orbview-3 卫星进行了在轨几何检校，结合精密定轨、基于联合卡尔曼滤波的姿态确定（解求了星敏陀螺指向关系）等算法，利用覆盖美国德克萨斯州几何检校场的 13 景全色影像及 2 景多光谱影像完成了定标解算，单片无控制点平面定位精度达到 10 m（RMS），立体像对平面定位精度达到 7.1 m（RMS）、高程定位精度达到 9.1 m（RMS）。

日本 2006 年发射的 ALOS 卫星，其搭载的 PRISM（panchromatic remote-sensing instrument for stereo mapping）传感器带有前视、正视、后视三个相机。ALOS 标定小组开发了一套软件系统 SAT-PP（satellite image precision processing），该软件采用整体定

标技术，利用附加参数的自检校区域网平差方法，解求了3个相机的总共30个附加参数；利用分布于日本、意大利、瑞士、南非等地的多个地面定标场进行在轨几何定标，最终无控平面定位精度达到8 m，高程定位精度达到10 m(Tadono et al.,2009)。

国外上述研究都是利用几何定标场控制数据实现高精度几何定标。2011年法国发射Pleiades卫星后，CNES的研究人员利用该卫星的高敏捷成像能力，提出了不依赖于几何定标场的系列自检校方法，在不依赖外部高精度控制数据的条件下实现了系统误差的消除补偿，并得到了不逊于常规定标场方法的定标精度(Kubik et al.,2012)。然而，该方法的实现，依赖于Pleiades卫星的高敏捷、高稳定性。

国内对线阵推扫式光学卫星的在轨几何检校研究起步较晚，且研究初期主要针对外方位元素检校。张过等(2007)分析了不同姿态角对几何定位的影响，提出了利用不同成像条件影像分别求解偏置矩阵角度的方法，最终使遥感二号无控制定位精度达到152 m；祝小勇等(2009)研究了资源一号02B系统误差补偿方法，将其定位精度从860个像素提升至216个像素。姿态系统误差补偿，虽然对提升卫星影像的系统定位精度有一定效果，但却无法消除相机内部高阶畸变，导致检校后的影像定位模型中仍然存在较大几何畸变。因此，国内学者逐渐重视对内方位元素检校的研究。2012年我国首颗民用立体测绘卫星资源三号发射以后，蒋永华等(2013)提出了多检校场联合的在轨几何检校模型，消除了资源三号各载荷安装误差、相机畸变等系统误差，最终资源三号无控制条件下平面精度优于10 m，高程精度优于5 m；带控制条件下平面精度优于3 m，高程精度优于2 m。

3.2 基于检校场的外/内方位元素检校

基于检校场的几何定标，基本思路是采用影响几何定位精度的各项误差源特性及相关性分析结论(第2章)，构建外、内方位元素检校模型，建立抗误差相关性干扰的几何检校策略。

3.2.1 外方位元素检校

1. 常量偏置矩阵模型

外方位元素检校模型的本质是建立设备安装误差和姿轨测量系统误差的补偿模型。根据2.3.4节的分析，设备安装误差与姿轨测量误差等效，因此仅需根据姿轨测量误差特性构建补偿模型。

由2.3.5节的分析可知，对于国内高分光学卫星而言，由于其视场较小，轨道位置误差引起的几何定位误差为平移误差，与俯仰角误差、滚动角误差具有等效性；图3.1直观地阐述了轨道位置误差与姿态误差的等效性。以图3.1(a)为例，S为卫星真实位置，S'为卫星带误差位置；可认为卫星位置不存在误差，而俯仰角存在$\Delta\varphi$的误差。

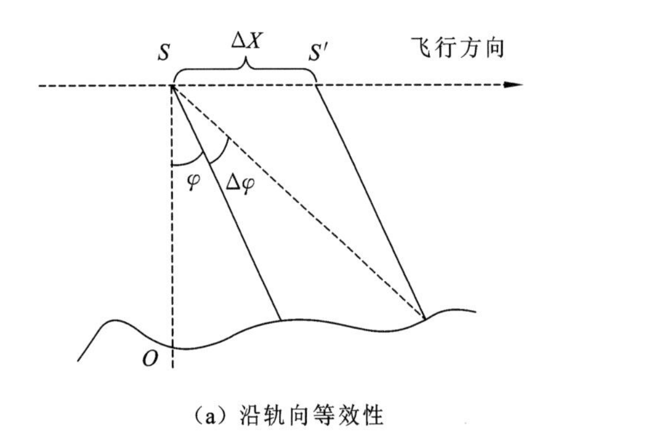

(a) 沿轨向等效性

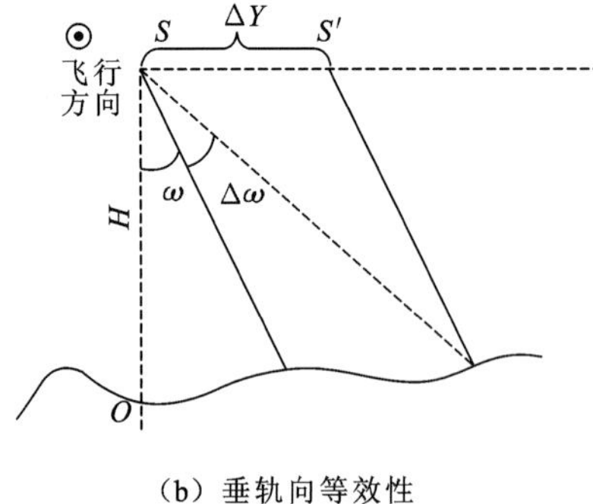

(b) 垂轨向等效性

图 3.1 轨道误差与姿态误差等效性示意图

将轨道位置误差等效为姿态角误差，采用偏置矩阵 R_u 补偿姿态误差，修正真实光线指向与带误差光线指向之间的偏差，则由式(2.1)可得

$$\begin{bmatrix} X \\ Y \\ Z \end{bmatrix} = \begin{bmatrix} X_S \\ Y_S \\ Z_S \end{bmatrix}_t + m\left(\boldsymbol{R}_{\mathrm{J2000}}^{\mathrm{WGS84}} \boldsymbol{R}_{\mathrm{body}}^{\mathrm{J2000}}\right)_t \boldsymbol{R}_u \boldsymbol{R}_{\mathrm{camera}}^{\mathrm{body}} \begin{bmatrix} f \cdot \tan\psi \\ (y_i - y_0) \cdot \lambda_{ccd} \\ f \end{bmatrix} \tag{3.1}$$

其中：$\boldsymbol{R}_u$ 为正交旋转矩阵，可分别绕 y 轴、x 轴、z 轴旋转角度 φ_u、ω_u、κ_u 得到，即

$$\boldsymbol{R}_u = \begin{bmatrix} a_1 & a_2 & a_3 \\ b_1 & b_2 & b_3 \\ c_1 & c_2 & c_3 \end{bmatrix} = \begin{bmatrix} \cos\varphi_u & 0 & \sin\varphi_u \\ 0 & 1 & 0 \\ -\sin\varphi_u & 0 & \cos\varphi_u \end{bmatrix} \begin{bmatrix} 1 & 0 & 0 \\ 0 & \cos\omega_u & -\sin\omega_u \\ 0 & \sin\omega_u & \cos\omega_u \end{bmatrix} \begin{bmatrix} \cos\kappa_u & -\sin\kappa_u & 0 \\ \sin\kappa_u & \cos\kappa_u & 0 \\ 0 & 0 & 1 \end{bmatrix} \tag{3.2}$$

式(3.1)可写成

$$\left(\boldsymbol{R}_{\mathrm{J2000}}^{\mathrm{WGS84}} \boldsymbol{R}_{\mathrm{body}}^{\mathrm{J2000}}\right)^{-1} \begin{bmatrix} X - X_S \\ Y - Y_S \\ Z - Z_S \end{bmatrix} = m \boldsymbol{R}_u \boldsymbol{R}_{\mathrm{camera}}^{\mathrm{body}} \begin{bmatrix} f \cdot \tan\psi \\ (y_i - y_0) \cdot \lambda_{ccd} \\ f \end{bmatrix} \tag{3.3}$$

令 $\begin{bmatrix} x_b \\ y_b \\ z_b \end{bmatrix} = \boldsymbol{R}_{\mathrm{camera}}^{\mathrm{body}} \begin{bmatrix} f \cdot \tan\psi \\ (y_i - y_0) \cdot \lambda_{ccd} \\ f \end{bmatrix}$，$\begin{bmatrix} X_b \\ Y_b \\ Z_b \end{bmatrix} = \left(\boldsymbol{R}_{\mathrm{J2000}}^{\mathrm{WGS84}} \boldsymbol{R}_{\mathrm{body}}^{\mathrm{J2000}}\right)^{-1} \begin{bmatrix} X - X_S \\ Y - Y_S \\ Z - Z_S \end{bmatrix}$

则

$$\begin{bmatrix} X_b \\ Y_b \\ Z_b \end{bmatrix} = m \boldsymbol{R}_u \begin{bmatrix} x_b \\ y_b \\ z_b \end{bmatrix} \tag{3.4}$$

显然，$(X_b \quad Y_b \quad Z_b)^{\mathrm{T}}$ 是由地面点坐标确定的光线本体系下的指向；而 $(x_b \quad x_b \quad x_b)^{\mathrm{T}}$ 是由像方坐标确定的光线本体系下的指向；R_u 用于修正两者的偏差从而实现姿态误差补偿。

展开式(3.4)，可化为

$$
\left.\begin{array}{l}
f_x=\dfrac{\overline{X}}{\overline{Z}}-\dfrac{x_b}{z_b}=0 \\[2ex]
f_y=\dfrac{\overline{Y}}{\overline{Z}}-\dfrac{y_b}{z_b}=0
\end{array}\right\} \tag{3.5}
$$

其中

$$
\begin{bmatrix} \overline{X} \\ \overline{Y} \\ \overline{Z} \end{bmatrix}=\begin{bmatrix} a_1\cdot X_b+b_1\cdot Y_b+c_1\cdot Z_b \\ a_2\cdot X_b+b_2\cdot Y_b+c_2\cdot Z_b \\ a_3\cdot X_b+b_3\cdot Y_b+c_3\cdot Z_b \end{bmatrix} \tag{3.6}
$$

对上式进行线性化并构建误差方程

$$
v=\boldsymbol{A}\boldsymbol{x}-\boldsymbol{l},p \tag{3.7}
$$

其中:$\boldsymbol{x}$ 为$(\mathrm{d}\varphi_b \quad \mathrm{d}\omega_b \quad \mathrm{d}\kappa_b)^{\mathrm{T}}$;$\boldsymbol{l}$ 为根据初值计算的$(-f_x^0 \quad -f_y^0)^{\mathrm{T}}$;$p$ 为观测权值;$\boldsymbol{A}$ 为系数矩阵$\begin{pmatrix} \dfrac{\partial f_x}{\partial\varphi_b} & \dfrac{\partial f_x}{\partial\omega_b} & \dfrac{\partial f_x}{\partial\kappa_b} \\ \dfrac{\partial f_y}{\partial\varphi_b} & \dfrac{\partial f_y}{\partial\omega_b} & \dfrac{\partial f_y}{\partial\kappa_b} \end{pmatrix}$,具体为

$$
\frac{\partial f_x}{\partial\varphi_b}=\frac{(b_3\cdot\overline{Y}-b_2\cdot\overline{Z})\overline{Z}-(b_2\cdot\overline{X}-b_1\cdot\overline{Y})\overline{X}}{\overline{Z}^2}
$$

$$
\frac{\partial f_x}{\partial\omega_b}=\frac{\sin(\kappa_b)\cdot\overline{Z}^2+(\sin(\kappa_b)\cdot\overline{X}+\cos(\kappa_b)\cdot\overline{Y})\overline{X}}{\overline{Z}^2}
$$

$$
\frac{\partial f_x}{\partial\kappa_b}=\frac{\overline{Y}\cdot\overline{Z}}{\overline{Z}^2}
$$

$$
\frac{\partial f_y}{\partial\varphi_b}=\frac{(b_1\cdot\overline{Z}-b_3\cdot\overline{X})\overline{Z}-(b_2\cdot\overline{X}-b_1\cdot\overline{Y})\overline{Y}}{\overline{Z}^2}
$$

$$
\frac{\partial f_y}{\partial\omega_b}=\frac{\cos(\kappa_b)\cdot\overline{Z}^2+(\sin(\kappa_b)\cdot\overline{X}+\cos(\kappa_b)\cdot\overline{Y})\overline{Y}}{\overline{Z}^2}
$$

$$
\frac{\partial f_y}{\partial\kappa_b}=-\frac{\overline{X}\cdot\overline{Z}}{\overline{Z}^2}
$$

则

$$
x=(\boldsymbol{A}^{\mathrm{T}}p\boldsymbol{A})^{-1}\boldsymbol{A}^{\mathrm{T}}p\boldsymbol{L} \tag{3.8}
$$

偏置矩阵中待求未知数为三个偏置角,而一个平高控制点可列两个方程。因此,理论上两个控制点即可解求偏置矩阵,补偿设备安装误差和姿轨测量系统误差对定位精度的影响。

2. 顾及误差时间特性的偏置矩阵模型

针对姿轨系统误差等引起的平移、旋转误差，常量偏置矩阵能很好地进行补偿。但是，由于平台稳定性不够以及陀螺漂移对姿态确定精度的影响，几何定位模型中常常存在着漂移误差。如图 3.2 所示遥感 6 号卫星某景影像中的姿态漂移误差，其中，横坐标为影像行，在推扫成像中即代表成像时间，纵坐标为定位残差。

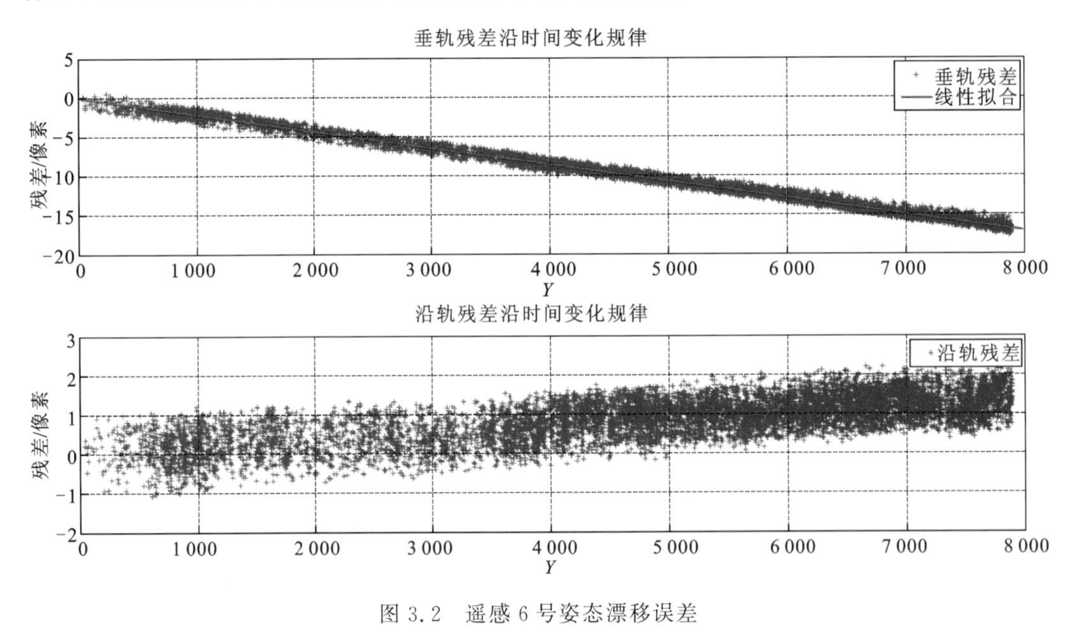

图 3.2 遥感 6 号姿态漂移误差

显然，常量偏置矩阵无法补偿姿态漂移误差。为此，在常量偏置矩阵中引入偏置角的时间变化率：

$$\boldsymbol{R}_u=\begin{bmatrix}\cos(\varphi_u+\varphi_v\cdot t) & 0 & \sin(\varphi_u+\varphi_v\cdot t)\\ 0 & 1 & 0\\ -\sin(\varphi_u+\varphi_v\cdot t) & 0 & \cos(\varphi_u+\varphi_v\cdot t)\end{bmatrix}\begin{bmatrix}1 & 0 & 0\\ 0 & \cos(\omega_u+\omega_v\cdot t) & -\sin(\omega_u+\omega_v\cdot t)\\ 0 & \sin(\omega_u+\omega_v\cdot t) & \cos(\omega_u+\omega_v\cdot t)\end{bmatrix}\cdot\begin{bmatrix}\cos\kappa_u & -\sin\kappa_u & 0\\ \sin\kappa_u & \cos\kappa_u & 0\\ 0 & 0 & 1\end{bmatrix}\tag{3.9}$$

按照常量偏置矩阵类似方法，利用控制点基于最小二乘原理解求各未知数。

3.2.2 内方位元素检校

理想光学系统下，影像坐标与相机坐标的转换由式(1.1)确定。但由于镜头畸变等各种内方位元素误差的存在，确定探元的相机坐标需要考虑内方位元素误差引起的像点偏移$(\Delta x,\Delta y)$。

1. 基于畸变模型的内检校

根据2.3.3节分析，各种内方位元素误差引起的像点综合偏移为

$$\left.\begin{aligned}\Delta x=&\Delta x_0+\frac{x'_c}{f'}\mathrm{d}f+(y-y_1)\cdot\lambda_{ccd}\cdot\sin\theta+k_1x_cr^2+k_2x_cr^4+k_3x_cr^6+\cdots\\&+[p_1(3x_c^2+y_c^2)+2p_2x_cy_c][1+p_3r^2+\cdots]\\\Delta y=&\Delta y_0+\frac{y'_c}{f'}\mathrm{d}f+y_c\cdot\frac{\Delta\lambda_{ccd}}{\lambda_{ccd}}+(y-y_1)\cdot\lambda_{ccd}\cdot(\cos\theta-1)+(y_1-y_0)\cdot\lambda_{ccd}\\&+k_1y_cr^2+k_2y_cr^4+k_3y_cr^6+\cdots+[p_2(3x_c^2+y_c^2)+2p_1x_cy_c][1+p_3r^2+\cdots]\end{aligned}\right\}\quad(3.10)$$

对于线阵CCD，需要考虑如下因素：

(1) 线阵CCD基本按垂直飞行方向摆放，因此x'可以看成常数；从而，$\frac{x'}{f'}\mathrm{d}f$为平移误差，可与Δx_0合并；另外，对于线阵CCD，$y_c=(y-y_0)\cdot\lambda_{ccd}$；

(2) 主距误差引起的垂轨向比例误差与探元尺寸误差完全相关，做合并处理；

(3) 由于地面安装设计，线阵CCD排列的旋转角通常较小，$\sin\theta\approx\cos\theta-1\approx0$，可将旋转中心$y_1$近似为主视轴点位置$y_0$，则CCD旋转引起的垂轨向偏移为$y_c\cdot(\cos\theta-1)$，同样与主距误差、探元尺寸误差完全相关，应做合并处理；

(4) 为避免镜头畸变模型的过度参数化问题，对径向畸变仅解求k_1，k_2，偏心畸变仅解求p_1，p_2(詹总谦，2006)。

则式(3.10)可化为

$$\left.\begin{aligned}\Delta x=\Delta x_0+y_c\cdot x\_scale+k_1x_cr^2+k_2x_cr^4+p_1(3x_c^2+y_c^2)+2p_2x_cy_c\\\Delta y=\Delta y_0+y_c\cdot y\_scale+k_1y_cr^2+k_2y_cr^4+p_2(3x_c^2+y_c^2)+2p_1x_cy_c\end{aligned}\right\}\quad(3.11)$$

考虑多片CCD装在同一相机内部，因此主距误差、镜头光学畸变一致。但各片CCD平移误差、旋转误差则可能不同。因此，需对式(3.11)进行扩展：

$$\left.\begin{aligned}\Delta x=(\Delta x_0)_{ccd\_i}+y_c\cdot x\_scale_{ccd\_i}+k_1x_cr^2+k_2x_cr^4+p_1(3x_c^2+y_c^2)+2p_2x_cy_c\\\Delta y=(\Delta y_0)_{ccd\_i}+y_c\cdot y\_scale_{ccd\_i}+k_1y_cr^2+k_2y_cr^4+p_2(3x_c^2+y_c^2)+2p_1x_cy_c\end{aligned}\right\}\quad(3.12)$$

其中：下标ccd_i表示第i片CCD的补偿参数。

对式(3.12)求解可转为线性方程求解。

2. 基于指向角模型的内检校

基于畸变模型进行内方位元素检校，存在如下问题：(1)畸变模型构建，基于一定的假设条件，例如普遍认为主视轴点为CCD旋转中心，这些假设条件与真实在轨状况可能不符；(2)存在部分难以建模的内方位元素误差，例如图3.3所示的CCD探元不共线安置等；(3)畸变模型众多参数间相关性强，对求解的稳定性造成影响。而从应用角度，基于畸变模型的内方位元素检校通用性差，需要根据不同卫星载荷，甚至多光谱不同谱段的误差特征构建对应的畸变模型。

从高精度定位的角度，重要的并不是剥离各项内方位元素误差并恢复它们的真值，而

是能否恢复成像探元在相机坐标系下的真实指向。因此,可以以探元在相机坐标系下的指向作为检校参数,通过地面控制点恢复成像探元的真实指向(探元指向角)。

如图 3.4 所示,将探元成像光线指向沿着轨道、垂直轨道进行分解,得到其指向的角度表示(ψ_x,ψ_y)。显然,指向角是各种内方位元素误差的综合表示,其与相机坐标(x_c,y_c,f)的转换关系为

$$\left.\begin{aligned}\tan\psi_x=\frac{x_c}{f}\\ \tan\psi_y=\frac{y_c}{f}\end{aligned}\right\} \tag{3.13}$$

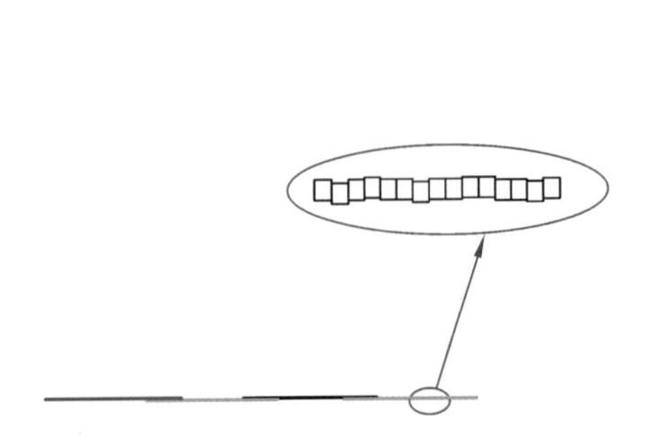

图 3.3 线阵 CCD 不共线安置示意图

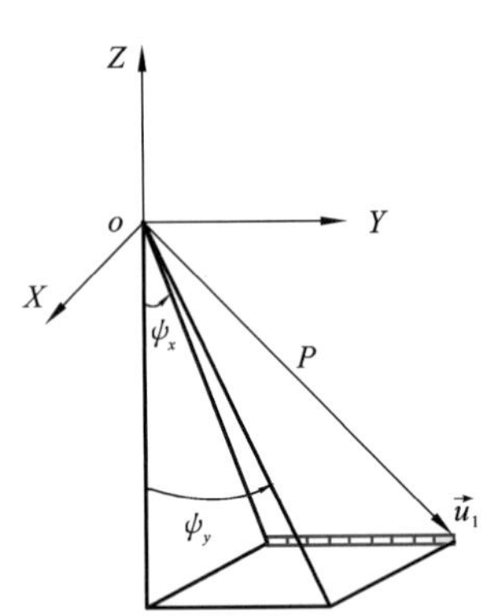

图 3.4 探元指向角示意图

则式(3.1)所示几何检校模型可改写为

$$\begin{bmatrix}X\\Y\\Z\end{bmatrix}=\begin{bmatrix}X_S\\Y_S\\Z_S\end{bmatrix}_t+m\,(\boldsymbol{R}_{\text{J2000}}^{\text{WGS84}}\boldsymbol{R}_{\text{body}}^{\text{J2000}})_t\boldsymbol{R}_u\boldsymbol{R}_{\text{camera}}^{\text{body}}\begin{bmatrix}\tan\psi_x\\ \tan\psi_y\\ 1\end{bmatrix} \tag{3.14}$$

以 $\boldsymbol{R}_u$ 作为已知值,上式可转化为

$$\begin{bmatrix}X-X_S\\Y-Y_S\\Z-Z_S\end{bmatrix}=m\boldsymbol{R}_{\text{camera}}^{\text{WGS84}}\begin{bmatrix}\tan\psi_x\\ \tan\psi_y\\ 1\end{bmatrix},\boldsymbol{R}_{\text{camera}}^{\text{WGS84}}=\begin{bmatrix}a_1&a_2&a_3\\b_1&b_2&b_3\\c_1&c_2&c_3\end{bmatrix} \tag{3.15}$$

展开有

$$\left.\begin{aligned}f_x=\frac{a_1\tan\varphi_x+a_2\tan\varphi_y+a_3}{c_1\tan\varphi_x+c_2\tan\varphi_y+c_3}-\frac{X-X_s}{Z-Z_s}=0\\ f_y=\frac{b_1\tan\varphi_x+b_2\tan\varphi_y+b_3}{c_1\tan\varphi_x+c_2\tan\varphi_y+c_3}-\frac{Y-Y_s}{Z-Z_s}=0\end{aligned}\right\} \tag{3.16}$$

以 $\overline{X}=\frac{X-X_s}{Z-Z_s}$,$\overline{Y}=\frac{Y-Y_s}{Z-Z_s}$作为观测值,$\tan\varphi_x$、$\tan\varphi_y$ 为未知数,对式(3.16)线性化后构建误差方程:

$$v=\boldsymbol{Ax}-\boldsymbol{l},p \tag{3.17}$$

其中:$\boldsymbol{x}$ 为$(\mathrm{d}(\tan\psi_x)\quad \mathrm{d}(\tan\psi_y))^{\mathrm{T}}$;$\boldsymbol{l}$ 为根据初值计算的$(-f_x^0\quad -f_y^0)^{\mathrm{T}}$;$p$ 为观测权值;$\boldsymbol{A}$

为系数矩阵$\begin{pmatrix} \dfrac{\partial f_x}{\partial(\tan\psi_x)} & \dfrac{\partial f_x}{\partial(\tan\psi_y)} \\ \dfrac{\partial f_y}{\partial(\tan\psi_x)} & \dfrac{\partial f_y}{\partial(\tan\psi_y)} \end{pmatrix}$，具体为

$$\begin{aligned} &\frac{\partial f_x}{\partial(\tan\psi_x)}=\frac{a_1-c_1\overline{X}}{c_1\tan\psi_x+c_2\tan\psi_y+c_3}, \quad \frac{\partial f_y}{\partial(\tan\psi_x)}=\frac{a_1-c_1\overline{X}}{c_1\tan\psi_x+c_2\tan\psi_y+c_3} \\ &\frac{\partial f_x}{\partial(\tan\psi_y)}=\frac{a_2-c_2\overline{X}}{c_1\tan\psi_x+c_2\tan\psi_y+c_3}, \quad \frac{\partial f_y}{\partial(\tan\psi_y)}=\frac{a_2-c_2\overline{X}}{c_1\tan\psi_x+c_2\tan\psi_y+c_3} \end{aligned} \tag{3.18}$$

采用谱修正迭代方法以保证式(3.17)的稳定求解。最终，从平差结果中解求(ψ_x,ψ_y)。

然而，如果按式(3.17)独立解求各探元指向角，存在如下问题：(1)由于每个探元需要解求沿轨、垂轨指向角，未知数多，控制点需求量大；(2)没有顾及畸变局部平滑性特征，易受粗差影响。如图 3.5 所示，以资源三号为例，利用匹配获取的控制点独立解求各个探元的指向角，由于匹配误差的存在，解求的沿轨向指向角明显地受到误匹配影响。

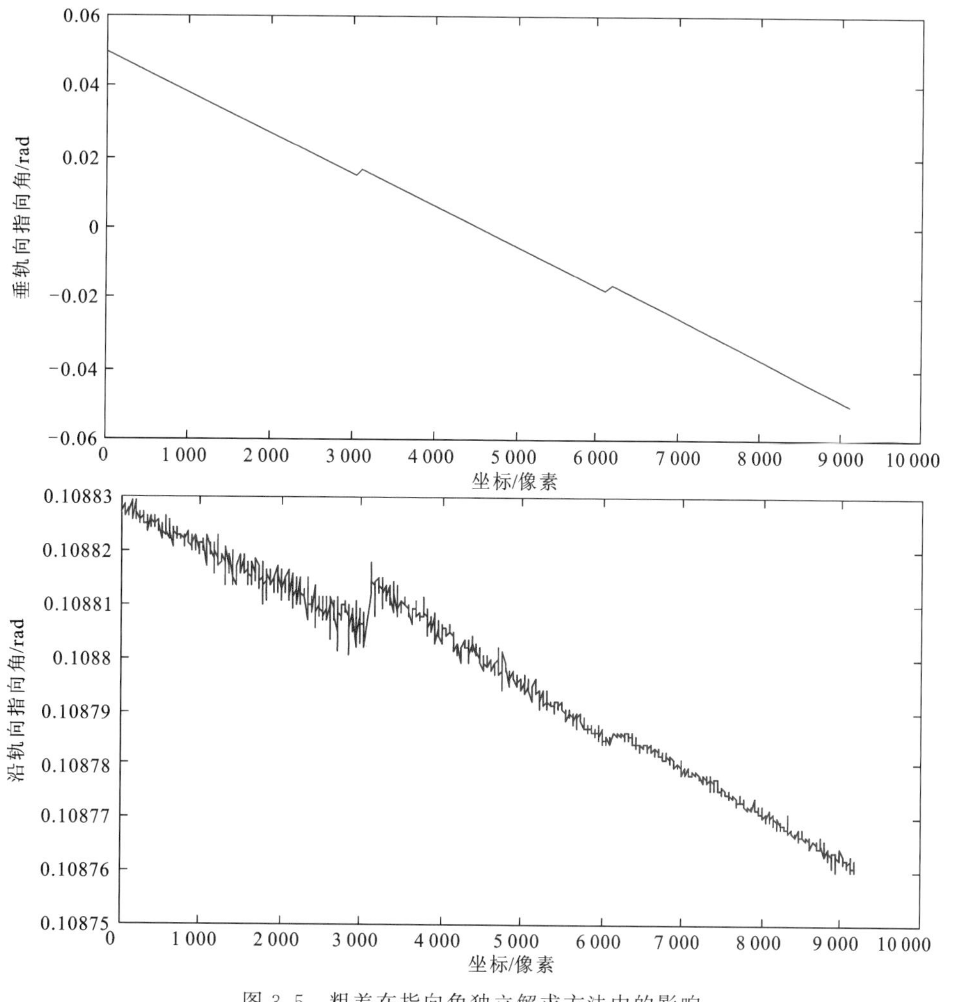

图 3.5　粗差在指向角独立解求方法中的影响

由式(3.11)和式(3.12)有

$$\begin{cases}\tan\psi_x=\dfrac{x-[(\Delta x_0)_{ccd\_i}+y_c\cdot x\_scale_{ccd\_i}+k_1x_cr^2+k_2x_cr^4+p_1(3x_c^2+y_c^2)+2p_2x_cy_c]}{(f-\Delta f)}\\ \tan\psi_y=\dfrac{y-[(\Delta y_0)_{ccd\_i}+y_c\cdot y\_scale_{ccd\_i}+k_1y_cr^2+k_2y_cr^4+p_2(3x_c^2+y_c^2)+2p_1x_cy_c]}{(f-\Delta f)}\end{cases} \tag{3.19}$$

考虑线阵 CCD 的 x_c 近似为常数,式(3.19)中 $\tan\psi_x$、$\tan\psi_y$ 均可近似认为取决于影像列 s,且多项式最高次数项取为 s^5 便能充分考虑各种内方位元素误差。即

$$\begin{cases}\tan\psi_x=a_0+a_1s+a_2s^2+\cdots+a_is^i\\ \tan\psi_y=b_0+b_1s+b_2s^2+\cdots+b_js^j\end{cases},\quad i,j\leqslant 5 \tag{3.20}$$

同解求式(3.17)的方法,利用控制点解求每片 CCD 的系数 a_i,b_i。

3.2.3 抗外/内相关性的几何检校策略

姿轨外方位元素误差与内方位元素误差存在明显的相关性。例如,俯仰、滚动角误差与线阵平移误差相关,偏航角误差与 CCD 旋转误差相关,而轨道径向误差引起的比例误差与主距误差等相关。这会使平差过程中外、内方位元素相互干扰,难以区分,最终影响检校参数的普适性。因此,提出抗外/内相关性的几何检校策略。首先,通过检校时段压缩,以彻底消除外方位元素误差,避免对内检校的影响;再者,内方位元素误差属于静态误差,一段时间内保持不变;而外方位元素误差属于动态误差,单景影像内其主要表现为系统性,而多时相影像中其表现偏随机性。因此,利用多检校场、多时相的卫星影像进行联合检校平差,基于"内静外动"的误差特性实现外内方位元素误差的剥离分解。

1. 检校时段压缩

在航空框幅式成像中,整幅影像瞬时曝光,影像外方位元素误差为系统误差。而对于线阵推扫式成像,假设影像成像时间短至瞬时,则类似框幅影像,其外方位元素误差也为系统误差,而不含随机误差,通过外检校模型即可彻底消除外方位元素误差。根据线阵推扫式成像特征,虽然无法实现瞬时获取二维影像,但通过选择较短时段内的影像进行检校,同样可以使外方位元素误差主要表现为系统性,从而彻底消除外方位元素误差,为高精度内方位元素检校提供基础。

图 3.6 所示为实践九 A 卫星一景影像中高频抖动引起的几何定位误差。显然,当选用整景影像进行几何检校,外方位元素误差难以被彻底消除;而仅选用图中矩形框所示范围进行检校,该时间段内误差呈现时间线性变化特性,可采用顾及误差时间特性的偏置矩阵消除,从而为内方位元素检校提供基础。

检校时段的选择,需要权衡时间段内误差特性及控制点获取难易程度。时段选择太短,则可能无法获取足量的控制点;而时段选取太长,则外方位元素误差可能表现出明显的随机性。

2. 多检校场联合检校

在单景影像成像的短时间内,外方位元素误差主要表现为系统性误差,而对于多区域、

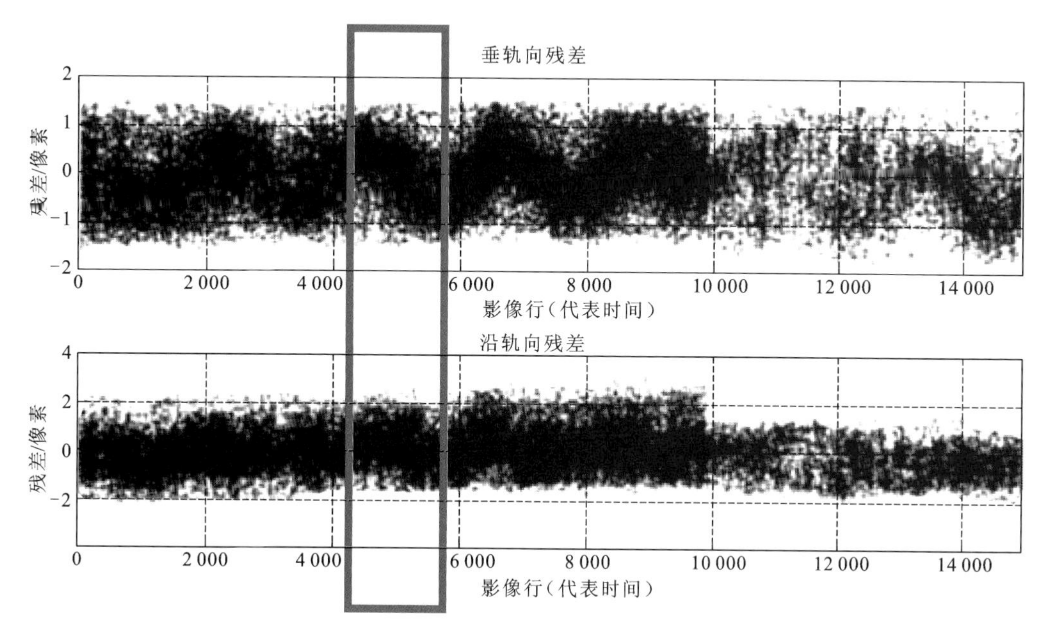

图 3.6　检校时段选择示意图

多时相影像来说,外方位元素误差更多地表现出随机性。图 3.7 所示为资源三号影像 2012 年一年的定位精度统计结果(图中统计的是平面精度,计算时采用了绝对值运算)。可以看出,由于受到外方位元素误差的影响,不同时间成像的影像定位精度不同,整体存在一定的起伏波动。而相较而言,内方位元素误差则比较稳定。因此,当选择多区域、多时相影像进行联合检校时,各景影像外方位元素误差不同而内方位元素误差一致,可增强外、内方位元素的可区分性。可以采用迭代检校的策略实现外、内方位元素误差的剥离分解。

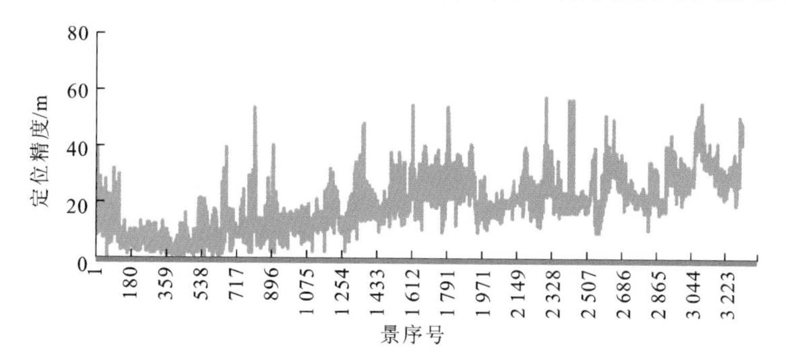

图 3.7　资源三号 2012 年定位精度统计

(1) 构建多检校场联合检校模型如下:

$$\begin{bmatrix} X \\ Y \\ Z \end{bmatrix} = \begin{bmatrix} X_S \\ Y_S \\ Z_S \end{bmatrix}_t + m\,(\boldsymbol{R}_{\mathrm{J2000}}^{\mathrm{WGS84}}\boldsymbol{R}_{\mathrm{body}}^{\mathrm{J2000}})_t\,(\boldsymbol{R}_u)_i\boldsymbol{R}_{\mathrm{camera}}^{\mathrm{body}}\begin{bmatrix} \tan\psi_x \\ \tan\psi_y \\ 1 \end{bmatrix} \tag{3.21}$$

其中:下标 i 表示第 i 景的偏置矩阵。

(2) 以当前内方位元素为真值,利用地面控制点按照本书 3.2.1 节方法解求各景影像的偏置矩阵。

(3) 将(2)中解求的偏置矩阵作为已知值,利用地面控制点按照本书 3.2.2 节方法解求指向角模型参数;需要说明的是,所有影像共用同一套指向角模型参数。

(4) 重复(2)～(3)过程,直至前后两次解求的偏置角小于一定阈值。

3.2.4 资源三号检校场几何检校应用试验

1. 试验数据

以资源三号卫星影像数据为例,对提出的基于检校场的外/内方位元素检校进行对比验证。收集了覆盖我国河南嵩山区域、天津区域的 1:2 000 数字正射影像及数字高程模型作为检校控制数据,如图 3.8 所示。其中,天津区域覆盖范围约为 100 km(西东)×50 km(南北),区域内地势平坦,最大高差在 30 m 以内;而河南区域覆盖范围约为 50 km(西东)×50 km(南北),区域内主要为丘陵地形,最大高差不超过 1 500 m;两个区域正射影像分辨率均优于 0.2 m,数字高程模型分辨率优于 1 m。对应的,收集了覆盖河南嵩山的资源三号三线阵影像一景(代表前正后三景,成像于 2012 年 2 月 3 日)和覆盖天津区域的资源三号三线阵影像两景(分别成像于 2012 年 2 月 28 日和 2012 年 5 月 2 日)。

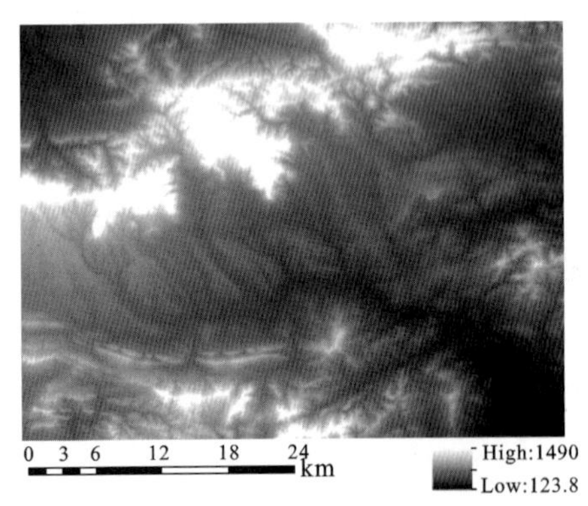

(a) 河南嵩山检校场1:2 000正射影像及数字高程模型

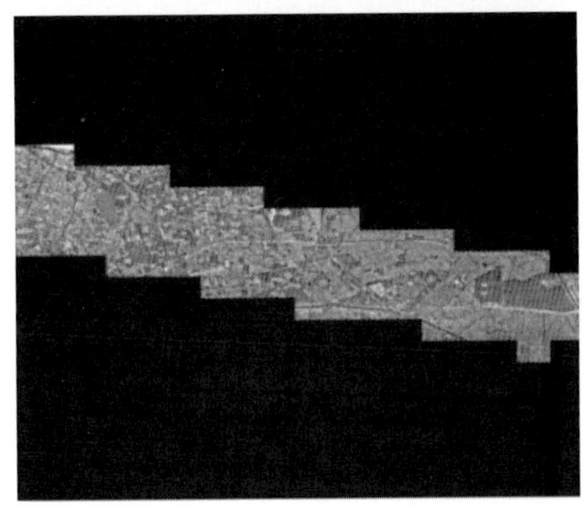

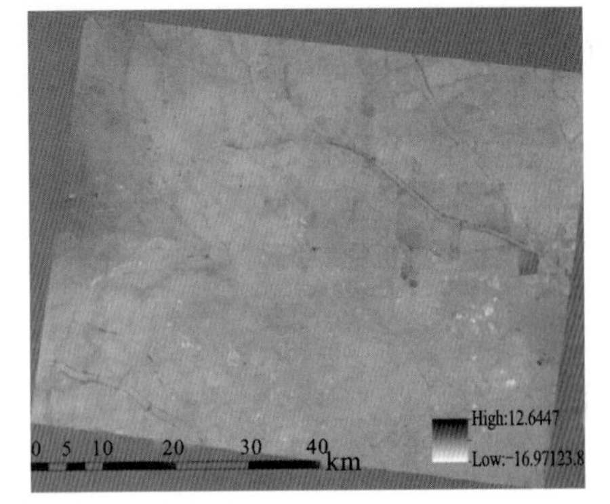

(b) 天津1:2 000正射影像及数字高程模型

图 3.8 检校场控制数据

同时,为了对检校精度进行验证,收集了覆盖不同区域的资源三号三线阵影像,如图3.9所示,具体包括:

(1) 安平区域:资源三号影像成像于2012年2月18日,影像内含31个移动靶标控制点,控制点区域范围约为52 km × 52 km,区域内地势平坦,平均高程28 m,最大高差约为51 m;

(2) 太行山区域:资源三号影像成像于2012年2月8日,影像内含392个GPS控制点,控制点区域范围约为82 km(西东)×550 km(南北),该区域以山地为主,最小、最大高程分别为64 m和2 705 m;

(3) 肇东区域:资源三号影像成像于2012年9月18日,影像内含13个移动靶标控制点,控制点区域范围约为52 km × 52 km,区域内地势平坦,平均高程168 m,最大高差仅为8 m。

安平区域、肇东区域控制点物方坐标采用GPS测量获取,测量精度在0.03~0.05 m;而像素坐标基于高精度像点定位算法提取,提取精度为0.05~0.15个像素。太行山区域控制点像素坐标由人工选取,选点精度约0.3个像素,而控制点物方坐标同样采用GPS测量获取,精度约0.1 m。

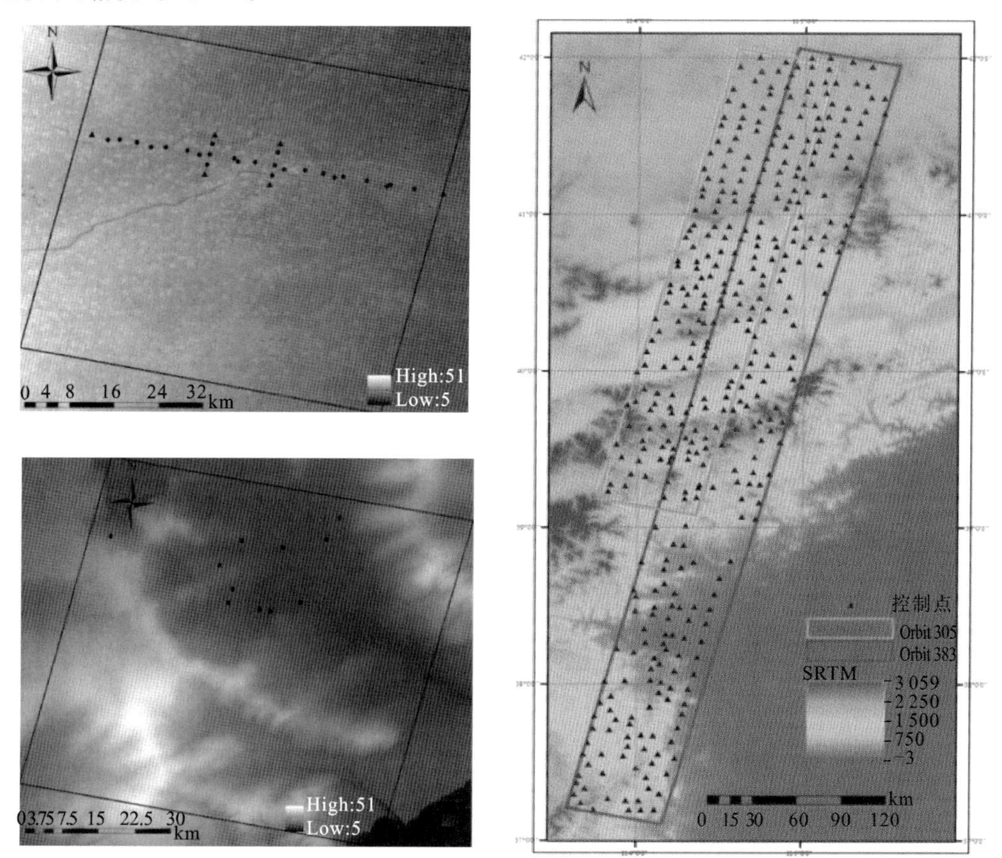

图3.9 验证数据(左上:安平;左下:肇东;右:太行山)

2. 几何检校

采用河南区域三线阵一景、天津区域三线阵两景构建联合检校模型，利用高精度匹配算法从河南区域、天津区域正射影像中获取控制点，分别为前、后、正视影像获取控制点42 198、35 186、33 208个，所有控制点在检校时段影像上均匀、密集分布；检校平差过程中解求三景影像的常量偏置矩阵，而仅解求同一套内方位元素模型参数。

表3.1中以河南景正视影像为例，对比了偏置矩阵解求前后的几何定位精度。其中，A代表利用卫星发射前实验室测量的相机安装等参数直接定位的精度，而B代表解求常量偏置矩阵后的定位精度。由表中结果可知，由于卫星发射过程中的受力等因素影响，相机安装在轨后发生改变，导致直接定位精度接近1 km；而偏置矩阵能够很好地吸收相机安装等外方位元素误差，定位精度提升至2个像素左右(约2.1 m×2=4.2 m)。但是，常量偏置矩阵并未能彻底消除该景外方位元素误差；图3.10中给出了前、后、正视影像的定位残差图，其中(a)、(c)、(e)代表解求常量偏置后的定位残差，而(b)、(d)、(f)代表解求顾及误差时间特性的偏置矩阵后的定位残差。显然，(a)、(c)、(e)上均可看到残差随时间的变化趋势。因此，需采用顾及误差时间特性的偏置矩阵作为资源三号外检校模型。

表3.1 常量偏置矩阵解求前后精度对比(单位:像素)

区域		沿轨			垂轨		
		Max	Min	RMS	Max	Min	RMS
河南	A	171.02	83.21	128.33	451.71	445.16	447.74
	B	0.52	0.00	0.18	3.44	0.00	1.68

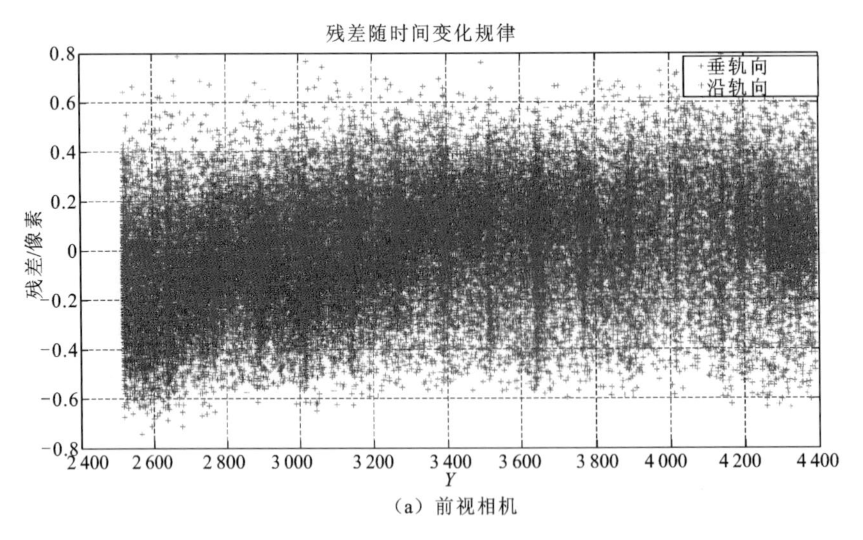

(a) 前视相机

图3.10 常量偏置矩阵补偿定位残差

前视相机(a,b)，后视相机(c,d)，正视相机(e,f)，红色代表垂轨，蓝色代表沿轨

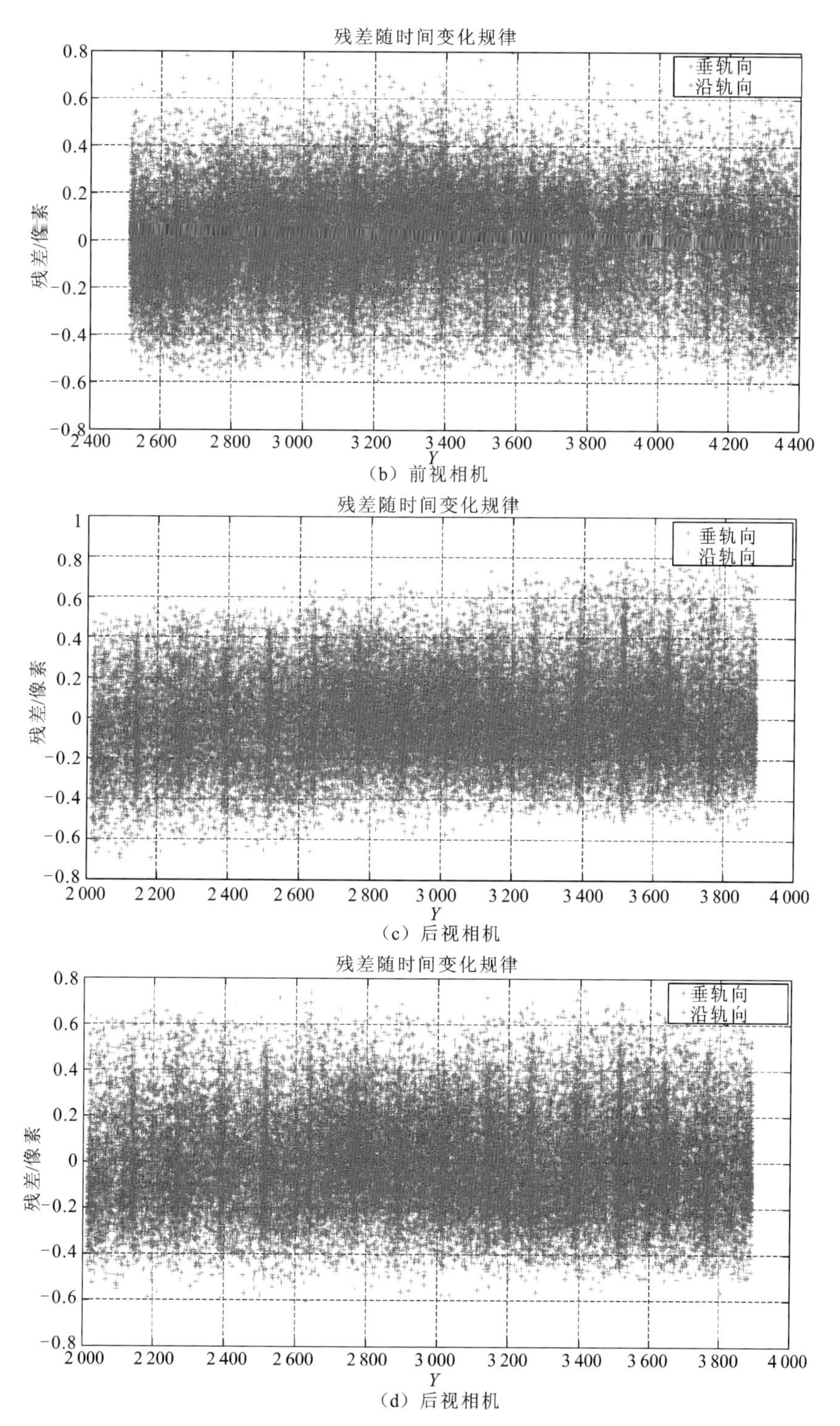

（b）前视相机

（c）后视相机

（d）后视相机

图 3.10　常量偏置矩阵补偿定位残差(续)

前视相机(a,b),后视相机(c,d),正视相机(e,f),红色代表垂轨,蓝色代表沿轨

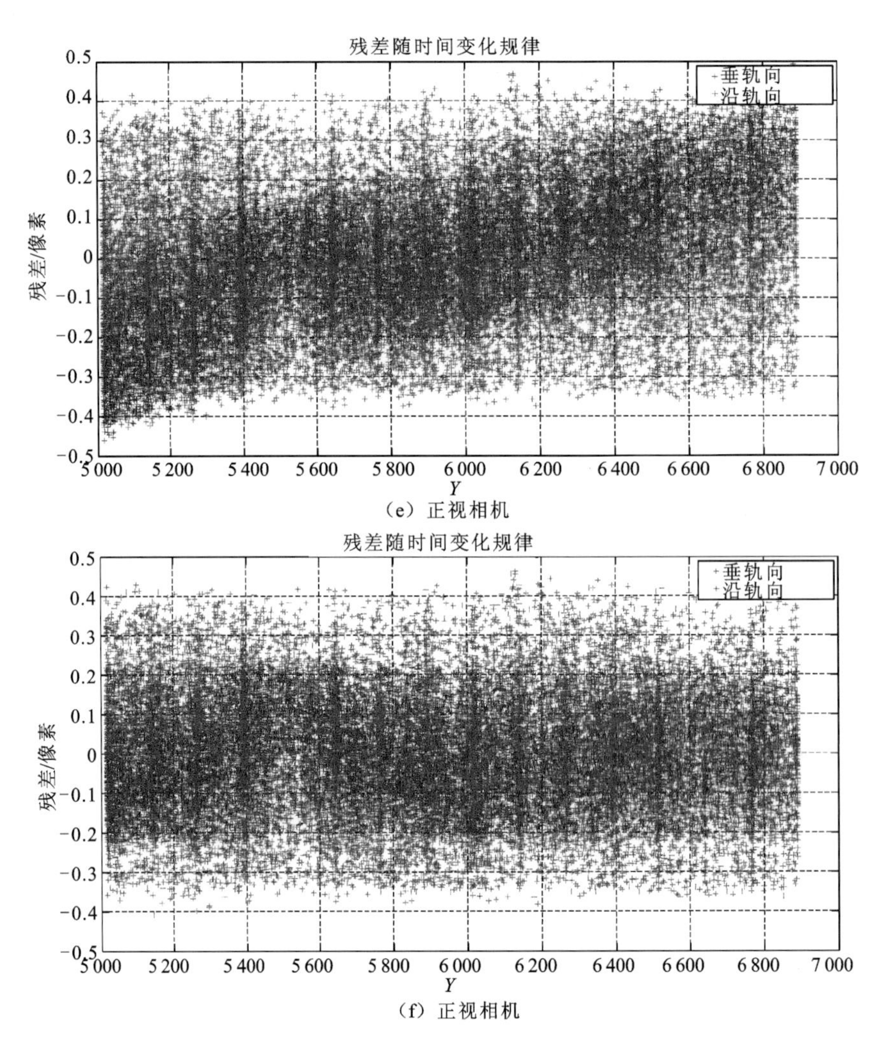

(e) 正视相机

(f) 正视相机

图 3.10　常量偏置矩阵补偿定位残差(续)

前视相机(a,b),后视相机(c,d),正视相机(e,f),红色代表垂轨,蓝色代表沿轨

对如下内方位元素模型进行了对比:

(1) 畸变模型 A-1:考虑线阵平移误差,探元尺寸误差(每片 CCD 独立考虑)、CCD 旋转误差;

(2) 畸变模型 A-2:考虑线阵平移误差、探元尺寸误差(所有 CCD 参数相同)、CCD 旋转误差;

(3) 畸变模型 A-3:考虑线阵平移误差、主距误差、CCD 旋转误差;

(4) 畸变模型 A-4:考虑线阵平移误差、探元尺寸误差(每片 CCD 独立考虑)、CCD 旋转误差、径向畸变 k_1,偏心畸变 p_1;

(5) 畸变模型 A-5:考虑线阵平移误差、探元尺寸误差(每片 CCD 独立考虑)、CCD 旋转误差、径向畸变 k_1、k_2,偏心畸变 p_1、p_2;

(6) 指向角模型 $B\text{-}m\text{-}n$，其中 m 代表沿轨向多项式次数，n 代表垂轨向多项式次数。

表 3.2～表 3.4 仍以河南景为例给出内方位元素检校后的几何定位精度。对比表 3.4 与表 3.1 可知，资源三号正视相机内方位元素误差主要引起垂轨向定位误差，量级约为 1.7 个像素；经过内方位元素检校后垂轨向定位残差降低到 0.1 个像素左右，验证了内方位元素检校对定位精度的提升；对比表 3.2～表 3.4 中不同内检校模型精度，有如下结论：(1) 畸变模型 A-2 与畸变模型 A-3 精度一致，验证了探元尺寸误差与主距误差在垂轨向对几何定位影响相同。因此，两者需要做合并处理；(2) 在畸变模型中，考虑径向畸变、偏心畸变后的定位精度提升并不显著，说明资源三号三线阵载荷镜头畸变小，验证了其无畸变光学系统设计；(3) 指向角模型能得到与畸变模型一致甚至略高的精度，验证了指向角模型是对物理意义明确的畸变模型的综合表示。

表 3.2 前视相机不同内检校模型精度对比(单位:像素)

模型	行			列			平面
	Max	Min	RMS	Max	Min	RMS	
A-1	0.795 995	0.000 018	0.212 087	0.575 935	0.000 000	0.181 033	0.278 844
A-2	0.796 004	0.000 014	0.212 087	0.608 708	0.000 008	0.181 773	0.279 325
A-3	0.796 005	0.000 016	0.212 087	0.608 582	0.000 000	0.181 773	0.279 325
A-4	0.788 568	0.000 001	0.211 921	0.575 963	0.000 012	0.181 008	0.278 701
A-5	0.788 580	0.000 005	0.211 921	0.575 804	0.000 008	0.180 992	0.278 691
B-2-3	0.788 692	0.000 005	0.211 853	0.588 154	0.000 018	0.180 713	0.278 458
B-3-3	0.782 499	0.000 010	0.211 739	0.589 259	0.000 005	0.180 710	0.278 369
B-4-4	0.781 748	0.000 001	0.211 641	0.587 745	0.000 020	0.180 698	0.278 287
B-5-5	0.781 048	0.000 021	0.211 610	0.600 327	0.000 021	0.180 651	0.278 232

表 3.3 后视相机不同内检校模型精度对比(单位:像素)

模型	行			列			平面
	Max	Min	RMS	Max	Min	RMS	
A-1	0.712 682	0.000 007	0.232 021	0.480 051	0.000 005	0.172 352	0.289 031
A-2	0.712 691	0.000 018	0.232 021	0.526 992	0.000 009	0.175 408	0.290 864
A-3	0.712 684	0.000 023	0.232 021	0.526 862	0.000 002	0.175 408	0.290 864
A-4	0.728 782	0.000 002	0.231 585	0.480 390	0.000 002	0.172 326	0.288 666
A-5	0.728 765	0.000 002	0.231 585	0.485 946	0.000 001	0.172 189	0.288 584
B-1-2	0.746 038	0.000 012	0.231 331	0.581 907	0.000 001	0.176 987	0.291 270
B-3-3	0.754 913	0.000 008	0.230 716	0.492 121	0.000 012	0.171 698	0.287 593
B-4-4	0.753 682	0.000 002	0.230 542	0.502 816	0.000 000	0.171 561	0.287 372
B-5-5	0.757 305	0.000 011	0.230 398	0.501 926	0.000 004	0.171 501	0.287 221

表 3.4　正视相机不同内检校模型精度对比(单位:像素)

模型	行			列			平面
	Max	Min	RMS	Max	Min	RMS	
A-1	0.431 801	0.000 004	0.174 261	0.236 696	0.000 018	0.109 278	0.205 69
A-2	0.431 797	0.000 005	0.174 261	0.259 808	0.000 009	0.110 098	0.206 127
A-3	0.431 789	0.000 005	0.174 261	0.259 766	0.000 006	0.110 098	0.206 127
A-4	0.432 580	0.000 010	0.174 244	0.249 435	0.000 010	0.109 043	0.205 551
A-5	0.432 580	0.000 012	0.174 244	0.259 945	0.000 004	0.108 824	0.205 436
B-2-3	0.437 082	0.000 006	0.174 205	0.264 448	0.000 007	0.108 715	0.205 344
B-3-3	0.462 450	0.000 011	0.173 597	0.262 586	0.000 004	0.108 530	0.204 730
B-4-4	0.487 824	0.000 000	0.173 520	0.254 765	0.000 000	0.108 446	0.204 620
B-5-5	0.463 421	0.000 012	0.173 440	0.260 493	0.000 008	0.108 273	0.204 461

由于卫星在轨后的不可量测性,难以对检校模型的精度做出客观真实的评价。而检校参数的普适性是几何检校的核心问题,因此可以采用检校景获取的参数对其他区域影像的补偿效果来客观评价几何检校模型。因此,采用安平区域 31 个高精度靶标控制点进一步对内检校模型进行对比。试验中,基于河南景不同内检校模型获取的内方位元素,采用 6 个控制点求取安平影像的偏置矩阵(简称外定向),用其余控制点对偏置矩阵补偿后的定位精度进行评估。

表 3.5～表 3.7 中 Lab 代表利用实验室测量内方位元素的外定向精度;由于偏置矩阵主要消除姿轨等外方位元素系统误差,而无法补偿高阶内方位元素误差,因此,表 3.5～表 3.7 所示精度主要取决于内方位元素精度。可以看到,资源三号各相机实验室测量内方位元素精度在 1～2 个像素,且误差主要在垂轨方向,这可能是由主距误差或是探元尺寸误差引起的;表中指向角模型精度普遍略高于畸变模型精度,其中,B-3-3 模型下前、正视相机精度最高,B-1-2 模型下后视相机精度最高,以此作为资源三号的内检校模型。最终,利用该模型下获取的内方位元素,安平景外定向精度与控制精度相当,侧面验证了内检校参数的精度。

表 3.5　安平前视影像外定向精度对比(单位:像素)

模型	行			列			平面
	Max	Min	RMS	Max	Min	RMS	
Lab *	0.353 439	0.007 510	0.122 377	3.835 416	0.039 270	1.880 943	1.884 920
A-1	0.336 781	0.000 265	0.100 243	0.101 629	0.006 478	0.046 205	0.110 379
A-2	0.299 178	0.009 877	0.116 275	0.108 516	0.001 470	0.053 543	0.128 011
A-3	0.299 180	0.009 878	0.116 274	0.108 316	0.001 469	0.053 555	0.128 015
A-4	0.304 844	0.008 402	0.117 485	0.105 918	0.005 668	0.047 254	0.126 632
A-5	0.304 829	0.008 426	0.117 480	0.104 457	0.002 897	0.047 377	0.126 673
B-2-3	0.332 617	0.002 136	0.102 368	0.104 479	0.005 860	0.042 414	0.110 807

续表

模型	行			列			平面
	Max	Min	RMS	Max	Min	RMS	
B-3-3	0.337 588	0.003 321	0.101 660	0.105 394	0.004 871	0.042 649	0.110 244
B-4-4	0.311 541	0.005 742	0.113 613	0.104 642	0.001 369	0.044 240	0.121 923
B-5-5	0.313 429	0.005 399	0.112 343	0.105 089	0.000 062	0.043 312	0.120 403

表 3.6　安平后视影像外定向精度对比(单位:像素)

模型	行			列			平面
	Max	Min	RMS	Max	Min	RMS	
Lab *	0.378 203	0.024 522	0.209 462	2.458 329	0.017 513	1.141 103	1.160 169
A-1	0.230 257	0.000 888	0.089 374	0.138 781	0.001 896	0.072 421	0.115 032
A-2	0.256 102	0.000 595	0.093 312	0.186 844	0.005 660	0.086 504	0.127 240
A-3	0.256 094	0.000 596	0.093 316	0.186 885	0.005 625	0.086 580	0.127 295
A-4	0.240 007	0.019 997	0.087 370	0.139 002	0.001 601	0.072 397	0.113 468
A-5	0.270 315	0.003 996	0.091 668	0.172 261	0.000 658	0.080 493	0.121 992
B-1-2	0.248 327	0.002 412	0.089 024	0.116 723	0.002 219	0.068 041	0.112 049
B-3-3	0.247 741	0.024 116	0.115 343	0.134 441	0.014 072	0.071 312	0.135 608
B-4-4	0.251 262	0.023 032	0.111 300	0.142 878	0.001 324	0.077 804	0.135 798
B-5-5	0.247 931	0.017 632	0.111 491	0.155 303	0.000 800	0.077 432	0.135 743

表 3.7　安平正视影像外定向精度对比(单位:像素)

模型	行			列			平面
	Max	Min	RMS	Max	Min	RMS	
Lab *	0.171 025	0.002 640	0.075 468	3.808 735	0.034 776	1.804 843	1.806 420
A-1	0.160 695	0.017 426	0.082 165	0.438 153	0.003 891	0.167 411	0.186 488
A-2	0.195 115	0.006 152	0.105 087	0.426 213	0.022 162	0.164 842	0.195 490
A-3	0.195 119	0.006 156	0.105 088	0.426 228	0.022 170	0.164 842	0.195 489
A-4	0.162 736	0.007 964	0.080 553	0.430 629	0.002 569	0.168 293	0.186 578
A-5	0.191 281	0.003 419	0.103 296	0.395 741	0.001 607	0.163 885	0.193 722
B-2-3	0.186 411	0.002 006	0.101 593	0.382 571	0.002 708	0.165 273	0.194 000
B-3-3	0.160 515	0.007 645	0.079 564	0.431 925	0.007 480	0.162 289	0.180 743
B-4-4	0.199 097	0.006 725	0.107 306	0.387 225	0.000 915	0.161 853	0.194 193
B-5-5	0.203 124	0.010 378	0.106 705	0.393 467	0.003 895	0.161 397	0.193 481

3. 检校精度验证

利用河南景、天津景联合检校获取的参数,生产了资源三号安平区域、太行山区域、肇东区域的传感器校正产品(见第 5 章),基于产品中的 RPC 进行立体平差,其中定向模型采用像方仿射模型:

$$\left.\begin{aligned} x+a_0+a_1x+a_2y=RPC_x(lat,lon,h) \\ y+b_0+b_1x+b_2y=RPC_y(lat,lon,h) \end{aligned}\right\} \tag{3.22}$$

资源三号卫星设计的基高比约为 0.87，安平及肇东区域控制点像方精度在 0.05～0.15 个像素之间，根据高程精度与基高比的关系，两个区域的理论高程精度在 0.3～0.85 m；由表 3.8、表 3.9 可看到，安平、肇东区域利用 6 个控制点定向后的平面、高程精度分别优于 0.2 m 和 0.6 m，接近理论精度；而对于太行山区域，由于其控制点精度低于安平和肇东区域，且区域内地形复杂，最终利用少量控制点(9/392)定向后的平面、高程精度分别为 3 m 和 2 m；随着控制点数量的大幅增加，其定向精度提升并不显著，说明影像内部精度高。

表 3.8 前/后两视立体平差精度(单位：m)

区域	控制点数	定向			控制点		检查点	
		x	y	xy	平面	高程	平面	高程
安平	0	0.03	0.00	0.03	——	——	14.54	8.03
	6	0.04	0.02	0.04	0.13	0.26	0.15	0.53
	31	0.04	0.06	0.07	0.14	0.42	——	——
肇东	0	0.02	0.00	0.02	——	——	8.36	3.80
	4	0.03	0.02	0.03	0.10	0.24	0.15	0.50
	13	0.04	0.05	0.06	0.13	0.36	0.04	0.05
太行山	0	0.22	0.10	0.24	——	——	6.21	5.56
	9	0.36	0.19	0.41	1.46	0.34	2.91	1.69
	392	0.59	0.54	0.80	2.51	1.40	——	——

表 3.9 前/正/后三视立体平差精度(单位：m)

区域	控制点数	定向			控制点		检查点	
		x	y	xy	平面	高程	平面	高程
安平	0	0.05	0.02	0.06	——	——	12.22	8.03
	6	0.07	0.03	0.07	0.17	0.27	0.19	0.52
	31	0.083	0.051	0.097	0.175	0.417	——	——
肇东	0	0.05	0.02	0.05	——	——	5.04	3.82
	4	0.06	0.03	0.07	0.18	0.24	0.19	0.49
	13	0.07	0.05	0.09	0.17	0.35	——	——
太行山	0	0.27	0.23	0.36	——	——	6.25	5.45
	9	0.43	0.31	0.53	1.36	0.39	2.60	1.69
	392	0.66	0.64	0.92	2.25	1.40	——	——

利用本章获取的资源三号检校参数生产了咸宁等 10 个区域的传感器校正产品，利用 GPS 控制点对其立体平差精度进行了验证，结果如表 3.10。

表3.10　资源三号传感器校正产品立体平差精度验证(单位:m)

轨道	区域	南北	西东	平面	高程	控制点/检查点
2479	咸宁	6.169	7.896	10.020	4.250	0/23
		0.376	0.429	0.571	1.219	4/19
351	兰州	6.066	1.699	6.299	5.021	0/8
		2.258	1.861	2.926	2.078	4/4
350	Venezuela	3.823	6.042	7.150	3.710	0/8
		1.599	1.987	2.551	1.063	4/4
1749	齐齐哈尔	5.574	8.587	10.238	5.192	0/21
		2.595	2.512	3.612	1.343	4/12
4364	齐齐哈尔	10.716	3.675	11.329	2.720	0/35
		2.669	2.780	3.854	2.303	4/31
305,381,457	太行山	3.884	4.063	5.621	6.585	0/645
		1.882	1.839	2.631	2.364	11/634
381	登封	9.838	2.271	10.097	1.883	0/36
		1.583	2.059	2.597	1.583	4/32
609	安平	7.201	13.290	15.115	8.297	0/474
		1.291	1.110	1.703	1.494	4/470
3064　4699　4858	渭南	5.301	5.198	7.425	8.657	0/63
		3.133	3.328	4.570	3.761	9/54
5033	连云港	10.157	1.916	10.336	6.517	0/18
		2.705	3.040	4.070	2.791	4/14
平面/高程				9.4/2.9	5.0/2.0	

从表3.10可看到,采用本章方法完成检校后,资源三号无控制平面精度优于10 m,高程精度优于5 m;少控制条件下平面精度优于3 m,高程优于2 m。

3.3　几何交叉定标

如3.2.1节和3.2.2节所阐述,内外方位元素检校通常需要高精度控制数据的支持。目前,获取检校控制数据的主要方法包括:

(1) 布设移动靶标,采用GPS测量其地面坐标,通过高精度像点定位算法提取其像素坐标,得到检校用控制点;

(2) 固定靶标,与移动靶标类似,但其布设后位置固定不动;

(3) 高精度的航空正射影像、数字高程模型,采用卫星影像与正射影像匹配方法,获取检校用控制点。

三种方法均有明显的缺陷:方法(1)布设移动靶标成本较高,重复使用率低,且获取的最终控制点数量较少,不便于深入分析几何定位误差;方法(2)较方法(1)的重复使用率提高了,但也存在控制点数量较少的问题,且固定靶标的维护工作也较复杂;方法(3)虽重复使用率高，但易因时相、季节问题加大影像匹配难度，对控制数据的更新频率也有较高要求。如图 3.11 所示，2014 年拍摄的卫星影像与 2007 年的高精度正射影像已经存在非常明显的地物变化；另外，卫星影像分辨率的提高对方法(3)中航拍正射影像的精度也提出了更高的要求，加大了获取、更新成本。

(a) 真实卫星影像 (2014年)　　(b) 高精度正射影像 (2007年)

图 3.11　检校场航拍控制数据的时相问题

因此，高精度控制数据的获取及快速更新是几何检校的瓶颈。基于线阵推扫式光学卫星误差特性，提出几何交叉检校，以满足内外方位元素检校对控制数据获取、更新的瓶颈要求。

3.3.1　几何交叉检校机理

由线阵推扫式卫星误差特性分析可知，轨道位置误差可以等效为姿态误差，且外方位元素误差对几何定位的综合影响为平移误差和旋转误差。假设存在同一区域的 A、B 两卫星的影像，如果不考虑地形对几何定位的影响，并假定 A、B 两卫星内方位元素误差均已被彻底消除，在仅考虑两景影像外方位元素误差的前提下，依据 3.2.2 小节基于指向角模型的内检校原理，两者定位关系可表示为

$$\left.\begin{aligned}\begin{bmatrix}X\\Y\\Z\end{bmatrix}&=\left(\begin{bmatrix}X_S\\Y_S\\Z_S\end{bmatrix}\right)_A+m_A\left(\boldsymbol{R}_{\mathrm{J2000}}^{\mathrm{WGS84}}\boldsymbol{R}_{\mathrm{body}}^{\mathrm{J2000}}\boldsymbol{R}_{\mathrm{camera}}^{\mathrm{body}}\begin{bmatrix}\tan\psi_x\\\tan\psi_y\\1\end{bmatrix}\right)_A\\\begin{bmatrix}X\\Y\\Z\end{bmatrix}&=\left(\begin{bmatrix}X_S\\Y_S\\Z_S\end{bmatrix}\right)_B+m_B\left(\boldsymbol{R}_{\mathrm{J2000}}^{\mathrm{WGS84}}\boldsymbol{R}_{\mathrm{body}}^{\mathrm{J2000}}\boldsymbol{R}_u\boldsymbol{R}_{\mathrm{camera}}^{\mathrm{body}}\begin{bmatrix}\tan\psi_x\\\tan\psi_y\\1\end{bmatrix}\right)_B\end{aligned}\right\}\tag{3.23}$$

式(3.23)表明，仅通过解求 B 卫星影像的偏置矩阵，可以实现 A、B 同名光线交会于地面同一位置。然而，在同样不考虑地形对几何定位的影响前提下，假设 A 卫星不存在内方位元素误差，仅存在外方位元素误差；而 B 卫星同时存在内外方位元素误差。则利用上式解求 $\boldsymbol{R}_u$ 之后，因受 B 卫星内方位元素误差影响，A、B 同名光线依然无法交会于一点。根据以上分析，可以基于 $\boldsymbol{R}_u$ 解求之后的同名点交会误差反求 B 卫星的内方位元素

误差，实现B卫星相机的内方位元素检校。

从前述分析可知，几何交叉检校的条件为：(1)作为基准的卫星影像已经实现精确的内外方位元素检校；(2)排除高程误差对同名点交会的影响。

对于条件(2)，如图3.12所示，ω为成像角（侧摆角或者俯仰角），Δh为地物点高程误差，则投影差

$$\Delta X=\Delta h\tan\omega \tag{3.24}$$

式(3.24)中，高程投影差取决于地物高程误差及卫星成像角，与卫星轨道无关；因此，当不同卫星以相近角度对同一区域成像，即可满足几何交叉检校条件(2)。而且可以看出，较为平坦区域的卫星影像更适合进行几何交叉检校。

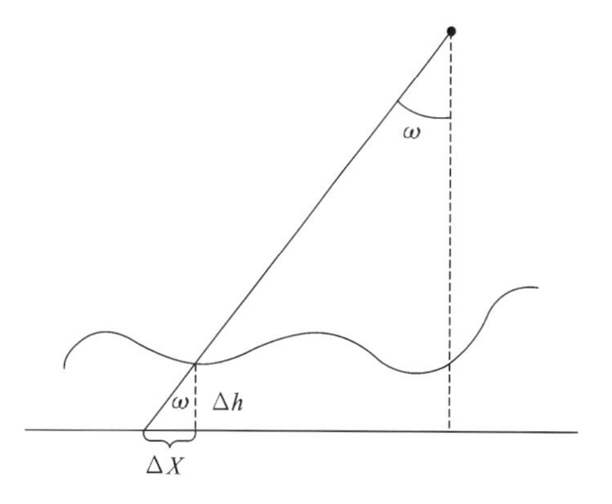

图3.12　高程投影差示意图

3.3.2　基于同名点交会约束的几何交叉检校模型

由几何交叉检校的机理可知，该方法本质是利用消除畸变等定位误差后的卫星影像实现其他卫星的内外方位元素检校。因此，该检校精度依赖于基准卫星内外方位元素精度。为进一步保障检校精度，以相邻CCD线阵上同名点交会于地面同一位置作为几何约束，加入几何交叉检校平差模型。

几何交叉检校中的内检校模型为

$$\begin{cases} f_x=\dfrac{a_1\tan\varphi_x+a_2\tan\varphi_y+a_3}{c_1\tan\varphi_x+c_2\tan\varphi_y+c_3}-\dfrac{X-X_s}{Z-Z_s}=0 \\ f_y=\dfrac{b_1\tan\varphi_x+b_2\tan\varphi_y+b_3}{c_1\tan\varphi_x+c_2\tan\varphi_y+c_3}-\dfrac{Y-Y_s}{Z-Z_s}=0 \end{cases},\begin{cases} \tan\psi_x=a_0+a_1s+a_2s^2+\cdots a_is^i \\ \tan\psi_y=b_0+b_1s+b_2s^2+\cdots b_js^j \end{cases} \tag{3.25}$$

对于从基准影像上匹配获取的控制点，未知数为指向角模型参数；而对于相邻CCD线阵上的同名点，未知数为指向角模型参数及同名点地面坐标$(X\quad Y\quad Z)^{\mathrm{T}}$。对式(3.25)线性化后构建误差方程如下：

$$v=[\boldsymbol{A}\quad \boldsymbol{B}]\begin{bmatrix}\boldsymbol{X}_1\\ \boldsymbol{X}_2\end{bmatrix}-L,p \tag{3.26}$$

其中：$\boldsymbol{X}_1$为$(\mathrm{d}a_0\quad\cdots\quad\mathrm{d}a_i\quad\mathrm{d}b_0\quad\cdots\quad\mathrm{d}b_j)^{\mathrm{T}}$；$\boldsymbol{X}_2$为同名点地面坐标$(\mathrm{d}X_0\quad\mathrm{d}Y_0\quad\mathrm{d}Z_0\quad\cdots\quad\mathrm{d}X_n\quad\mathrm{d}Y_n\quad\mathrm{d}Z_n)^{\mathrm{T}}$；$\boldsymbol{A}$、$\boldsymbol{B}$为$f_x$、$f_y$对$X_1$、$X_2$偏导构成的系数矩阵。

若按式(3.26)进行平差解求，存在两个明显问题：(1)相邻CCD线阵同名点之间的交会角很小，根据式(3.27)中高程精度与交会角的关系，同名点匹配精度将对地面三维坐标的求解造成较大影响，最终影响交叉检校的整体精度。(2)每加入一对同名点约束条件，则新增加三个未知数，最终导致未知数过多，求解复杂。

$$m_h=\frac{m_x}{2\tan\dfrac{\theta}{2}} \tag{3.27}$$

借鉴光束法区域网平差两类未知数交替趋近法的思路，基于同名点交会约束的几何

交叉检校解求步骤如下：

(1) 待检校影像与基准卫星影像匹配获取同名点对(x,y)、(x',y')，利用基准卫星影像几何定位模型及 SRTM-DEM 数据计算(x',y')对应的地面坐标(X,Y,Z)，则得到待检校影像控制点(x,y,X,Y,Z)；

(2) 利用(1)中控制点，按 3.3.1 节所述方法为待检校卫星影像解求偏置矩阵 $\boldsymbol{Ru}$；

(3)以 Ru 为已知值，同样利用(1)中控制点按 3.3.2 节所述方法对待检校卫星进行内方位元素检校，获取检校参数；

(4)采用(2)、(3)获取的检校参数，更新待检校卫星影像几何定位模型，计算其相邻 CCD 线阵上的同名点对(x_l,y_l)、(x_r,y_r)对应的地面坐标(X_l,Y_l,Z_l)、(X_r,Y_r,Z_r)，其中高程从 SRTM-DEM 中获取；令$(X',Y',Z')=\left(\frac{X_l+X_r}{2},\frac{Y_l+Y_r}{2},\frac{Z_l+Z_r}{2}\right)$，则获得控制点$(x_l,y_l,X',Y',Z')$、$(x_r,y_r,X',Y',Z')$；

(5) 利用(4)中获得的控制点与(1)中控制点再次对待检校卫星进行内方位元素检校，更新检校参数；

(6) 重复步骤(3)～(5)，直至前后两次获取的内方位元素检校参数小于某一阈值。

3.3.3 遥感 6 号几何交叉检校验证

1. 试验数据

为验证几何交叉检校方法的正确性，收集了天津区域、河南区域遥感 6 号影像，具体信息如表 3.11。

表 3.11 遥感 6 号试验数据

影像编号	成像时间	侧摆角/°
2010-08-17-Tianjin	2010-08-17	−14.88
2011-05-15-Henan	2011-05-15	16.69
2011-11-14-Tianjin	2011-11-14	−13.98
2012-08-09-Tianjin	2012-08-09	5.51

由表 3.11 可知，高程误差在 2010-08-17-Tianjin 景与 2011-11-14-Tianjin 景造成的投影差

$$\Delta X=\Delta h\left(\tan(-14.88)-\tan(-13.98)\right)=-0.017\Delta h$$

采用 90 m 格网 SRTM-DEM 作为高程基准，其精度优于 30 m，则高程误差对几何交叉检校的影响小于 0.51 m，相较于遥感 6 号卫星星下点模式 2 m 的分辨率，可以忽略高程影响。

试验中以 2010-08-17 景作为基准景，其几何定位模型采用了在轨几何检校获取的内方位元素(检校精度优于 0.6 个像素)，直接定位精度约 20 m；而 2011-11-14-Tianjin 景定位模型直接采用地面测量的相机安装及内方位元素。

同时，为了进一步验证交叉检校所获取的内方位元素的精度，将 2011-11-14- Tianjin 获取的内方位元素补偿 2011-05-15-Henan、2012-08-09-Tianjin 两景用于几何定位，并采用高精度控制点评估精度。

2. 几何交叉检校

在 2010-08-17-Tianjin 景和 2011-11-14-Tianjin 景上通过自动匹配获取同名点 12 146 对，配准点均匀分布；同时，在 2011-11-14-Tianjin 景的相邻 CCD 影像上提取了同名点 15 994 对。

利用配准提取的所有同名点对 2011-11-14-Tianjin 景进行交叉检校，结果见表 3.12。

表 3.12　交叉检校平差精度(单位：像素)

检校景		沿轨			垂轨		
		Max	Min	RMS	Max	Min	RMS
2011-11-14-Tianjin	A	22.250	0.000	12.450	91.770	0.000	39.560
	B	0.014	0.000	0.001	0.120	0.000	0.013

几何交叉检校的本质是剥离高程误差、外方位元素误差对同名点交会的影响，最终从交会误差中恢复待检校卫星的内方位元素。因此，检校后的同名点交会精度越高，则说明待检校卫星内方位元素与基准卫星内方位元素一致性越好。表 3.12 评价的是 2010-08-17-Tianjin 景和 2011-11-14-Tianjin 景同名点的交会精度。其中，A 代表仅仅求解 2011-11-14-Tianjin 景相对于 2010-08-17-Tianjin 景偏置矩阵后的交会误差，B 在 A 基础上实现了内方位元素的交叉检校。从表中可以看到，2011-11-14-Tianjin 景定位模型采用实验室测量内方位元素，存在明显的内方位元素误差，从而使 2011-11-14-Tianjin 景和 2010-08-17-Tianjin 景同名点无法交会于同一点，在消除外方位元素误差对同名点交会影响后，交会精度也仅在 40 个像素左右；从图 3.13(a)所示残差图可以看到，同名点交会明显受到内方位元素误差的影响。在完成 2011-11-14-Tianjin 景交叉检校后，同名点交会最大误差小于 0.2 个像素，整体精度优于 0.015 个像素。从图 3.13(b)所示残差图看，交会误差以 0 为中心对称分布，符合随机误差特性，无残余系统误差。这一方面说明了交叉检校模型的精度较高，另一方面也验证了高程误差对两景的投影差差异很小，可在交叉检校中忽略高程影响。

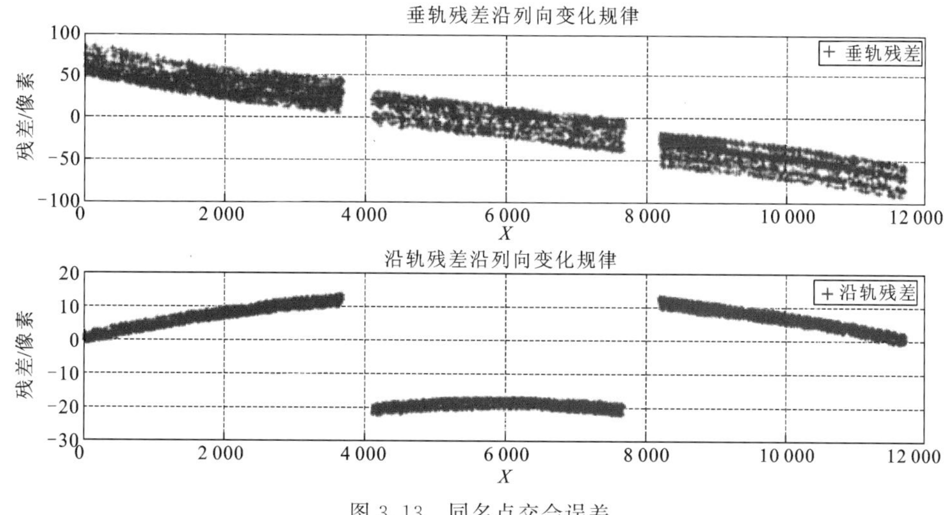

图 3.13　同名点交会误差

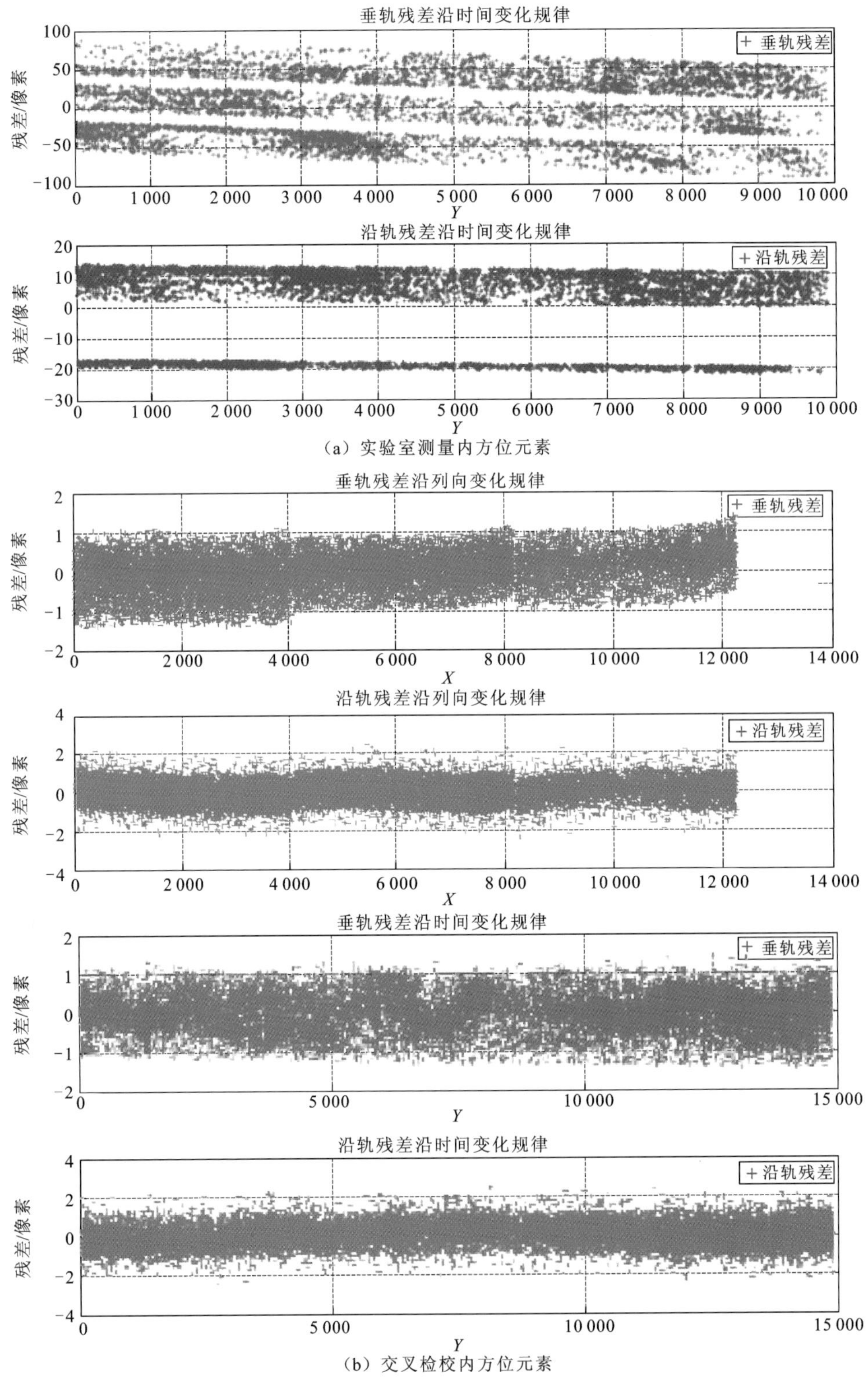

(a) 实验室测量内方位元素

(b) 交叉检校内方位元素

图 3.13　同名点交会误差(续)

3. 检校精度验证

采用高精度配准算法，从图 3.8 所示控制数据中为 2011-05-15-Henan、2012-08-09-Tianjin 两景分别获取控制点 29 270 个和 54 554 个，所有控制点均匀分布。分别基于实验室内方位元素、2011-11-14-Tianjin 景交叉检校内方位元素及 2010-08-17-Tianjin 景利用高精度检校场获取的内方位元素求解偏置矩阵，评估偏置矩阵补偿后的几何定位精度，用以验证内方位元素精度。

表 3.13 中，A、B、C 分别代表利用实验室内方位元素、交叉检校内方位元素和检校场检校内方位元素的定向精度。表 3.13 中 A 所示，遥感 6 号卫星实验室测量内方位元素误差在 42 个像素左右，图 3.14(a)可以看到，其内方位元素误差可能包括线阵平移误差、探元尺寸误差、CCD 旋转误差及镜头畸变；表 3.12 中 A 是实验室内方位元素误差引起的交会误差，其与表 3.13 中 A 具有较高的一致性，说明本书提出的几何交叉检校模型能较好探测出内方位元素误差对同名点交会的影响，这是实现交叉检校的基础；表 3.13 中 C 组，利用 2010-08-17-Tianjin 景检校获取的内方位元素补偿后，2011-05-15-Henan 景、2012-08-09-Tianjin 景定向精度均接近 0.7 个像素，说明遥感 6 号的内方位元素在近两年时间内变化不显著，验证了内方位元素的稳定性特征；表 3.13 中 B、C 及图 3.14(b)、(c)具有高度的一致性，说明交叉检校中获取的内方位元素可以达到与基准内方位元素一致的精度，验证了交叉检校的可行性。

表 3.13　几何定位精度验证(单位：像素)

影像	内方位元素	行			列			平面
		Max	Min	RMS	Max	Min	RMS	
2011-05-15-Henan	A	21.32	0.00	13.23	92.72	0.00	39.13	41.30
	B	2.60	0.00	0.49	2.01	0.00	0.48	0.69
	C	2.67	0.00	0.51	2.02	0.00	0.48	0.70
2012-08-09-Tianjin	A	21.97	0.00	13.22	89.67	0.00	40.33	42.44
	B	2.48	0.00	0.56	1.42	0.00	0.46	0.73
	C	2.39	0.00	0.57	1.42	0.00	0.46	0.73

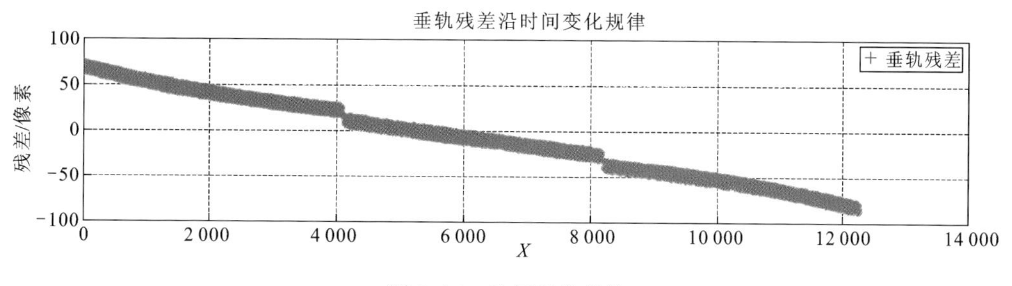

图 3.14　几何定位残差

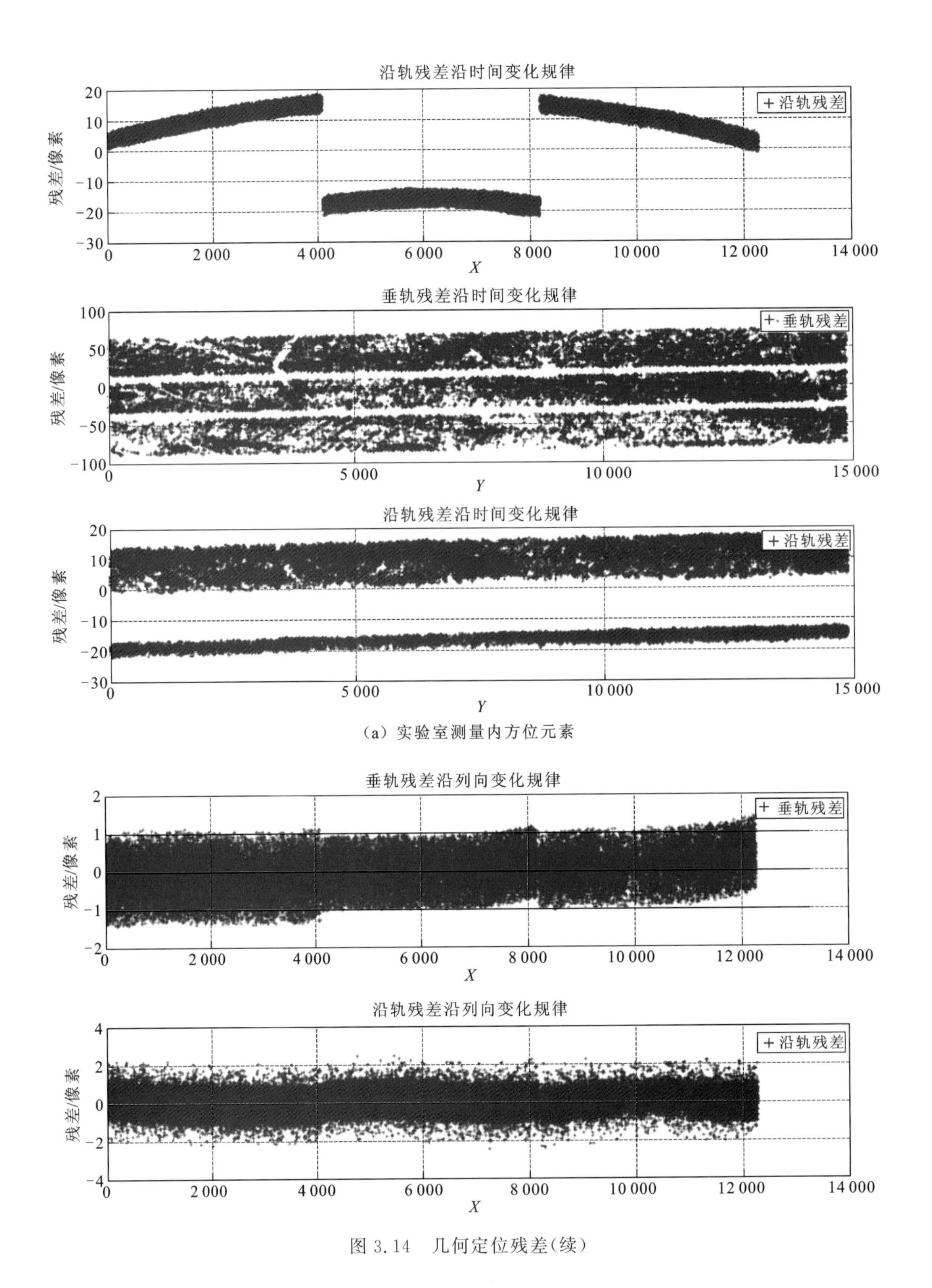

图 3.14　几何定位残差(续)

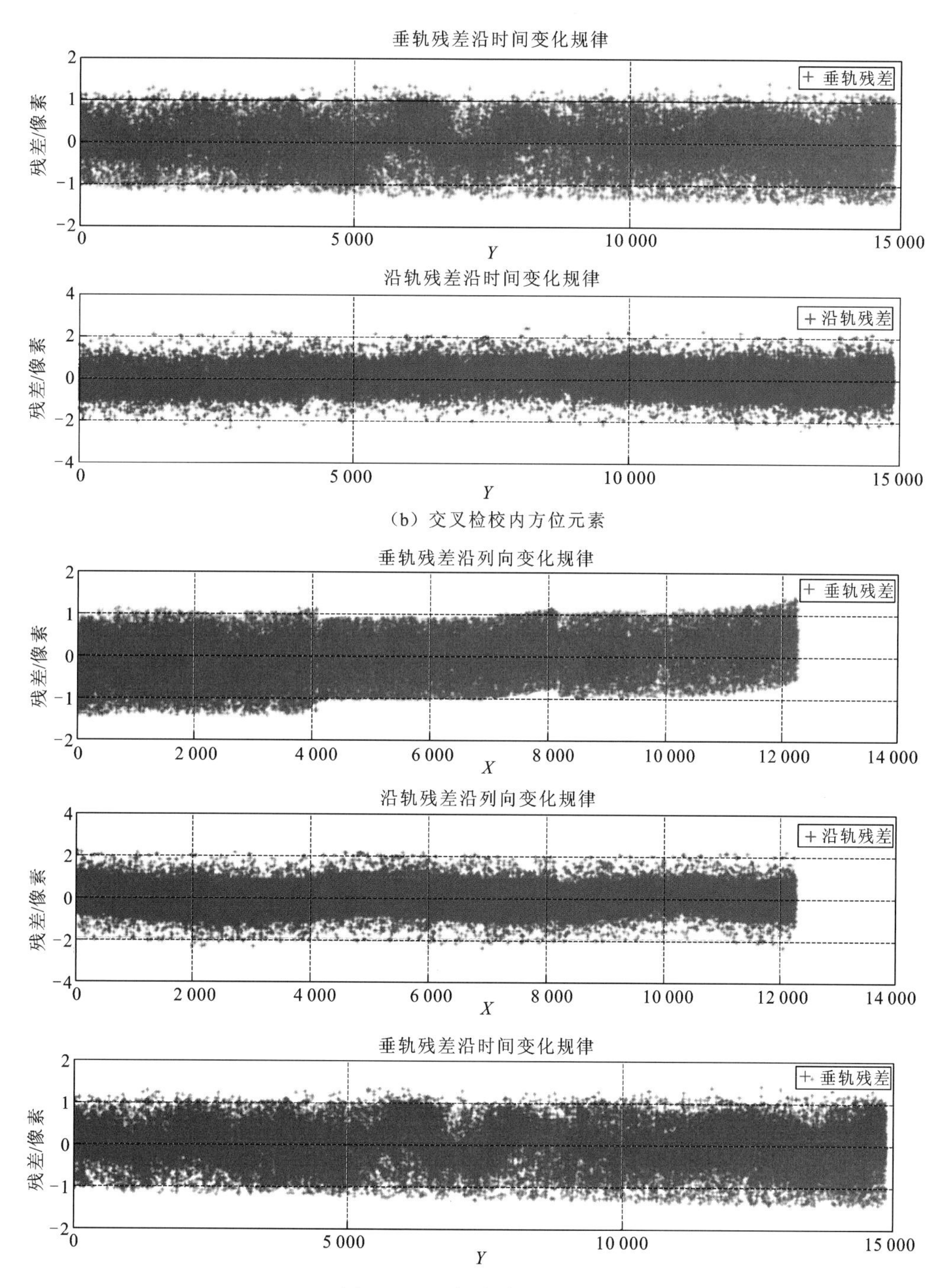

图 3.14　几何定位残差(续)

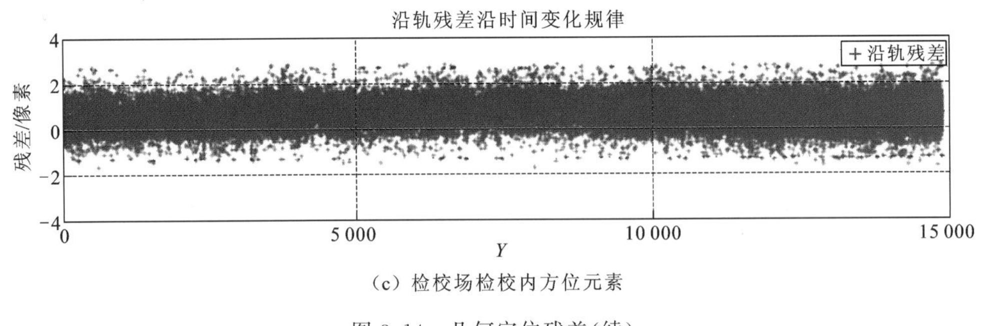

(c) 检校场检校内方位元素

图 3.14　几何定位残差(续)

3.4　无场定标

为解决几何检校对高精度控制的依赖,针对几何检校,提出了特定拍摄条件下的无场定标方法。

3.4.1　偏航 180°外定标模型

式(2.17)和式(2.18)在像方空间描述姿态误差引起的像点偏移,从式中可以看出,由滚动角误差及俯仰角误差引起的像点偏移具有方向性,在像面上偏移方向仅由滚动角误差、俯仰角误差的正负决定。

图 3.15 以滚动角误差为例,OS 为真实成像光线,OS'为带误差成像光线,ω 为垂轨向成像角(包含成像侧摆角、探元视场角等),$\Delta\omega$ 为滚动角误差,H 为卫星高度。则可得垂轨向定位误差 ΔY 为

$$\Delta Y = H[\tan\omega - \tan(\omega + \Delta\omega)] \tag{3.28}$$

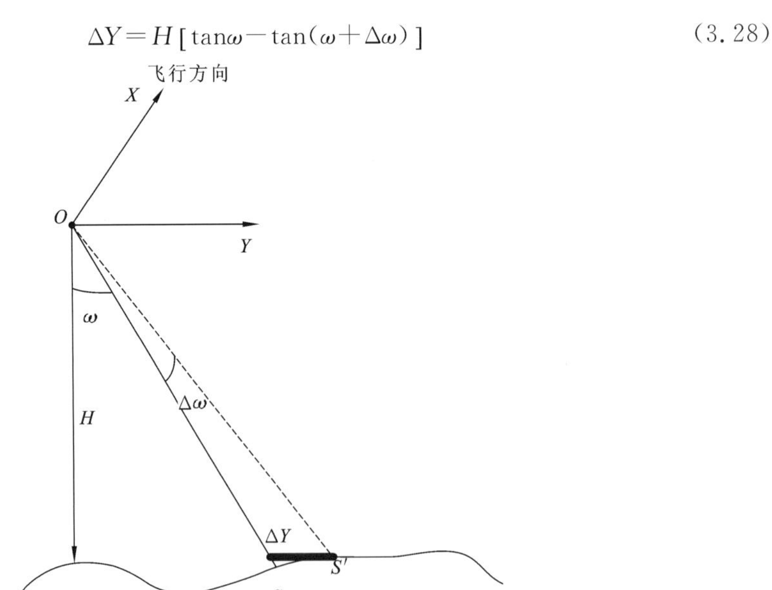

图 3.15　轨道坐标空间滚动角误差对几何定位的影响分析

考虑 $\Delta\omega$ 通常为小角度，式(3.28)可做如下近似：

$$\Delta Y \approx -H \frac{1}{\cos^2\omega} \Delta\omega \tag{3.29}$$

式(3.29)中，在轨道坐标系下，滚动角误差引起的定位误差方向仍然由 $\Delta\omega$ 的正负确定。然而，$\Delta\omega$ 的正负取值定义于轨道坐标系，如图3.16，当卫星整体平台做偏航180°旋转时，则相当于 $\Delta\omega$ 符号取反。根据式(3.29)，滚动角误差引起的几何定位误差大小保持不变而方向相反。

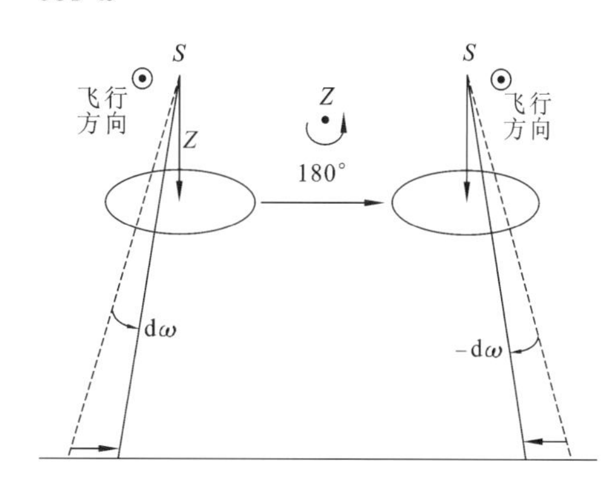

图3.16　物方空间下姿态误差引起的几何定位误差

图3.17中，采用仿真系统模拟偏航角分别为0°和180°时，5″滚动角误差引起的垂轨向几何定位误差，其中 X 轴为影像列，Y 轴为影像行，Z 轴为垂轨向定位误差。可以看到，在偏航角旋转180°后，滚动角误差引起的几何定位误差大小相近但方向却相反。

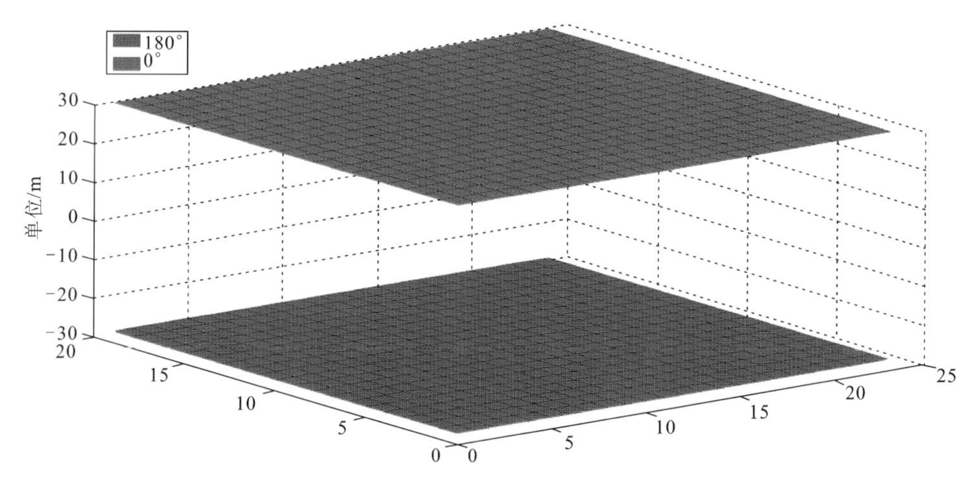

图3.17　偏航旋转180°滚动角误差引起的几何定位误差对比

根据姿态误差在轨道空间的这一特性，利用敏捷卫星快速机动以在短时间内两次扫描同一区域，保持两次扫描的卫星侧摆、俯仰角相近而偏航角相差180°，则可根据两次影像几何定位误差大小相近、方向相反的特点实现外方位元素自检校。例如图3.18中Pleiade的Auto-Reverse拍摄模式，可利用两次扫描获取影像实现外方位元素自检校。

假设从两张影像上获取同名点对 (x_l, y_l) 和 (x_r, y_r)，基于式(2.1)所示几何定位模型分别求取两点的物方坐标：

$$\left.\begin{aligned} (X_l, Y_l, Z_l) &= f(Pos\_s_l, Att\_s_l, x_l, y_l, h_l) \\ (X_r, Y_r, Z_r) &= f(Pos\_s_r, Att\_s_r, x_r, y_r, h_r) \end{aligned}\right\} \tag{3.30}$$

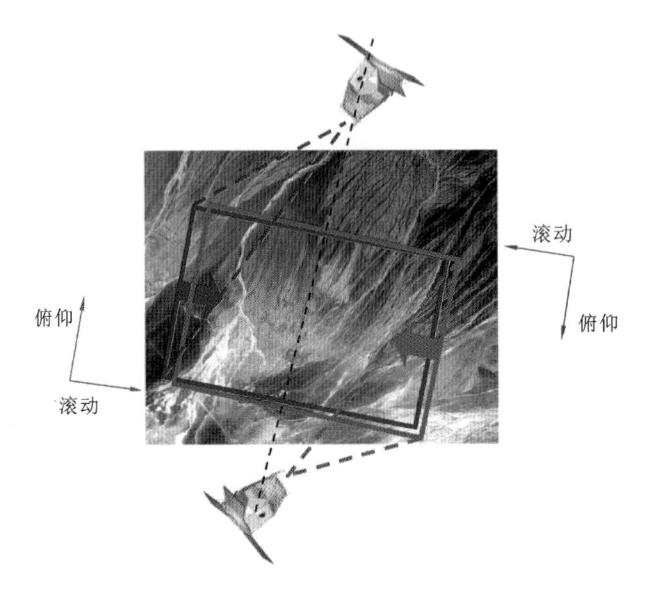

图 3.18　Pleiades "Auto-Reverse"拍摄模式

式(3.30)中,为降低高程投影差的影响,几何定位利用全球 SRTM-DEM 数据获取高程。

根据姿态误差上述分析特性可知

$$\left.\begin{array}{l}(X_l,Y_l,Z_l)=(X_l,Y_l,Z_l)_{\text{true}}+(\Delta X,\Delta Y,\Delta Z)\\(X_r,Y_r,Z_r)=(X_r,Y_r,Z_r)_{\text{true}}-(\Delta X,\Delta Y,\Delta Z)\end{array}\right\}\tag{3.31}$$

因此,同名点对(x_l,y_l)和(x_r,y_r)的真实地面坐标(忽略高程影响)为

$$(X_l,Y_l,Z_l)_{\text{true}}=\left(\frac{X_l+X_r}{2},\frac{Y_l+Y_r}{2},\frac{Z_l+Z_r}{2}\right)\tag{3.32}$$

当从两张影像上获取 2 对或更多同名点,则可按照 3.2.1 节方式解求偏置矩阵。

3.4.2　仿真影像无场外定标验证

1. 试验数据

由于国产在轨卫星敏捷成像能力不足,无法利用真实卫星数据对外方位元素自检校方法进行验证。本试验中采用仿真系统,模拟卫星偏航 180°的敏捷拍摄过程,基于模拟影像进行验证。

仿真系统中的输入参数如下:

(1) 轨道参数:轨道高度 505.984 km,轨道倾角 97.421°,近地点幅角 90°;重力场阶数为 5 阶,阻力系数为 0,面质比为 0,大气密度为 0;轨道测量采样频率为 1 Hz;模拟的卫星成像区域中心点 34.649 180 56°N,113.470 877 78°E,成像侧摆 10°;

(2) 姿态参数:卫星采用星敏陀螺定姿,初始成像角为滚动 10°、俯仰 0°,偏航 0°(180°),不考虑姿态稳定度影响(即认为卫星平台足够稳定),姿态测量采样频率为 4 Hz;

姿态测量误差为0″;

(3) 相机参数:相机主距为1.7 m,探元大小为7 μm,线阵含24 576个探元;相机安装矩阵为单位阵,但相机滚动、俯仰、偏航三个轴向的安装角误差均为10″。

设置(2)中初始成像偏航角分别为0°和180°,卫星偏航角前后相差180°对同一区域两次拍摄,获取的模拟影像如图3.19所示。

(a) 0° 图像

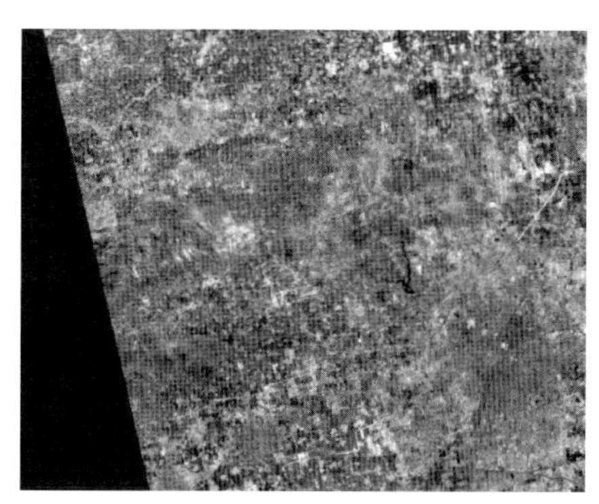

(b) 180° 图像

图3.19 模拟影像

2. 检校结果及分析

在0°图像和180°图像的四角点区域选取四个同名点,依据无场外定标原理求解偏置矩阵,结果见表3.14。

表3.14 自检校与常规检校偏置矩阵对比

影像	俯仰安装角/(″)	滚动安装角/(″)	偏航安装角/(″)
0°图像-自检校	−9.94	−11.30	0.81
180°图像-自检校	−9.94	−11.30	−0.81
控制点检校	−10.00	−10.00	−10.00

由表3.14可知,利用仿真系统输出的无误差控制点可以精确恢复出相机安装角误差;而利用自检校方法仅能较为准确地恢复俯仰、滚动安装角误差,无法恢复偏航安装角误差。

如图3.20所示,在偏航180°成像过程中,相机Yaw安装角误差在轨道空间下引起的几何定位误差并未反向,无法通过对0°影像和180°影像的物方坐标求平均来消除Yaw安装角误差的影响;因此,自检校过程仅能探测并消除Pitch、Roll角误差,而无法探测到Yaw角误差。但是,偏航角对几何定位的影响等同于线阵CCD旋转,由于国产卫星定姿精度可以达到5″以内,偏航角对无控制定位精度影响小,不会制约无场外定标的精度。

利用仿真系统输出的无误差控制点,比较自检校偏置矩阵解求前后的模型定位精度,结果如表3.15。

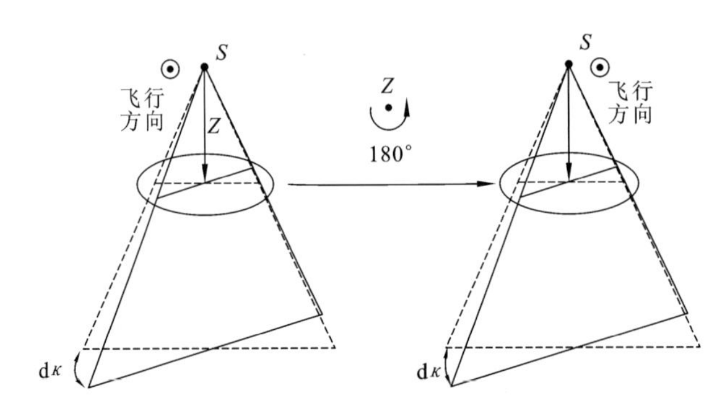

图 3.20 自检校中偏航角影响示意图

表 3.15 自检校偏置矩阵求解前后定位精度对比(单位:像素)

区域		沿轨			垂轨		
		Max	Min	RMS	Max	Min	RMS
0°影像	A	12.39	11.06	11.67	11.21	11.15	11.17
	B	0.64	0.00	0.33	1.56	1.50	1.53
180°影像	A	12.23	11.31	11.82	11.34	10.89	11.13
	B	0.68	0.00	0.35	1.82	1.37	1.57

表 3.15 中,A 代表自检校偏置矩阵求解前的模型定位精度,B 代表自检校偏置矩阵求解后的模型定位精度。可见,由于自检校能够较好的消除俯仰角、滚动角误差,求解偏置矩阵后的几何定位精度提升明显,从 12 个像素左右提升到 2 个像素以内;但由于自检校方法无法消除偏航角误差的影响,因此解求偏置矩阵后的定位模型仍然受到偏航角误差影响,定位精度约为 1.5 个像素。图 3.21 和图 3.22 分别为 0°图像和 180°图像自检校后的定位残差,可以看到存在较为明显的旋转误差,符合偏航角误差对几何定位的影响特性。试验结果验证了自检校方法的正确性。

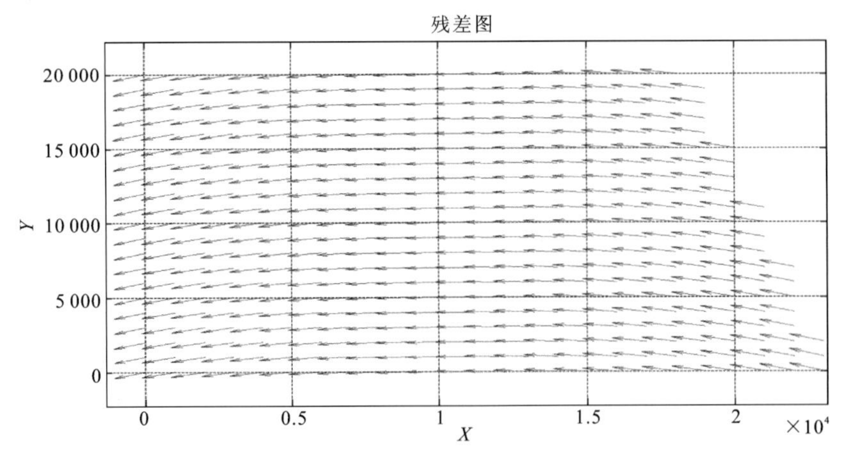

图 3.21 0°图像定位残差图

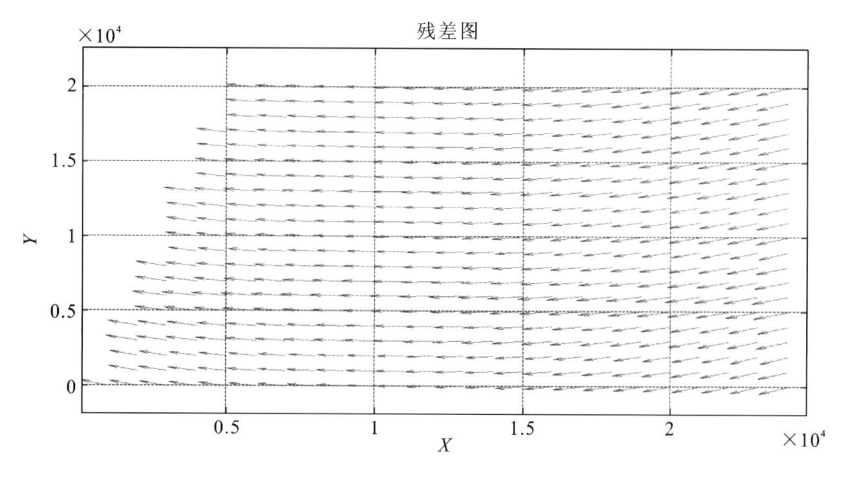

图 3.22　180°图像定位残差图

3.4.3　相似角度无场内定标模型

图 3.23 所示为卫星短时内(t_0 和 t_1 时刻)以不同角度对同一地物点 S 成像,且分别成像于 CCD 线阵上的像素 p_0 和 p_1 处。假定成像几何参数(包括测量的轨道、姿态和相机内方位元素)准确无误,且地物点 S 高程已知,则根据几何定位模型进行计算,p_0 和 p_1 都应该定位于 S 所处的地面坐标;然而,利用卫星下传的真实数据,通常难以使 p_0 和 p_1 定位于地面同一点(图中红线 ΔS 所示偏差),这是因为:(1)外方位元素误差的影响;(2)内方位元素误差的影响;(3)地面点 S 高程未知,成像角度差异产生投影差。

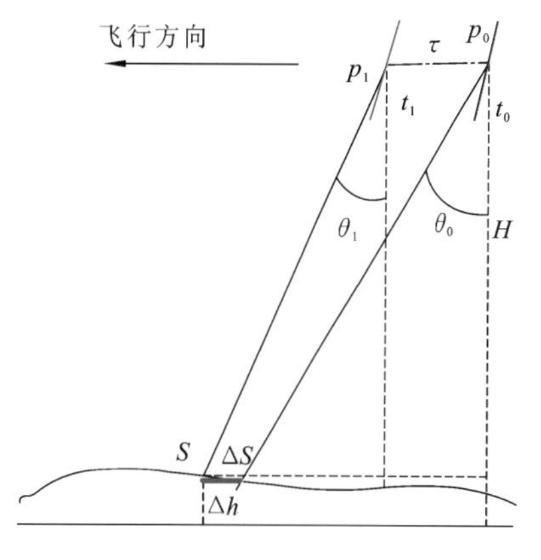

图 3.23　同名点交会示意图

图 3.22 中,假设外/内方位元素均无误差,仅考虑高程对同名点交会的影响,则

$$\Delta S=\Delta h(\tan\theta_1-\tan\theta_0) \tag{3.33}$$

其中:θ_0 和 θ_1 为前后两次成像的姿态角;Δh 为高程误差,显然,Δh 取决于几何定位时采用的地形数据(如全球公开的 SRTM 数据)。因此,当 θ_0 和 θ_1 足够接近,即卫星以非常相近的姿态角连续两次拍摄同一区域时,则可消除高程误差对同名点交会的影响。进一步根据理论分析,假定 n 对同名点(p_i,q_i)的交会误差为 Δs_i,$i=n$,有

$$\Delta s_i=g(x,y)+f(p_i)-f(q_i) \tag{3.34}$$

其中:$g(x,y)$表示外方位元素误差对同名点交会的影响;f 为相机内方位元素模型;$f(p_i)$、$f(q_i)$分别表示 p_i 和 q_i 像素处的相机畸变。式(3.34)表明,解耦外、内方位元素误差对同名点交会的影响,则可以从式(3.34)所示的同名点交会误差中精确探测出内方位

元素，实现无场内定标。

3.4.4 资源一号 02C 相似角度无场内定标验证

1. 试验数据

采用成像于 2013-04-18 和 2013-04-21 的内蒙古区域 ZY 02C 多光谱影像进行无场内定标试验，数据具体信息如表 3.16。

表 3.16 资源一号 02C 试验数据

影像编号	成像时间	侧摆角/(°)	最大值/平均值/m
2013-04-18-Neimeng	2013-04-18	7.72	202.66/1 074.71
2013-04-21-Neimeng	2013-04-21	2.35	202.66/1 074.71

无场定标过程中，以全球 90 m-SRTM-DEM 作为高程基准，其官方公布精度为≤30 m，则对无场内定标的精度影响约为

$$\Delta = 30 \cdot (\tan 7.72 - \tan 2.35) = 2.83 \text{ m}$$

即约 0.3 个像素。

2. 无场定标

基于高精度匹配算法从 2013-04-18-Neimeng 和 2013-04-21-Neimeng 两景影像上匹配获取同名点 19 888 对，分布如图 3.24 所示。

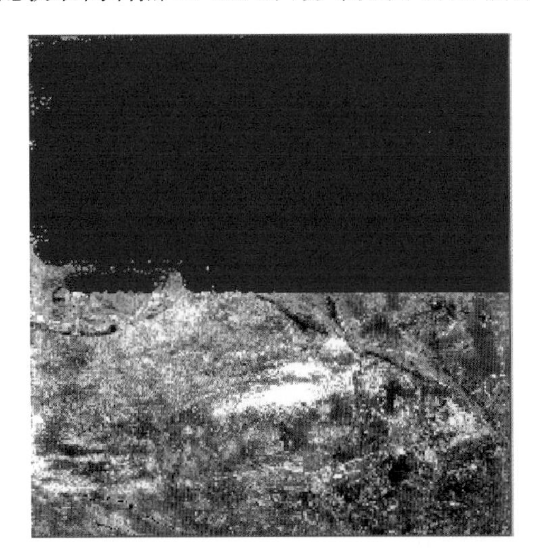

图 3.24 同名点分布

无场内定标前后的同名点交会精度对比如表 3.17 所示，精度从 0.29 个像素提升到 0.15 个像素。

表 3.17　同名点交会误差(单位:像素)

精度	行			列		
	Max	Min	RMS	Max	Min	RMS
前	0.35	0.00	0.14	1.36	0.00	0.29
后	0.30	0.00	0.14	0.44	0.00	0.15

从图 3.25(a)可以看到,由于资源一号 02C 多光谱相机存在高阶畸变,两景影像同名点交会存在明显的系统性误差,且主要表现为垂轨方向该误差实际是多光谱相机内畸变的差分序列,可以基于此序列恢复内畸变。从图 3.25(b)中可以看到,经过无场内定标后,同名点交会不存在系统性偏差。

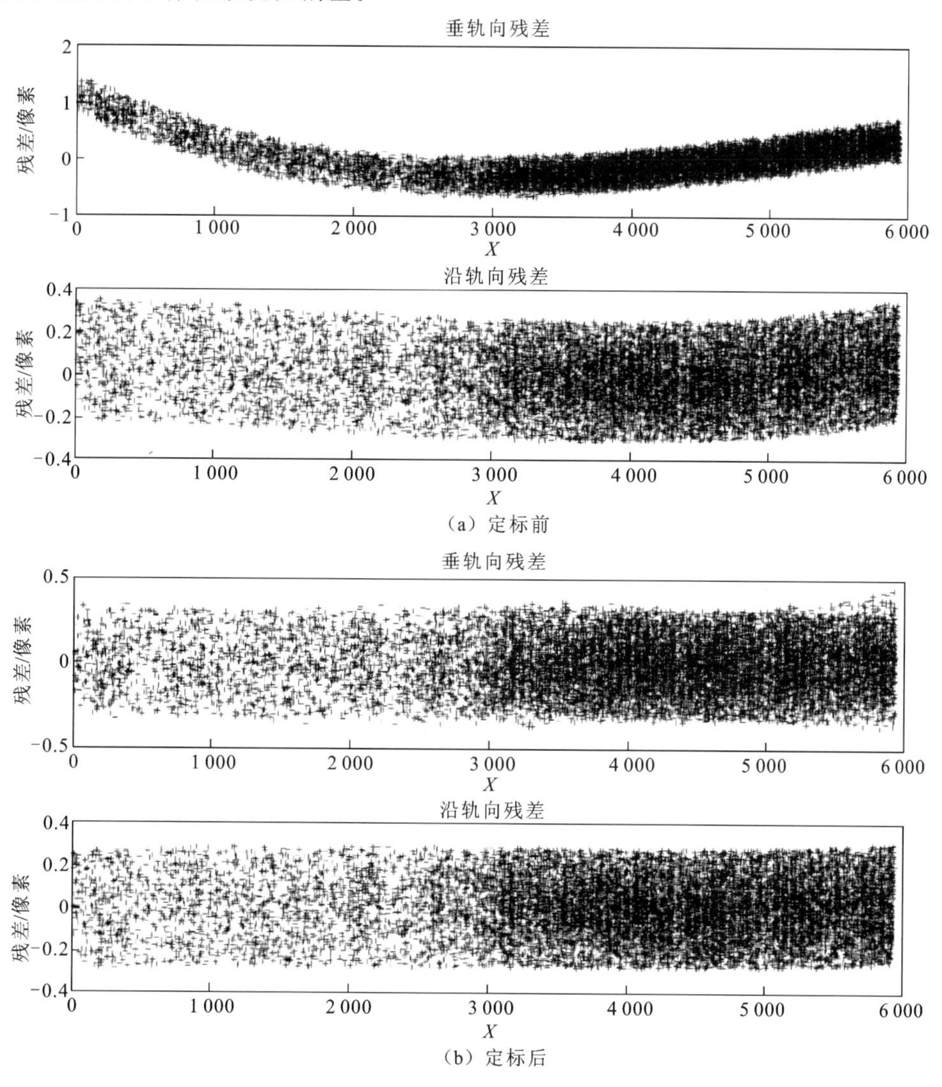

(a) 定标前

(b) 定标后

图 3.25　同名点交会误差

3. 定标精度验证

利用太原区域、河南区域、安平区域和天津区域的资源一号02C多光谱影像进行精度验证。其中，太原区域的控制数据为1∶5 000DOM(digital orthophoto map)和DEM(digital elevation model)，河南、天津区域控制数据为1∶2 000DOM和DEM，安平区域控制数据为高精度GPS控制点。数据具体信息如表3.18所示。

表3.18 验证区数据表

影像编号	成像时间	侧摆角/(°)	最大/平均高程/m
20130430-Taiyuan	2013-04-30	0.00	610.92/1 245.92
20120324-Henan	2012-03-24	−11.80	564.46/539.25
20121027-Anping	2012-10-27	2.15	91.48/11.21
20130220-Tianjin	2013-02-20	0.00	91.59/−7.40

其中，20130430-Taiyuan、20120324-Henan、20121027-Anping、20130220-Tianjin四景影像各含5258、6347、406、3538个控制点，控制点分布均匀。

利用无场内定标获取的内方位元素对各景影像进行补偿，采用像方仿射模型进行定向消除外方位元素系统误差，精度对比如表3.19所示。

表3.19 验证影像精度(单位:像素)

影像编号	控制点		行			列			平面
			Max	Min	RMS	Max	Min	RMS	
20130430-Taiyuan	5258	A	2.59	0.00	0.26	3.49	0.00	1.05	1.08
		B	2.30	0.00	0.20	1.36	0.00	0.22	0.30
		C	1.51	0.00	0.16	1.41	0.00	0.20	0.26
20120324-Henan	6347	A	2.72	0.00	0.76	4.86	0.00	1.02	1.27
		B	2.90	0.00	0.81	1.93	0.00	0.44	0.92
		C	1.69	0.00	0.55	2.09	0.00	0.45	0.71
20121027-Anping	406	A	2.26	0.00	0.74	4.46	0.00	1.14	1.36
		B	2.61	0.00	0.78	2.01	0.00	0.53	0.94
		C	1.85	0.00	0.60	1.81	0.00	0.54	0.81
20130220-Tianjin	3538	A	2.38	0.00	0.70	5.62	0.00	1.22	1.41
		B	2.87	0.00	0.77	1.69	0.00	0.43	0.88
		C	1.48	0.00	0.44	1.42	0.00	0.42	0.61

表3.19中，A代表基于实验室内方位元素的像方仿射定向，B代表无场定标内方位元素的像方仿射定向，C代表利用高精度定标场获取内方位元素的像方仿射定向，表明场地获取的内方位元素和无场获取的内方位元素用于影像定向，精度相当。

3.5　基于基准波段的多(高)光谱内定标

3.5.1　基准波段内定标原理

由于多(高)光谱各谱段光谱差异比较大,单独将各谱段影像与 DOM 进行配准获取的控制点精度一致性差,从而导致各谱段的最终检校精度有所差异。考虑到多光谱各谱段影像几乎同时获取,几何相近程度高,地物一致性好,谱段间进行配准的精度高于谱段与 DOM 的配准精度。因此,当多光谱某一谱段检校后,以该谱段作为控制数据(基准谱段),对其余谱段进行几何检校,以保证谱段间几何检校精度的一致性。为保证基准谱段的控制点获取精度,需选取与参考 DOM 同一谱段作为基准谱段。

3.5.2　资源三号多光谱内定标应用试验

1. 几何检校数据

利用登封检校场区域和天津范围的 1∶2 000 DOM、DEM 作为联合检校的控制数据,其中,登封检校场数据采集于 2010 年,区域内基本是平原,在西南角存在高差在 600 m 的山地,覆盖范围为 50 km×50 km;天津检校场数据采集于 2008 年,区域内均为平地,高差小于 12 m。

联合几何检校中用到的资源三号影像分别为成像于 2012 年 2 月 3 日的河南登封区域多光谱影像(简称河南景)及成像于 2012 年 2 月 28 日的天津区域多光谱影像(简称天津景)。

2. 几何检校试验

以 ZY-3 多光谱影像第一谱段作为基准谱段,利用河南景、天津景进行多区域联合检校。考虑到两景检校精度的一致性,仅以河南景检校前后精度对比情况验证基准谱段的几何检校精度。

表 3.20　河南景基准谱段检校精度对比(单位:像素)

精度	行			列		
	Max	Min	RMS	Max	Min	RMS
直接定位	122.812 434	96.620 034	109.571 694 1	106.512 33	104.420 187	105.437 174 5
偏置矩阵	1.042 988	0.000 058	0.236 585 349	0.533 58	0.000 201	0.185 568 691
内检校	0.505 222	0.000 009	0.142 237 731	0.519 77	0.000 227	0.160 188 154

表 3.20 中,对比了河南景直接定位、解求偏置矩阵及内方位元素检校后的精度变化。由于偏置矩阵消除了多光谱相机安装、姿轨测量等系统误差,定位精度提升明显,由百余像素提升至优于 0.3 个像素;内方位元素检校消除了相机畸变,沿轨向精度由约 0.2 个像素提升至约 0.15 个像素,说明资源三号多光谱相机为小畸变系统。

进一步利用检校后的基准谱段作为控制数据,对其余谱段进行几何检校。精度如表 3.21 所示。

表 3.21 河南景其余谱段几何检校精度(单位:像素)

精度	行			列		
	Max	Min	RMS	Max	Min	RMS
B2-B1	0.222 723	0.000 002	0.056 056	0.187 109	0.000 046	0.063 824
B3-B1	0.482 550	0.000 236	0.076 550	0.385 198	0.000 014	0.093 048
B4-B1	0.422 084	0.000 133	0.099 657	0.437 860	0.000 085	0.120 481

由表 3.21 可知,B2、B3、B4 的几何检校精度均优于 0.1 个像素,可理解为检校后 B2、B3、B4 与 B1 的谱段配准精度优于 0.1 个像素;由于 B2、B3、B4 与 B1 的光谱差异逐渐增大,配准精度受到一定影响,检校精度同时也受到部分影响。

3. 多光谱谱段配准精度验证

利用河南景、天津景检校结果对河北景多光谱影像及兰州区域 ZY-3 多光谱影像(简称兰州景)进行虚拟重成像(第 5 章)试验。其中,河北景区域地势平坦,平均高程约 60 m,最大高差为 60 m;而兰州景区域为山地,平均高程约为 1 800 m,最大高差为 500 m。

图 3.26 (a)、(b) 分别为河北景、兰州景经过虚拟 CCD 重成像后影像的真彩图。

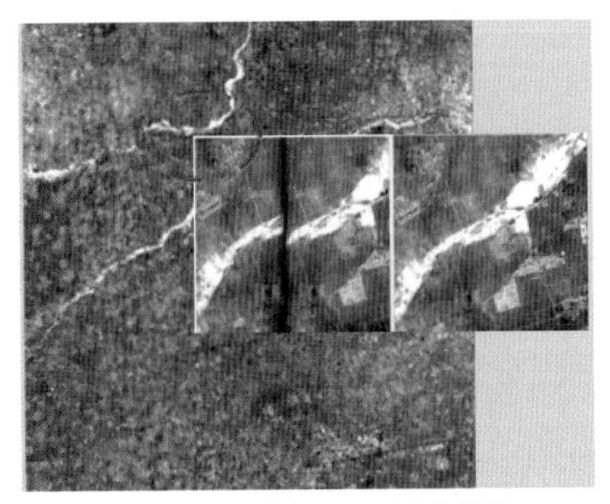

(a) 河北景虚拟CCD重成像影像

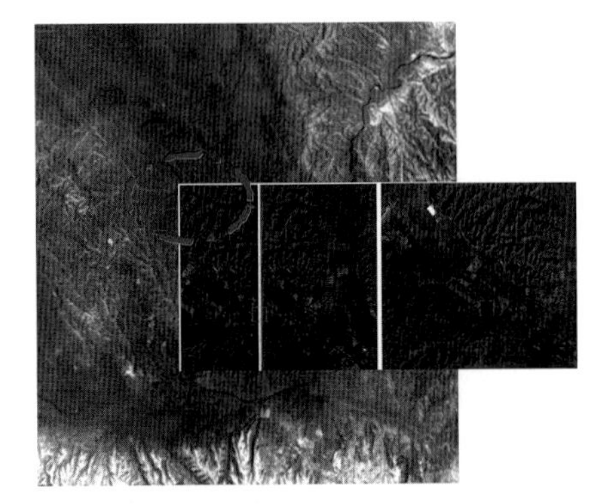

(b) 兰州景虚拟CCD重成像影像

图 3.26 虚拟 CCD 重成像影像真彩图

图 3.25 中(a)、(b)中小窗口区域为单谱段上真实 CCD 影像及虚拟 CCD 重成像影像的比对图,可看出虚拟重成像影像消除了原始 CCD 影像的重叠像素,得到了目视无缝的 CCD 拼接影像。为了验证虚拟重成像生成的多光谱影像的谱段配准精度,采用如下方案分别对河北景、兰州景进行验证:(1)对河北景虚拟重成像影像,利用影像上的 30 个靶标控制点进行谱段配准精度验证,即在虚拟重成像影像上各个谱段分别提取靶标像点坐标(所采用算法的像点提取精度优于 0.2 个像素),比较各谱段上靶标像点坐标以评价谱段配准精度。其结果见表 3.22。(2)对兰州景虚拟重成像影像,以第一谱段为基准,利用高精度配准算法将其余谱段与第一谱段进行配准,分别在第 2、3、4 谱段上获得均匀分布的 3 389、1 000、1 370 个匹配点来评价谱段配准精度。其结果见表 3.22。

表 3.22　虚拟 CCD 重成像谱段配准精度评价结果(单位:像素)

精度方案	行			列		
	Max	Min	RMS	Max	Min	RMS
河北景						
B2-B1	0.082 369	0.001 368	0.034 459	0.196 07	0.005 203	0.095 767
B3-B1	0.125 193	0.002 711	0.041 787	0.140 51	0.001 136	0.054 192
B4-B1	0.166 989	0.005 565	0.067 805	0.211 129	0.005 331	0.071 357
兰州景						
B2-B1	0.096 000	0.000 000	0.039 026	0.142 000	0.000 000	0.057 767
B3-B1	0.166 000	0.000 000	0.068 022	0.152 000	0.000 000	0.059 800
B4-B1	0.302 000	0.000 000	0.100 364	0.272 000	0.000 000	0.107 322

由表 3.22 可知,采用靶标控制点验证与采用高精度配准方法验证的谱段配准精度在同一量级。由于靶标像点提取精度及配准精度影响,验证中难免存在误差较大的点,因此试验中无论河北景、兰州景均包含了谱段间偏离较大的点(如最大偏离值)。经过虚拟重成像后的多光谱谱段配准精度总体优于 0.2 个像素。

3.6　小　　结

本章系统研究了线阵推扫式光学卫星在轨几何检校的原理及方法。

(1) 针对国产在轨高分光学卫星视场小的特征,轨道位置误差引起的几何定位误差可近似为平移误差,从而可等效为姿态俯仰角误差和滚动角误差。

(2) 基于轨道位置误差、姿态误差的等效关系,可通过偏置矩阵统一补偿外方位元素误差;同时,顾及国产卫星平台普遍存在的漂移误差,可采用顾及误差时间特性的偏置矩阵进行消除;结合线阵 CCD 特征及内方位元素误差引起的像点偏移规律,建立了适用于线阵 CCD 内检校的畸变模型,分析了畸变模型用于内检校的缺陷,提出了指向角模型,并根据线阵 CCD 畸变模型建立指向角模型的多项式平滑约束。

(3) 为减弱外方位元素随机性误差的影响,可对单景影像采用检校时段压缩,使外方位元素主要表现为系统性,通过外检校模型彻底消除外方位元素误差,避免对内检校的影响;同时,可根据外方位元素误差短时内表现为系统误差、多时相内主要表现为随机性误差的特点,利用多检校场、多时相的卫星影像进行联合检校平差,依靠“内静外动”的误差特性实现外内方位元素误差的剥离分解。

(4) 分析了几何交叉检校的成像条件,提出了同名点交会约束的几何交叉检校模型,解决检校控制数据获取、更新瓶颈问题。

(5) 利用轨道坐标空间中俯仰角误差、滚动角误差引起的几何定位误差方向特性,采用偏航旋转 180°的成像策略实现无场外定标,解决外检校控制数据获取问题;利用相似条件下获取同一地区卫星影像数据,采用同名点约束平差,可直接求解内方位元素,解决了高分辨率卫星影像内方位元素定标检校数据获取困难问题。

(6) 试验表明,资源三号在高精度控制点条件下的定位精度可以达到理论极限精度,验证了场地检校方法的正确性;利用遥感 6 号数据验证了几何交叉检校方法的可行性,交叉检校获取的内方位元素可以达到与场地内方位元素一致的精度。利用模拟数据,验证偏航 180°拍摄条件下的无场外定标方法的正确性;利用相似角度拍摄条件下的资源一号 02C 数据,验证了无场内定标的可行性,无场内定标获取的内方位元素可以达到与场地内定标获取的内方位元素一致的精度。

参考文献

蒋永华. 2015. 国产线阵推扫光学卫星高频误差补偿方法研究. 武汉:武汉大学.

蒋永华,张过,黄文超. 2013a. 资源一号 02C 在轨几何检校及精度验证. 2013 年年度桂林会议,24-34.

蒋永华,张过,唐新明,等. 2013b. 资源三号测绘卫星多光谱高精度谱段配准. 测绘学报,42(6):884-890.

蒋永华,张过,唐新明,等. 2013c. 资源三号测绘卫星三线阵影像高精度几何检校. 测绘学报,42(4):523-553.

李德仁,张过. 2013. 坚持政产学研用,实现中国遥感卫星质量的飞跃:以我国第一颗民用测绘卫星"资源三号"为例. 中科院院刊(院刊-从空间看地球:遥感发展五十年专辑),28(增刊):25-32,49.

潘红播. 2014. 资源三号测绘卫星基础产品精处理. 武汉:武汉大学.

唐新明,张过,祝小勇,等. 2012. 资源三号测绘卫星三线阵成像几何模型构建与精度初步验证. 测绘学报,41(2):191-198.

詹总谦. 2006. 基于纯平液晶显示器的相机标定方法与应用研究. 武汉:武汉大学.

张过,李德仁,蒋永华. 星载光学几何检校软件:2014SR105465.

张过,袁修孝,李德仁. 2007. 基于偏置矩阵的卫星遥感影像系统误差补偿. 辽宁工程技术大学学报,26(4):517-519.

祝小勇,张过,唐新明,等. 2009. 资源一号 02B 卫星影像几何外检校研究及应用. 地理与地理信息科学,25(3):16-27.

Aguilar M A, del Mar Saldana M, Aguilar F J. 2013. Assessing geometric accuracy of the orthorectification process from GeoEye-1 and WorldView-2 panchromatic images. International Journal of Applied Earth Observation and Geoinformation(21):427-435.

Bouillon A, Breton E, Delussy F, et al. 2003b. SPOT5 HRG and HRS first in-flight geometric quality results. InInternational Symposium on Remote Sensing, International Society for Optics and Photonics:212-223.

Bouillon A, Breton E, Delussy F. 2003a. SPOT5 geometric image quality. In Proceedings of 2003 IEEE International Geoscience and Remote Sensing Symposium, Toulouse, France. I(2003):303-305.

Crespi M, Colosimo G, De Vendictis L, et al. 2010. GeoEye-1: Analysis of Radiometric and Geometric Capability. Personal Satellite Services. Springer Berlin Heidelberg, 354-369.

Dial G, Bowen H, Gerlach F, et al. 2003. IKONOS satellite, imagery, and products. Remote Sensing of Enviroment, 88(1):23-36.

Grodecki J, Dial G. 2002. IKONOS geometric accuracy validation. International Archives of Photogrammetry Remote Sensing and Spatial Information Sciences, 34(1):50-55.

Jiang Y H, Zhang G, Tang X M, et al. 2014. Geometric calibration and accuracy assessment of ZiYuan-3 multispectral images. IEEE Transactions on Geoscience and Remote Sensing, 52(7):4161-4172.

Kubik L, Lebegue S, Fourest J M, et al. 2012. First in-flight results of Pleiades 1A innovative methods for optical calibration. ISPRS Melbourne.

Leprince S, Barbot S, Ayoub F, et al. 2007. Automatic and precise orthorectification, coregistration, and subpixel correlation of satellite images, application to ground deformation measurements. IEEE Transactions on Geoscience and Remote Sensing, 45(6): 1529-1558.

Mulawa D. 2004. On-orbit geometric calibration of the OrbView-3 high resolution imaging satellite. International Archives of the Photogrammetry, Remote Sensing and Spatial Information Sciences, 35 (B1): 1-6.

Mulawa D. 2011. GeoEye-1 geolocation assessment and reporting update. JACIE.

Tadono T, Shimada M, Watanabe M, et al. 2004. Calibration and validation of PRISM onboard ALOS. International Archives of Photogrammetry, Remote Sensing and Spatial Information Sciences(35): 13-18.

Takaku J, Tadono T. 2009. PRISM on-orbit geometric calibration and DSM performance. IEEE Transactions on geoscience and remote sensing, 47(12): 4060-4073.

Tadono T, Shimada M, Murakami H, et al. 2009. Calibration of PRISM and AVNIR-2 Onboard ALOS "Daichi". IEEE Transations on geoscience and remote sensing, 47(12): 4042-4050.

Valorge C, Meygret A, Lebegure L, et al. 2003. 40 years of experience with SPOT in-flight Calibration. In Workshop on Radiometric and Geometric Calibration, Gulfport, on CD.

Zhang G, Jiang Y H, Li D R, et al. 2014. In-orbit geometric calibration and validation of ZY-3 linear array sensors. The Photogrammetric Record, 29(145): 68-88.

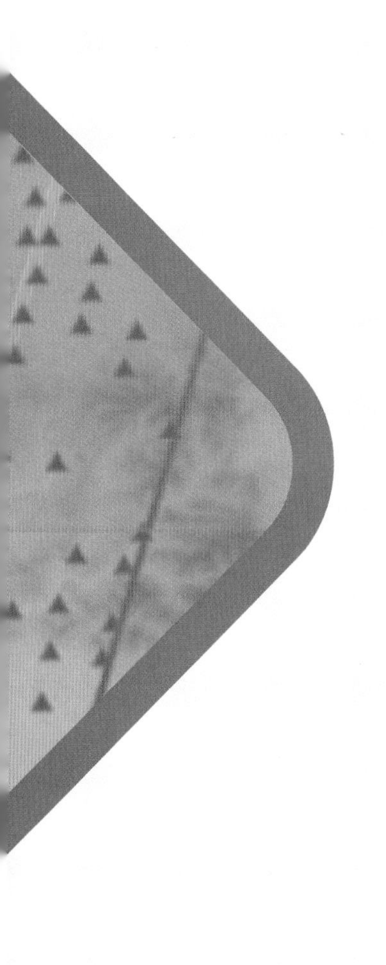

第 4 章

高频误差探测

从卫星产品的应用角度，高频误差对几何质量的影响具有两个层面：(1)由于姿态、轨道等几何定位参数中存在高频误差，降低了几何定位模型精度，从而产生定位误差；(2)卫星平台抖动会使线阵推扫式成像的高分辨率卫星影像产生复杂变形，制约影像后续应用效果，如影像配准融合等。

本章简要介绍国内外高频误差探测方法的研究进展，利用多 TDI CCD 线阵的拼接方式引入平行观测概念，揭示基于平行观测同名点交会误差探测高频误差的机理，建立探测流程。根据国产光学卫星平台特征，分析星上高频误差源与误差特性，建立基于同名点交会误差探测高频误差方法。并利用多颗在轨运行卫星的数据进行试验，验证方法的正确性。

4.1 高频误差探测研究进展

利用地面处理技术的高频误差探测研究，国外研究主要针对卫星平台的高频抖动。

Shin 等(1997)提出采用粗校正和精校正两步对 ATSR 原始影像进行处理。粗校正中基于姿轨数据及地球椭球模型构建了 ATSR 的定位模型，经过粗校正处理后的几何精度达到 1 个像素；分析得出，该 1 个像素误差是由未模型化的轨道、姿态测量误差造成。为消除该误差，D. Shin 等人在精校正中提出自动提取海岸线并将其与控制数据进行匹配获取控制点，基于卡尔曼滤波处理估计未模型化的姿态轨道测量误差；最终经过精校正处理后的几何精度优于 0.7 个像素。Shin 提出的方法能对高频误差起到一定的补偿作用。但是，该方法严重依赖控制数据，且最终的处理精度受限于控制数据精度，实际应用具有很大的局限性。因此，部分学者采用了基于星上硬件测量结合地面处理探测高频误差的思路进行研究。

Barker 等(1996)在研究 Landsat TM 载荷的几何稳定性时，对 TM 的波段配准进行了深入分析。利用 Landsat 上搭载的角位移传感器(angular displacement sensor，ADS)，得到了高频率的姿态信息；同时，Barker 等提出以互相关配准结合三次样条曲线提取波段间的同名点并计算像素配准误差，将像素配准误差视为扫描行的函数，结合快速傅里叶变换进行频谱分析，从而通过像素配准误差完成对高频姿态误差的探测。其研究结果显示，ADS 及陀螺观测到的 3 Hz 以内的姿态信息与通过图像探测的有所差异。

Algrain 等(1996)研究了联合角位移传感器的姿态确定算法；Iwata(2004)提出结合 Wiener 滤波的星敏、陀螺及 ADS 联合姿态确定方法。利用该方法处理获取 10 Hz 姿态，最终几何定位精度达到 3～6 m；Takaku(2010)利用 ADS 对姿态高频误差进行了探测。他们在利用 ALOS 影像制作全球地形数据的处理中，生成的部分 DSM 存在波形误差；经分析，ALOS 卫星姿态确认存在 6～7 Hz(1 km-jitter)和 60～70 Hz(100 m-jitter)的两种抖动，而由于其常规处理所用到的姿态仅为 10 Hz，无法完整采样超过 5 Hz 的姿态变化，从而几何模型中存在高频误差。Takaku 等研究表明，基于 ADS、星敏感器及陀螺联合处理的高频率姿态(675 Hz)可以消除 6～7 Hz 的姿态抖动；但该高频姿态数据尽管可以完整采样 60～70 Hz 的姿态抖动，却无法完整消除该姿态抖动的影响。最终，通过离散小波变换消除了 60～70 Hz 抖动影响。卫星平台的高频抖动来源较多，例如太阳帆板的运动、卫星姿态机动及相机内部扰动。从几何处理角度看，影响几何质量的是相机光轴指向的高频抖动，它是卫星平台抖动、相机内部扰动等的综合结果。由于角位移传感器无法直接测量出光轴指向的高频抖动，因此仅仅依赖角位移传感器难以完全消除高频误差。这在前述 Barker 及 Takaku 等人的研究结果中也有所验证。

考虑到光轴指向的高频抖动最终会反映到图像几何质量中，国外学者研究了基于图像处理的高频误差探测及消除。Teshima(2008)、Iwasaki(2011)等人利用 ASTER 不同谱段的平行观测条件，即不同谱段在较短时间范围内扫描地面同一地物，对高频误差进行了探测。其基本思路是基于高频误差对谱段间配准精度的影响，建立谱段间配准误差与姿态误差的关系，从而通过影像匹配求解配准误差来恢复姿态误差。该方法的解算过程对姿态误差的平滑性做了假设，最终，通过该方法 ASTER 谱段配准精度由 0.2 个像素提升至 0.08 个像素。Liu(2006)利用类似的方法提升 FORMOSAT-2 多光谱谱段配准精度，同样取得了较好的效果。

Lussy 等(2008)提出了以多个正/余弦波函数的叠加对卫星高频抖动进行拟合，从平行观测计算出来的配准误差中分解并解算出不同频率的波形函数。他们采用模拟数据，研究了噪声等因素对抖动解求的影响。

此外，Stephane 等(2009)和 Latry(2009)基于类似的原理，利用 SPOT5 全色和多光谱 CCD 线阵的平行观测消除了姿态抖动，在小基高比的条件下获得了较好精度的 DTM (digital terrain model)；Mattson 等(2009)同样采用平行观测对 HiRISE 姿态抖动进行消除，最终得到了几乎无畸变的影像，DEM 精度也从 >5 m 提升至 <0.5 m；Amberg 等(2013)采用 STARACQ 和 Inter-XS 两种方法对 Pleiades-HR 姿态抖动进行探测，如图 4.1 所示。STARACQ 方法利用 Pleiades 卫星敏捷机动的成像特点，以指定探元对恒星进行拍摄，通过恒星在焦面的实际成像位置恢复高频误差，但该方法仅能恢复滚动角误差，Inter-XS 方法则与 Lussy 等(2008)方法相似。

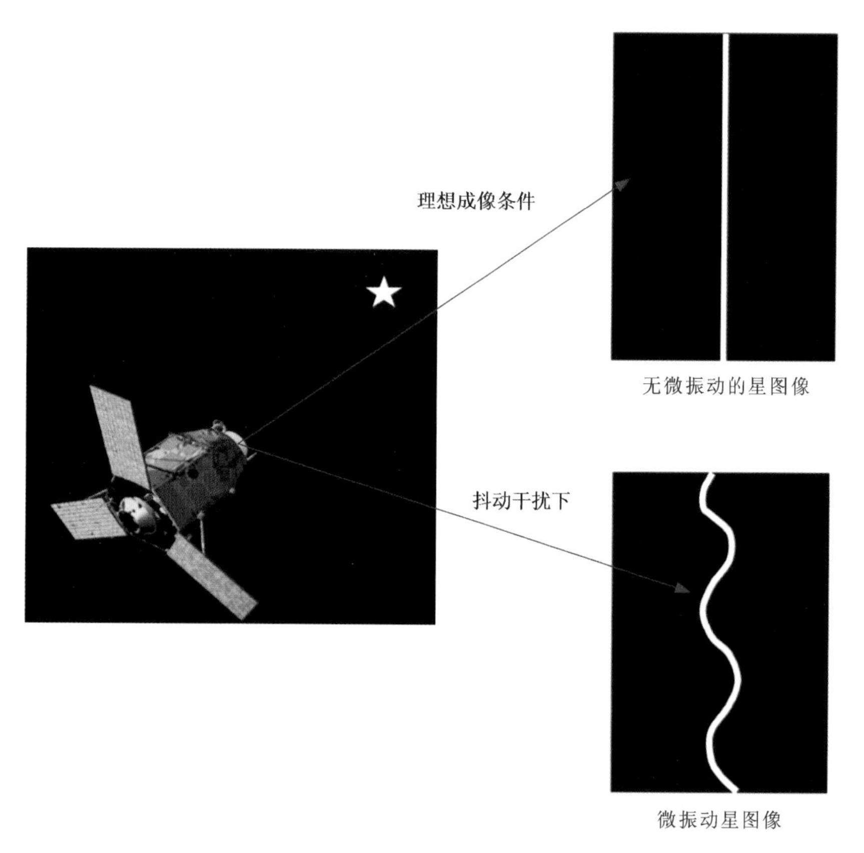

图 4.1　STARACQ 方法示意图

总结国外利用平行观测探测高频误差的成果可以看出，他们研究的对象仅仅针对平台的高频抖动，在抖动的平滑性假设或是正余弦波形描述的条件下从配准误差中恢复高频误差，难以适用于我国现役在轨卫星的高频误差消除。

我国资源三号卫星采用双频 GPS，并利用高精度星敏、对天对地相机一体化安装及在轨几何检校等方法，其最终无控制定位精度平面优于 10 m，高程优于 5 m，领先于国际上的同类卫星。但由于卫星平台、观测模式等的差异，针对我国遥感系列、资源系列卫星的几何质量提升却没有达到预想效果。如表 4.1 所示，经过几何检校后的资源一号 02C HR 相机影像产品的定位精度仍不理想。

表 4.1　资源一号 02C HR 相机精度验证

验证区域	控制点/检查点/个	精度/像素		
		行	列	平面
河南	4/34	13.35	4.17	13.98
	38/0	8.97	3.74	9.71
太行山	4/24	1.61	10.58	10.70
	28/0	1.21	7.04	7.14
内蒙古	4/9	3.02	2.74	4.08
	13/0	2.38	2.00	3.11
太原	4/41	1.46	1.02	1.78
	45/0	1.15	0.77	1.38

注：控制点数据为高精度外业采集的 GPS 点

分析原因可知，国内相关学者针对线阵推扫式光学影像几何质量提升采用的技术路线基本套用国外成熟技术，而忽略了国产卫星自身特征。由于卫星平台控制能力及硬件技术出色，国外成熟卫星的稳定性、仪器测量精度均大幅领先国内卫星，国外卫星的技术路线难以直接应用于国产卫星。以表 1.1 中所示的国产高分光学卫星为例，可以从卫星自身设计上得出如下影响几何质量的因素：(1)如表 4.2 所示，国产卫星下传姿态频率普遍较低(0.25～4 Hz)，但多数卫星平台的姿态稳定度仅能控制在 0.001 °/s，无法被采样的姿态变化造成了“高频姿态误差”。图 4.2(a)所示为实践九 A 星影像中由于“高频姿态误差”引起的几何定位误差，其中横轴代表影像行，纵轴代表定位误差。此外，部分卫星星上姿态存储单位精度过低(图 4.2(b)，资源一号 02C、遥感 6、实践九 A 的姿态存储均以 0.0055°为基本单位)，使得测量姿态无法被精确记录，也会造成“姿态误差”。(2)除资源三号等少数卫星外，国内多数在轨卫星均未采用高精度授时系统，时间同步误差降低了几何质量。图 4.2(c)为遥感 10 号影像由于时间同步误差造成的定位误差，横轴代表影像行，纵轴代表定位误差。遥感 6A 号卫星由于拍摄过程中平台不稳定，造成靶标边缘成像弯曲。因此，国产高分光学卫星较国外同级别卫星而言，其几何质量受到更为严重的随机性误差的影响。将星上姿轨量化精度不高、测量频率不够而无法准确采样记录的姿轨误差、时间同步误差称为高频误差，而不仅仅局限于姿态抖动等常规的高频率误差。提升我国现役光学卫星几何质量，亟须研究高频误差的消除方法，这也是解决现有国产卫星几何质量、拓宽国产卫星数据应用的有效手段。

表 4.2　我国现役主流高分卫星平台稳定度及姿轨下传频率

卫星	轨/姿下传频率	姿态稳定度(3σ)
遥感 6 号	0.25 Hz/0.5 Hz	0.001 °/s
资源一号 02C	0.25 Hz/0.5 Hz	0.001 °/s
实践九 A	0.25 Hz/0.25 Hz	0.001 °/s
遥感 10 号	1 Hz/4 Hz	0.001 °/s
资源三号	1 Hz/4 Hz	0.000 5 °/s
遥感 11 号	1 Hz/4 Hz	0.000 5 °/s
遥感 6A 号	1 Hz/4 Hz	0.001 °/s
遥感 14A 号	1 Hz/4 Hz	0.000 5 °/s

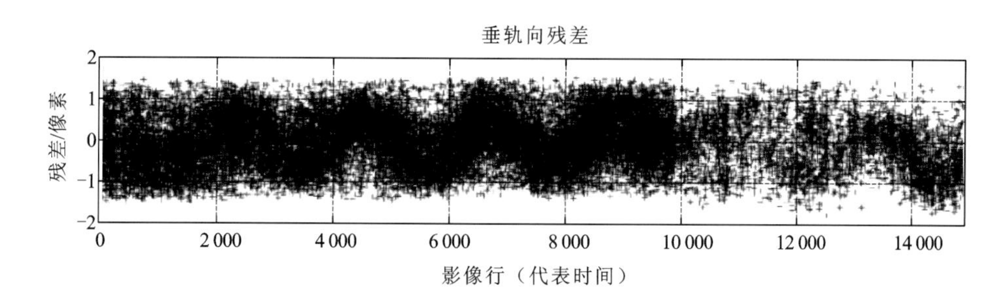

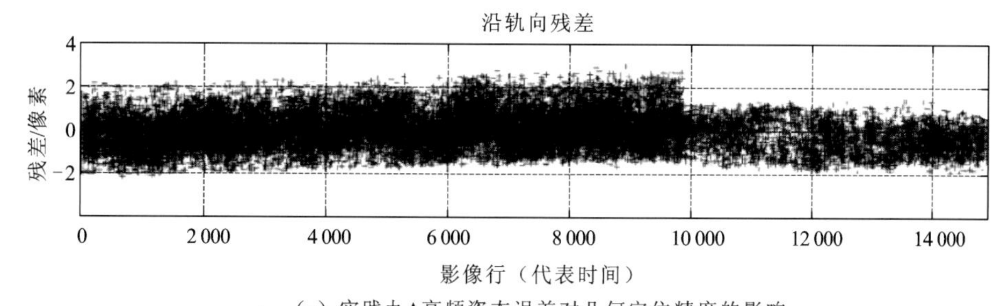

(a) 实践九A高频姿态误差对几何定位精度的影响

图 4.2　国产部分高分卫星几何问题示意图

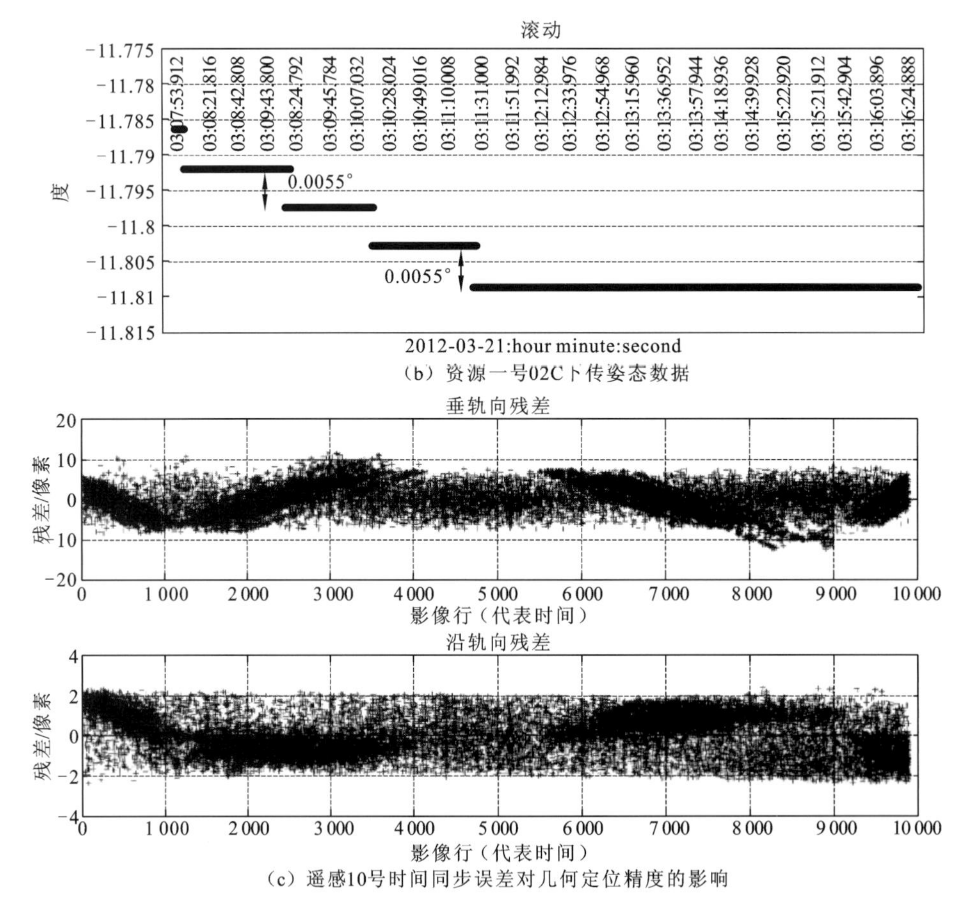

（b）资源一号02C下传姿态数据

（c）遥感10号时间同步误差对几何定位精度的影响

图 4.2　国产部分高分卫星几何问题示意图(续)

随着近几年国产光学卫星影像分辨率的逐渐提高，国内学者越来越多地关注高频误差对几何质量的影响。Zhu 等(2014)、Tong 等(2015)采用平行观测思路研究了资源三号多光谱影像的高频误差探测及消除：首先利用高精度配准算法计算不同谱段间的配准误差，通过频谱分析探测平台抖动含有的频率成分，进一步基于姿态抖动的正/余弦描述恢复高频抖动，最后利用恢复的高频姿态抖动进行补偿。其中，Zhu 等(2014)采用直接在像面坐标叠加抖动误差实现补偿，而 Tong 等(2015)则将抖动误差补偿至像素的光线指向上。这两种补偿方案，基于的前提都是姿态抖动在同一时刻上对所有探元造成的定位误差是一致的；而该假设对于国产卫星并不具备必然性(例如高频误差中存在偏航角误差)。综上所述，国内相关研究中，没有充分考虑现役国产光学卫星平台特征，缺乏对高频误差源的完整识别，难以真正应用于现役国产卫星而提升其几何质量。

4.2　基于平行观测的高频误差探测机理

本节先介绍了多 TDI CCD 线阵的拼接方式，列举了国产主流高分光学卫星载荷的

TDI CCD 线阵拼接信息,在此基础上引入了平行观测概念并分析了平行观测对于高频误差探测的内涵;最后对基于平行观测同名点交会误差来探测高频误差的原理、流程进行了研究。

4.2.1　多 TDI CCD 线阵的拼接与平行观测

TDI CCD 器件是当前高分辨率对地光学卫星的主流成像器件,它可以通过多级时间积分来延长对同一地物目标的曝光时间,在提高光通量、增强灵敏度的同时又不会因积分时间的延长而降低分辨率。受限于硬件制造水平,单 TDI CCD 线阵长度有限,难以满足光学遥感卫星对成像幅宽的要求。为了扩大成像视场,通常将多片 TDI CCD 进行拼接,增加成像探元数以扩大观测幅宽。目前常用的 CCD 拼接方式主要包括机械拼接、电子学拼接及光学拼接方式。其中,机械拼接是指多片 CCD 之间直接首尾相连成一条直线,这要求 CCD 两端探元必须有效,否则会造成像素缺失;电子学拼接同样将多片 CCD 首尾相连,使相邻 CCD 沿轨交错、平行排列,如图 4.3 所示;而光学拼接则是利用分光棱镜形成一对光程相等的共轭面,从入射光方向看,拼接 CCD 形成首尾相连的较长的 CCD 线阵,如图 4.4 所示。如表 4.3 所示,国内主流高分辨率光学卫星采用的拼接方式主要为电子学拼接和光学拼接。

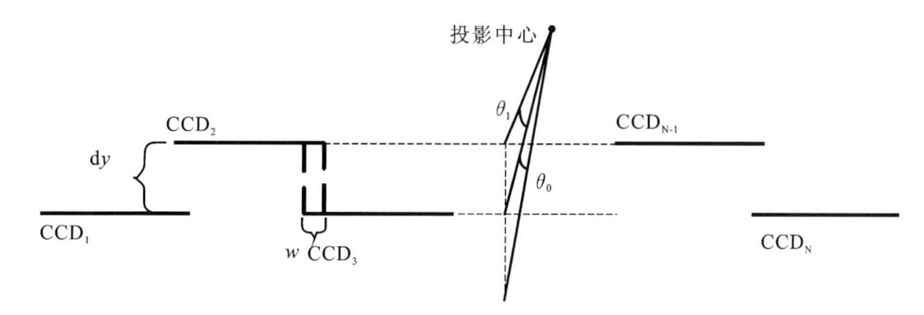

图 4.3　电子学拼接示意图

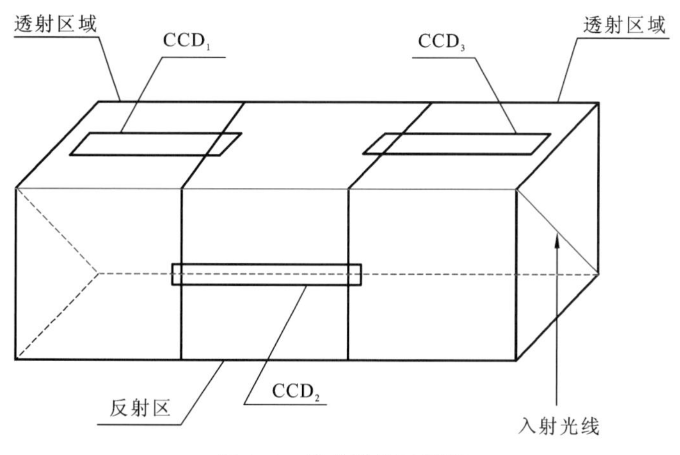

图 4.4　光学拼接示意图

表 4.3 国内部分现役光学卫星 CCD 拼接信息

卫星	CCD 阵列	拼接方式	设计重叠/像素	沿轨错位/像素
遥感 6 号	4 096×3	电子学	10	≈2 600
资源一号 02C HR	4 096×3	电子学	30	≈2 600
资源三号	F/B:4 096×4 N:8 192×3 MS:3 072×3	光学	F/B:27 N:23 MS:195	—
实践九 A	P:6 144×2 MS:1 536×2	光学	P:82 MS:82	—
遥感 11 号	4 096×8	电子学	28	≈2 600
高分二号	P:6 144×5 MS:1 536×5	电子学	P:380 MS:95	—
遥感 10 号	3 072×4	电子学	40	≈5 000
遥感 6A 号	P:8 192×4 MS:3072×4	光学	P:200 MS:200	—
遥感 14A 号	P:6 144×8 MS:1 536×8	光学	P:500 MS:125	—

而对于多光谱相机，不同谱段需要对同一地物曝光成像。为满足这一目的，目前国内采用的主要设计方法是通过将多片 CCD 拼接成单个谱段线阵，再将多个谱段线阵沿着卫星飞行方向错位、平行排列，如图 4.5 所示。

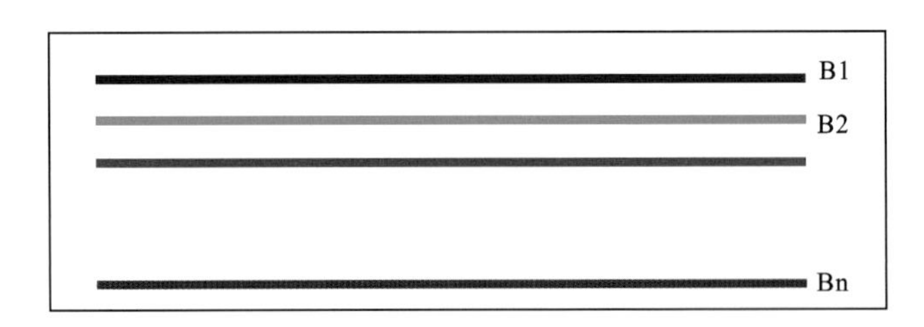

图 4.5 多光谱焦面排列示意图

根据线阵推扫成像特点，图 4.3～图 4.5 所示载荷均具备在较短时间内连续两次对同一地物成像的能力。图 4.6 中以三片电子学拼接 CCD 为例，描述了相邻 CCD 在短时间内对同一地物 S 成像的过程，其中 p_0 和 p_1 为同名点对。将相邻 CCD 阵列对同一地物成像获取的同名点对(包含点对位置关系、成像时间间隔)定义为平行观测。

如图 4.6 所示，以 dy 为例来阐述星上成像参数变化在影像上的表现。图 4.6 中，卫星分别在 t_0、t_1 时刻对地物 S 成像($\tau=t_1-t_0$)，成像俯仰角度分别为 θ_0、θ_1，卫星轨道高度

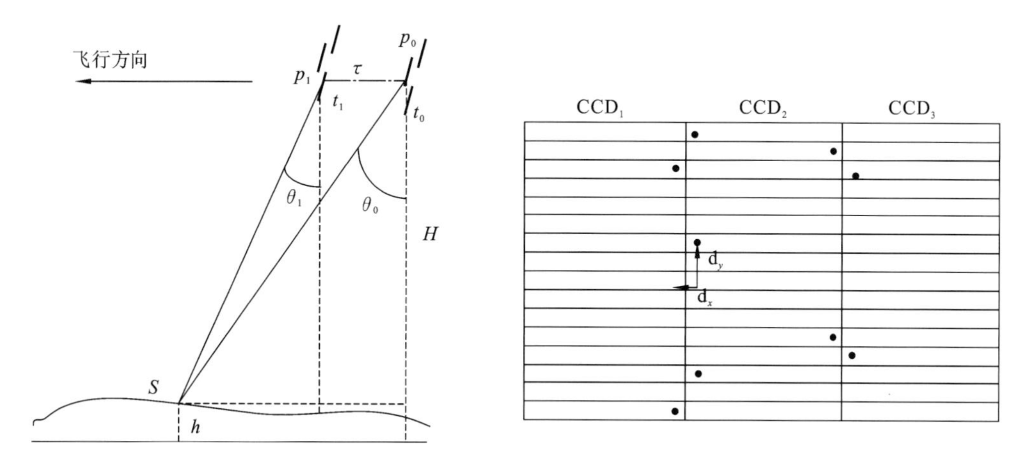

图 4.6　电子学拼接中的平行观测及扫描图像示意图

为 H,S 点高程为 h;d_x,d_y 为同名点相对关系,卫星飞行速度 v_s,积分时间 Δt,则

$$dy \approx \frac{(H-h)(\tan\theta_0 - \tan\theta_1)}{v_s \Delta t} \tag{4.1}$$

由式(4.1)可知,卫星成像角度、运行速度、积分时间等的变化均会引起平行观测中同名点对的相对位置关系变化。图 4.7 以遥感 10 号卫星影像为例,通过影像匹配在相邻 CCD 线阵影像上获取同名点并计算了同名点对相对位置关系。可见影像中的平行观测随星上成像参数的变化而发生复杂的变化。

因此,平行观测的内涵是卫星平台成像条件变化在影像中的具体体现。

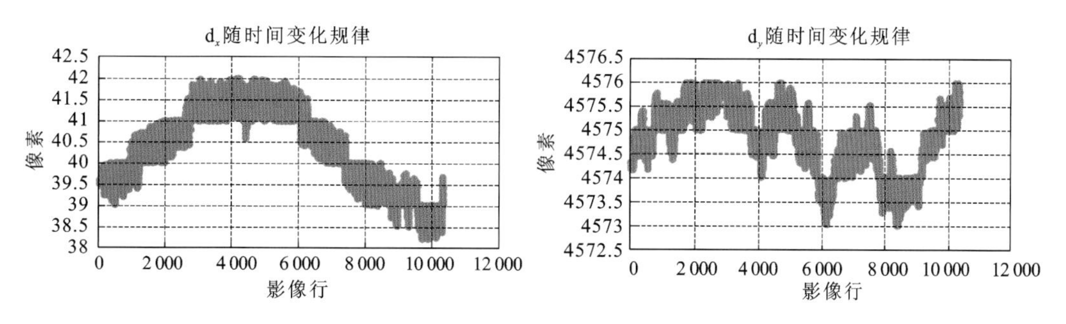

图 4.7　遥感 10 号单景内 d_x、d_y 变化规律示意图

4.2.2　高频误差探测机理与探测流程

图 4.6 中,地面点 S 先后成像于相邻 CCD,即同名点对 p_0 和 p_1。假定 p_0、p_1 的像素坐标分别为(x_0, y_0)、(x_1, y_1),地物 S 的物方坐标为(X, Y, Z);若 p_0、p_1 成像间隔 τ 内不存在任何成像几何误差,且地面点 S 的高程 h 已知,则式(4.2)关系式成立。其中,f 表示几何定位模型,Pos_s、Att_s 分别为卫星成像时刻位置矢量及姿态,其由星上测轨、测姿设备获取。

$$\left.\begin{aligned}(X,Y,Z)=f(Pos\_s_0,Att\_s_0,x_0,y_0,h)\\(X,Y,Z)=f(Pos\_s_1,Att\_s_1,x_1,y_1,h)\end{aligned}\right\}\tag{4.2}$$

式(4.2)的本质是同名点对 p_0 和 p_1 定位于地面同一位置。然而，利用真实卫星下传数据通常难以使同名点定位于地面同一位置(同名点交会误差)。原因包含:(1)成像几何参数中存在高频误差，包括未被采样记录的高频姿态误差、姿轨测量随机误差及时间同步误差;(2)内方位元素误差;(3)地面点 S 高程误差引起的投影差的影响。

首先分析地面点 S 高程误差对同名点交会的影响。

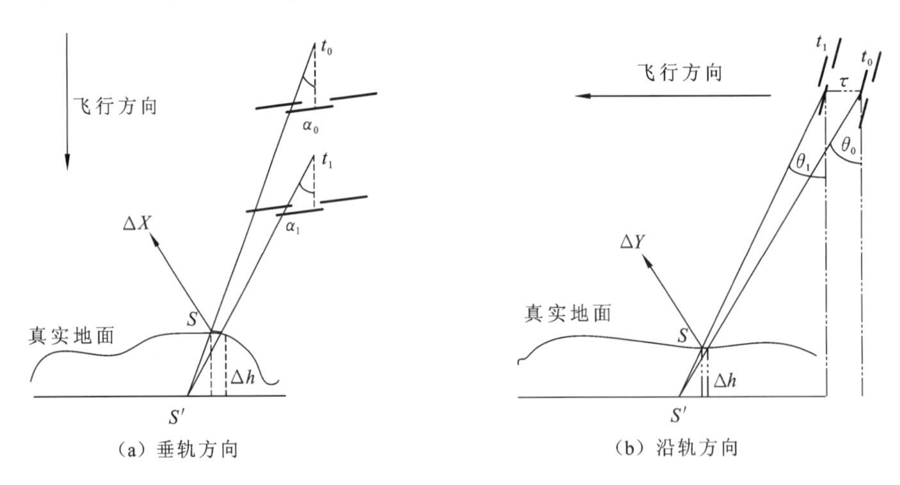

图 4.8 高程误差对同名点交会的影响分析

图 4.8(a)、图 4.8(b)分别从垂轨、沿轨两个方向分析了高程误差对同名点交会的影响。其中，α_0 和 α_1 为成像光线的垂轨向角度(含侧摆角及成像探元视场角)，θ_0 和 θ_1 为成像光线的沿轨向角度(主要为 CCD 线阵的偏场角)，Δh 为地面 S 点的高程误差;ΔX 和 ΔY 分别为垂轨向、沿轨向的同名点交会误差。由图上几何关系知

$$\left.\begin{aligned}\Delta X=\Delta h(\tan\alpha_1-\tan\alpha_0)\\\Delta Y=\Delta h(\tan\theta_1-\tan\theta_0)\end{aligned}\right\}\tag{4.3}$$

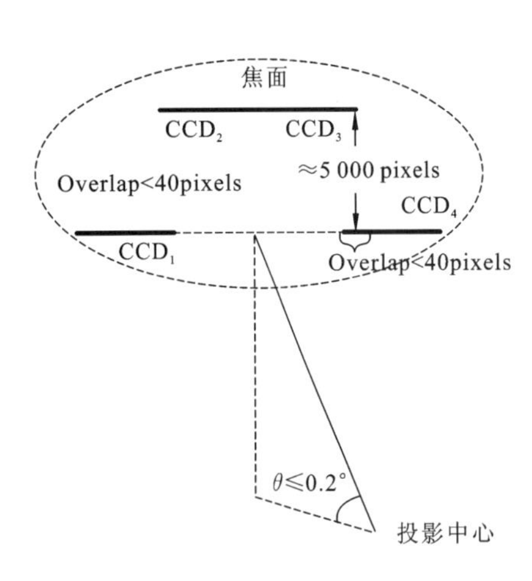

图 4.9 遥感 10 号焦面示意图

因此，高程误差对同名点交会的影响主要取决于 α_0 与 α_1 及 θ_0 与 θ_1 的差值，而该差值又进一步由相邻 CCD 线阵的摆放位置关系确定。考虑极端情况，以遥感 10 号卫星为例进行分析。

图 4.9 为遥感 10 号相机焦面示意图。根据其载荷设计，相机焦距为 5 m，探元大小为 0.000 01 m，相邻 CCD 重叠像素不超过 40 个;卫星最大侧摆角度为 32°。考虑图 4.8(a)中 α_0、α_1 的最大差值，令

$$\alpha_0\approx32^\circ+\tan^{-1}(0.00001\times3072/5)=32.352^\circ$$

$$\alpha_1\approx32^\circ+\tan^{-1}(0.00001\times(3072+40)/5)=32.356^\circ$$

则

$$\begin{aligned}\Delta X &= \Delta h(\tan 32.356° - \tan 32.352°) \\ &= 0.000\,098\Delta h\end{aligned} \tag{4.4}$$

类似的，考虑图 4.8(b)中 θ_0、θ_1 的最大差值，令

$$\theta_1 = 0.20°$$

$$\theta_0 \approx 0.20° + \tan^{-1}(5\,000 \times 0.000\,01/5) = 0.77°$$

则

$$\Delta Y = \Delta h(\tan(0.77°) - \tan(0.20°)) = 0.01\Delta h \tag{4.5}$$

由式(4.4)、式(4.5)，当采用全球 90 m 格网的 SRTM-DEM 高程数据获取地面 S 点高程信息时，高程误差小于 30 m，则高程误差引起的同名点交会误差小于 0.3 m(约 0.3 个遥感 10 号全色像素)。因此，针对现役在轨的高分光学卫星而言，当利用全球 90 m 格网 SRTM-DEM 高程数据时，高程误差对平行观测同名点交会误差影响很小。

由上述分析可知，在利用全球 SRTM-DEM 数据获取高程的前提下，平行观测中的同名交会误差可能是由成像几何参数中的高频误差和内方位元素误差造成。而由于光学相机均有一定的热控等稳定性设计，内方位元素误差属于较为稳定的系统性误差，即在一段时间内不会发生变化或者变化不显著，可以通过在轨检校消除内方位元素误差。在此基础上，平行观测中的同名点交会误差即为高频误差的具体体现，可表示为

$$\Delta(t_0) = (\Delta X, \Delta Y, \Delta Z) = \Psi(\Delta Pos\_s_0, \Delta Att\_s_0, \Delta t_0) - \Psi(\Delta Pos\_s_1, \Delta Att\_s_1, \Delta t_1) \tag{4.6}$$

其中：$(\Delta X, \Delta Y, \Delta Z)$为同名点交会误差；$\Psi(\Delta Pos_s_0, \Delta Att_s_0, \Delta t_0)$为 t_0 时刻高频误差引起的定位误差；$\Psi(\Delta Pos_s_1, \Delta Att_s_1, \Delta t_1)$为 t_1 时刻高频误差引起的定位误差。记 $\Psi(t_0) = \Psi(\Delta Pos\_s_0, \Delta Att\_s_0, \Delta t_0)$，则

$$\Delta(t_0) = \Psi(t_0) - \Psi(t_0 + \tau) \tag{4.7}$$

对式(4.7)做傅里叶变换有

$$F[\Delta(t_0)] = F[\psi(t_0)] - F[\psi(t_0)]\mathrm{e}^{\mathrm{i}\omega\tau} = (1 - \mathrm{e}^{\mathrm{i}\omega\tau})F[\psi(t_0)]$$

其中：$F[\,]$为傅里叶变换，则

$$F[\psi(t_0)] = \frac{F[\Delta(t_0)]}{(1 - \mathrm{e}^{\mathrm{i}\omega\tau})} \tag{4.8}$$

由式(4.8)可知，通过对平行观测同名点交会误差进行频谱分析，便可探测出高频误差的频率等信息。但由欧拉公式可知

$$\mathrm{e}^{\mathrm{i}\omega\tau} = \cos(\omega\tau) + \mathrm{i}\sin(\omega\tau) \tag{4.9}$$

当 $\omega\tau = 2n\pi$，即 $freq = \frac{2\pi}{\omega} = \frac{n}{\tau}$，式(4.8)因分母为零而无意义。基于平行观测方法无法探测到频率为$\frac{1}{\tau}$整数倍的高频误差；另一方面，当 $\tau = 0$，即平行观测中的同名点同时成

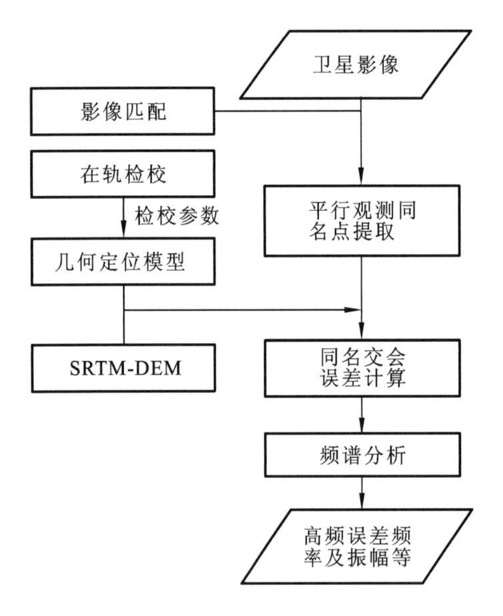

图 4.10　高频误差探测处理流程

像，式(4.8)同样因分母为零而无意义。

综上分析可知，高频误差探测处理的流程如图 4.10 所示。

(1) 平行观测同名点提取：卫星成像几何参数的变化会体现在平行观测中，提取平行观测同名点，是高频误差探测的基础步骤；

(2) 同名点交会误差计算：实现高精度的在轨几何检校，精确恢复相机内方位元素后建立几何定位模型，在 SRTM-DEM 辅助下计算同名点交会误差；

(3) 对计算得到的同名点交会误差进行频谱分析，探测高频误差的频率、振幅等信息。

4.2.3　试验与分析

1. 试验数据

为验证基于同名点交会误差的高频探测原理的正确性，收集了图 4.11 所示数据：(1)2012 年 2 月 3 日河南嵩山区域的资源三号多光谱影像，该区域以山地为主，平均高程 526 m，最大高差约 550 m；成像侧摆角约为 0°；(2)2012 年 2 月 28 日天津区域的资源三号多光谱影像，该区域地势平坦，以城区为主，平均高程约 −6 m，最大高差约 92 m，成像侧摆角约为 5°。

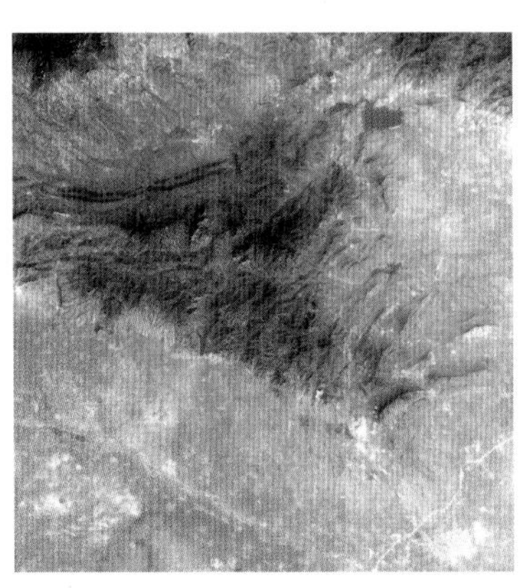

(a) 河南景

(b) 天津景

图 4.11　高频误差探测试验影像

以河南景为例，图 4.12 中实线为影像成像时段下传姿态数据(称为实线姿态)，虚线是对下传姿态的三次多项式拟合曲线(称为虚线姿态)，由于平台稳定程度不够，卫星成像姿态出现波形抖动，多项式难以对其进行精确拟合。考虑误差可控条件下更方便进行正确性验证，试验中将实线姿态当作成像真实姿态（即真值），以虚线姿态作为用于实际几何处理的姿态（即星上下传姿态）；通过实线姿态与虚线姿态的差值可以探测虚线姿态无法采样的高频误差，进一步与基于同名观测探测的高频误差进行对比，从而验证本书原理的正确性。

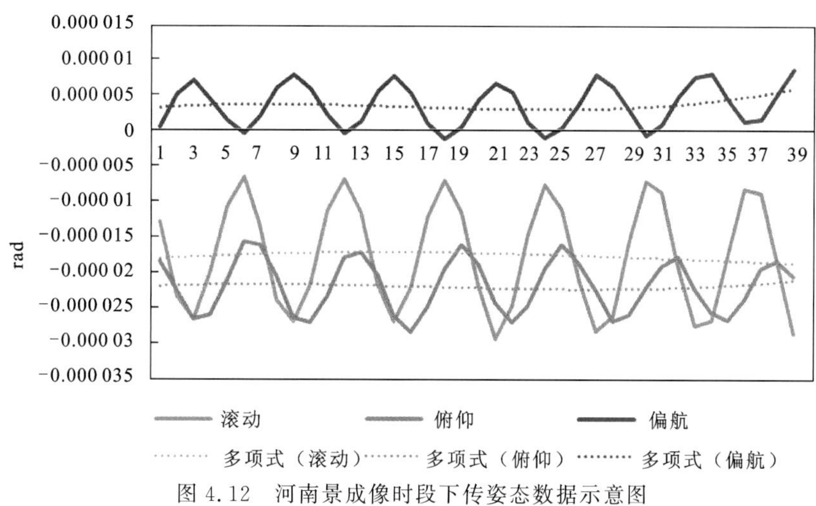

图 4.12　河南景成像时段下传姿态数据示意图

2. 试验结果及分析

试验中从 B1、B2 波段影像中提取同名点，分别在河南景、天津景影像上提取同名点 1 037 022 对、574 227 对，计算同名点交会误差，同时计算图 4.12 中实线姿态、虚线姿态差值（即为试验中的姿态误差）。

由于图 4.12 中虚线姿态无法采样到实线姿态的高频部分，因此利用虚线姿态构建的几何定位模型受到高频误差影响，从而产生同名点交会误差；由图 4.13、图 4.14 可以看到，同名点交会误差与高频姿态误差具有完全一致的规律。

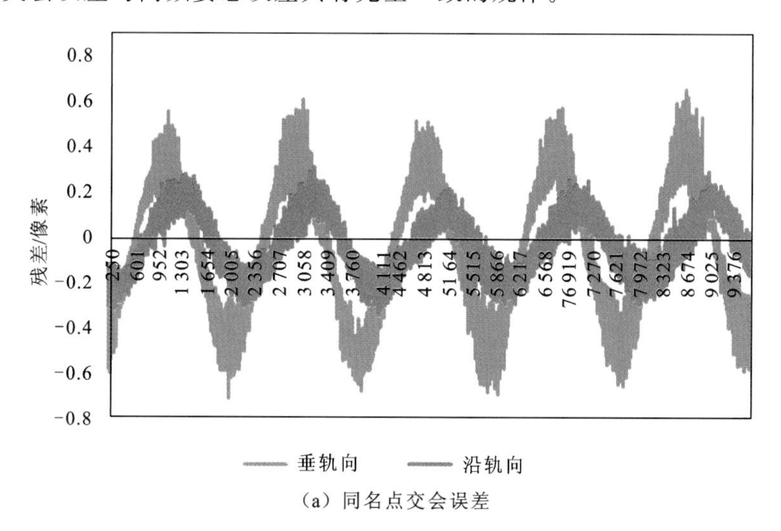

(a) 同名点交会误差

图 4.13　河南景同名点交会误差与姿态误差对比图

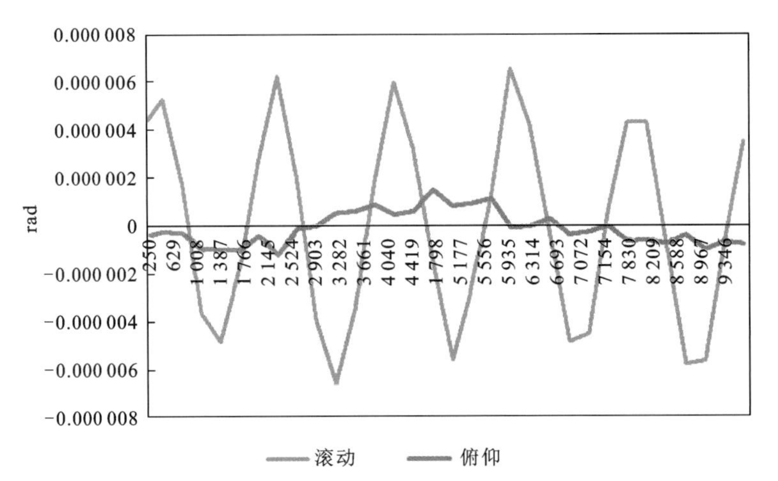

（b）虚线姿态与实线姿态差值

图 4.13　河南景同名点交会误差与姿态误差对比图(续)

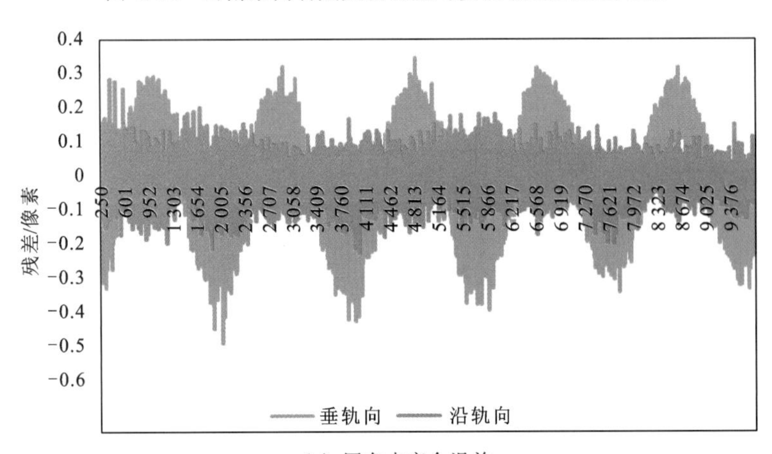

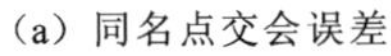

（a）同名点交会误差

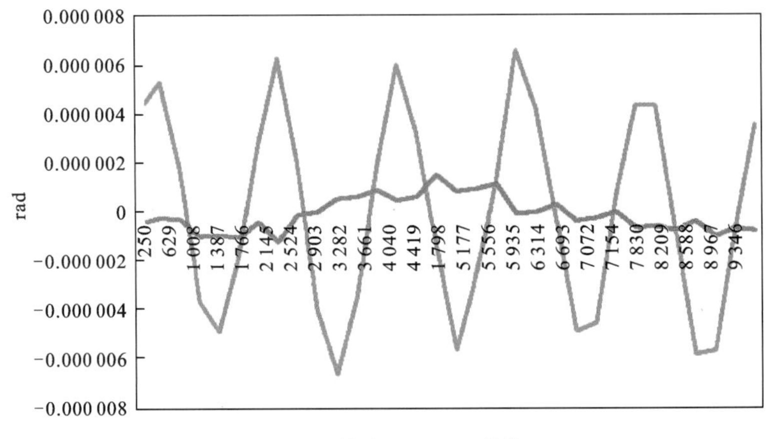

（b）虚线姿态与实线姿态差值

图 4.14　天津景同名点交会误差与姿态误差对比图

对同名点交会误差进行傅里叶变换，同时对姿态误差进行傅里叶变换。为方便两者频谱的对比，按下式将姿态误差单位概略换算成像素。

$$\Delta = \frac{H \cdot \Delta\theta}{GSD}$$

对于资源三号，取 H≈505 000 m，GSD≈5.8 m，$\Delta\theta$ 为姿态误差。

图 4.15 和图 4.16 中蓝色为姿态误差(attitude error，AE)频谱结果，红色为同名点交会误差(corresponding points error，CE)频谱结果。从图 4.15(a)及图 4.16(a)所示频谱可以看出，CE 与 AE 所含频率成分相近，两者频谱均含频率约 0.66 Hz 的高频误差，说明同名点交会误差正确探测到了虚线姿态无法采样的高频姿态误差；图 4.16(b)中，虽然 CE 与 AE 主频率一致，约为 0.13 Hz，但同名点交会误差频谱含有的频率成分较多，CE、AE 相近程度较垂轨向差；这是因为沿轨向高频误差引起的同名点交会误差量级小，同名点配准误差对频谱结果造成干扰。

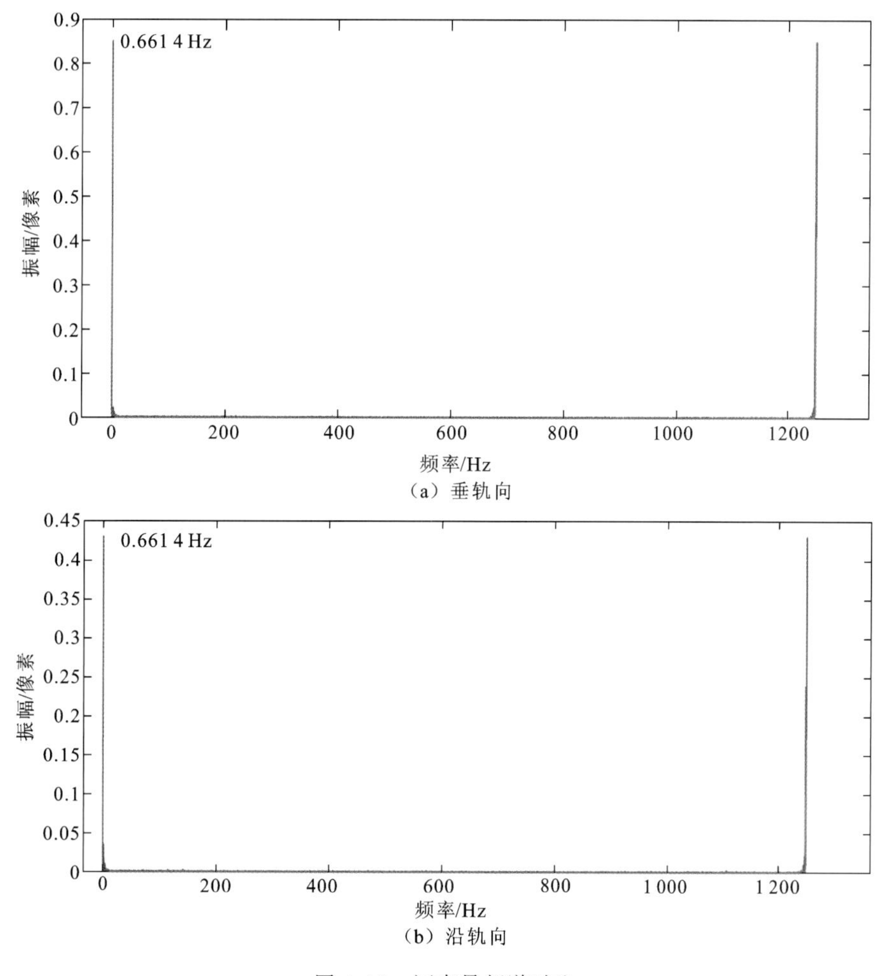

(a) 垂轨向

(b) 沿轨向

图 4.15　河南景频谱对比

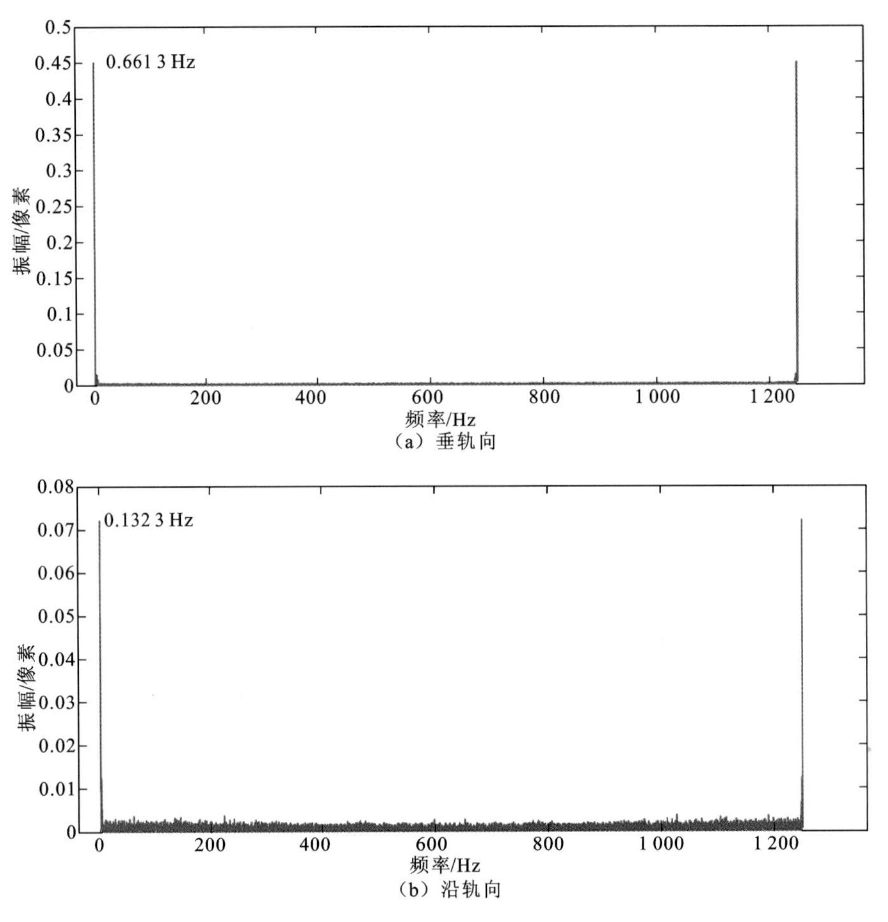

图 4.16 天津景频谱对比

4.3 基于平行观测的高频误差探测方法

4.3.1 国产光学卫星高频误差源及特性分析

国产光学卫星平台引起高频误差的原因主要包括:(1)星上下传的行扫描时间频率低(如遥感6号、资源一号02C、实践九A每四秒记录一次行扫描时间),造成时间同步误差;甚至部分卫星星上时间不同步,存在严重的时间同步误差,例如遥感10号卫星。(2)多数国产卫星平台稳定度低,而姿轨系统测量频率、量化精度有限,无法准确采样并记录成像姿轨,例如姿态抖动。

对于时间同步误差,其对几何定位的影响可以理解为采用错误时刻的轨道、姿态处理当前影像行,即

$$\begin{bmatrix} X \\ Y \\ Z \end{bmatrix}_t = \begin{bmatrix} X_S \\ Y_S \\ Z_S \end{bmatrix}_{t+\Delta t} + m \left(\boldsymbol{R}_{\mathrm{J2000}}^{\mathrm{WGS84}} \boldsymbol{R}_{\mathrm{body}}^{\mathrm{J2000}} \right)_{t+\Delta t} \boldsymbol{R}_{\mathrm{camera}}^{\mathrm{body}} \begin{bmatrix} \tan\psi_x \\ \tan\psi_y \\ 1 \end{bmatrix}_t \tag{4.10}$$

其中：Δt 即为时间同步误差。

从几何定位角度，时间同步误差本质上可看成轨道位置误差及姿态误差。假设卫星拍摄的位置及姿态固定不变，时间同步误差并不会影响几何定位精度；而正是由于推扫式成像过程中卫星的运动使时间同步误差对几何定位产生影响。假设卫星运动速度为 $\vec{v}$，姿态角速度为 $\vec{a}$，则 Δt 的时间同步误差可看成轨道位置误差 Δp 及姿态误差的综合误差 Δa：

$$\Delta p = v\Delta t, \qquad \Delta a = a\Delta t \tag{4.11}$$

由式(4.11)，时间同步误差引起的轨道位置误差、姿态误差分别由卫星运行速度、姿态角速度确定。显然，当星上时间同步误差表现为随机性，则由其引起的轨道位置误差及姿态误差也为随机误差；而当星上时间同步误差表现为系统性，即 Δt 基本不变，对于卫星轨道而言，其在单景扫描的短时间内，卫星运行速度变化较小，由时间同步误差引起的轨道位置误差主要表现出系统性；而对于卫星姿态而言，由于多数国产卫星平台的稳定度偏低，姿态角速度短时内变化从而系统性时间同步误差会引起随机性姿态误差。

以资源三号卫星为例，采用仿真系统进行模拟，模拟中设定的成像时长约为一景正视标准景时间 7 s。图 4.17(a)为仅在轨道时间上加入 1 ms 误差引起的几何定位误差，可见其最大定位误差与最小定位误差相差不超过 0.05 个像素，基本为系统误差；而图 4.17(b)中设定姿态稳定度为 5×10^{-4}°/s、仅在姿态时间中加入 1 ms 误差引起的定位误差，可见最大定位误差与最小定位误差相差约 0.2 个像素，呈现出随机性。

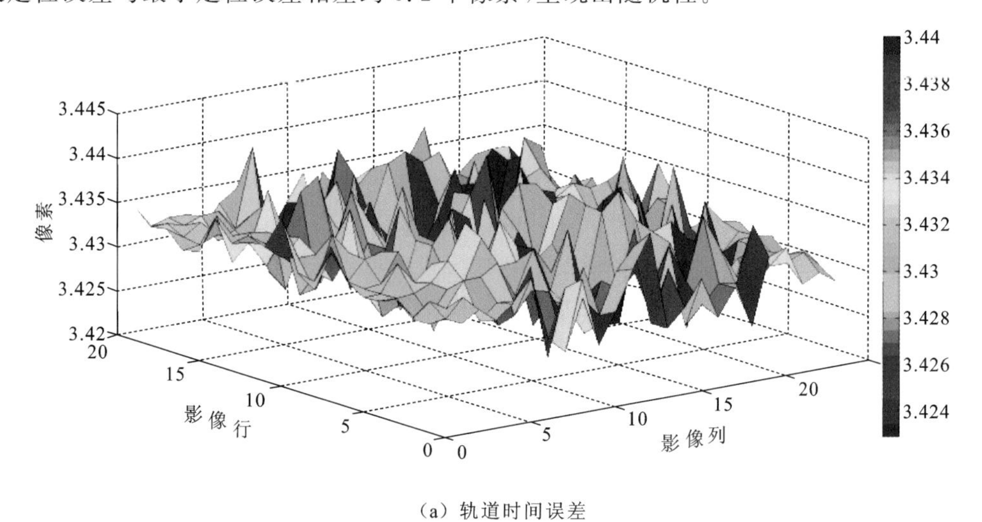

(a) 轨道时间误差

图 4.17　时间同步误差模拟

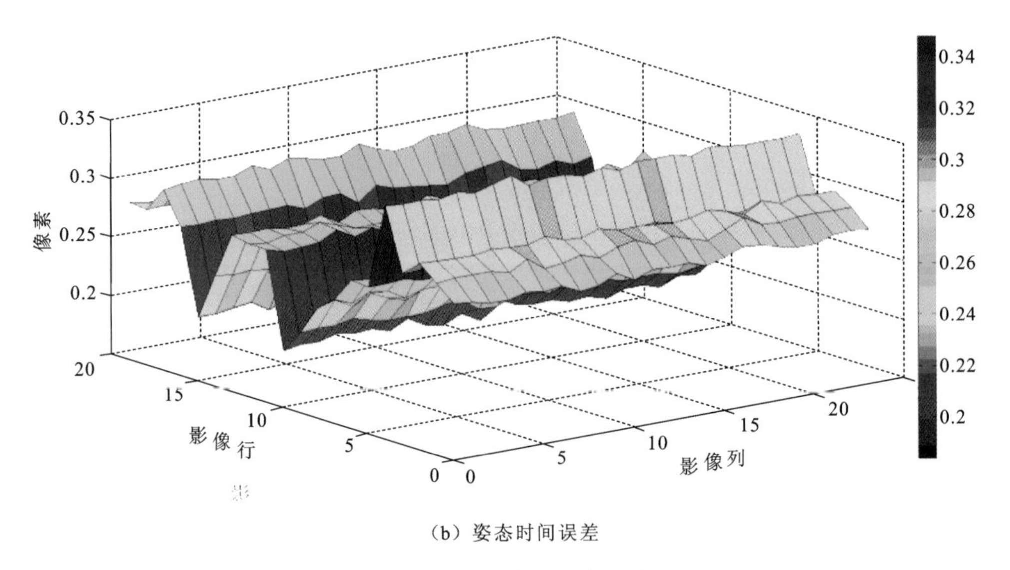

(b) 姿态时间误差

图 4.17 时间同步误差模拟(续)

因此,考虑国产卫星平台的稳定性程度,无论时间同步误差是否表现为系统性,其引起的几何定位误差都具有随机性特点。

根据针对姿轨等效性的分析,将轨道位置误差等效为姿态误差,同时时间同步误差看成姿态随机性误差,则国产卫星平台的高频误差即为姿态高频误差,其相对于单纯的平台抖动而言,由于受到了时间同步误差等的影响而更为复杂。

4.3.2 基于同名点交会约束的高频误差探测

1. 平行观测同名点提取方法

目前国产光学卫星中的平行观测主要包括多光谱谱段间平行观测及相邻 CCD 的平行观测。相较而言,多光谱谱段间相对位置关系简单,重叠度大,较易获取密集匹配同名点。而相邻 CCD 间的同名点相对位置关系随积分时间等因素变化复杂,且重叠度小(遥感 6 号重叠约 10 个像素,资源一号 02C 重叠小于 30 个像素),同名点提取难度更大。因此,仅以相邻 CCD 线阵为例,介绍平行观测同名点提取。

考虑相邻 CCD 线阵重叠像素少,可采用几何定位模型,计算相邻 CCD 线阵重叠像素,以重叠大小作为同名点搜索的最大窗口,以尽量保障为每一行影像获取同名点,以便探测更高频率的误差;匹配过程可基于相关系数测度确定像素级配准点位,进一步基于最小二乘匹配获取子像素级点位。假定给定 CCD_1 线阵上一点(x_1, y_1),其同名点获取流程如下:

(1) 基于几何定位模型,计算 CCD_1 线阵、CCD_2 线阵重叠像素数 *overlap*,以此作为相关系数配准的最大搜索窗口;

(2) 基于几何定位模型,计算(x_1, y_1)对应的地物坐标(X, Y, Z),并计算(X, Y, Z)在 CCD_2 线阵上对应的像素坐标(x_2^p, y_2^p);

(3) 以(x_2^p, y_2^p)为中心,以 overlap 为最大搜索窗口,按下式逐点计算与以(x_1, y_1)为中心的领域的相关系数;并取最大相关系数点位(x'_2, y'_2)的作为像素级配准点位;

$$\rho(x_2,y_2)=\frac{\sum_{i=1}^{h}\sum_{j=1}^{w}(g_{x_1+r,y_1+c}-\overline{g})(g'_{x_2+r,y_2+c}-\overline{g'})}{\sqrt{\sum_{i=1}^{h}\sum_{j=1}^{w}(g_{x_1+r,y_1+c}-\overline{g})^2\sum_{i=1}^{h}\sum_{j=1}^{w}(g'_{x_2+r,y_2+c}-\overline{g'})^2}} \tag{4.12}$$

其中：g、g'分别表示 CCD_1 线阵、CCD_2 线阵影像灰度；w，h 分别表示相关系数计算窗口的宽、高；

(4) 以点位(x_1,y_1)、(x'_2,y'_2)作为初值，按下式进行最小二乘匹配，获取子像素级配准点位(x_2,y_2)：

$$g_{x_1,y_1}=h_0+h_1 g'_{a_0+a_1x_1+a_2y_1,b_0+b_1x_1+b_2y_1} \tag{4.13}$$

由于各线阵 CCD 上存在辐射差异且部分区域缺乏纹理特征（如水域）等原因，误匹配几乎难以避免，从而对高频误差探测及消除造成较大影响。因此，需要对误匹配点对进行剔除。图 4.18 为采用的误匹配剔除方法，图中蓝线为同名点对(x_1,y_1,x_2,y_2)间相对位置关系$(\Delta x,\Delta y)=(x_2-x_1,y_2-y_1)$，红线是对蓝线进行中值滤波的结果。若同名点原始相对关系与滤波结果之差大于一定阈值，则判定为误匹配点。

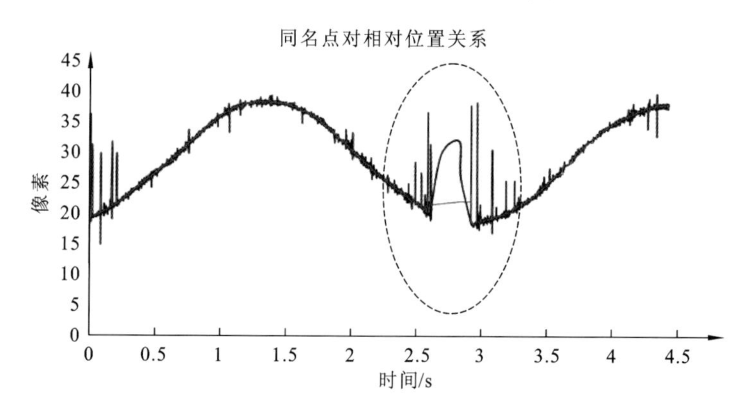

图 4.18　基于移动平滑的误匹配剔除

2. 基于相对姿态求解的高频误差探测

通过在轨几何检校消除相机内方位元素误差后，平行观测中的同名点交会误差即为高频误差的具体表现。假设平行观测同名点对(x_{t_0},y_{t_0})、(x_{t_1},y_{t_1})分别成像于 t_0 时刻和 t_1 时刻，则交会误差可表示为

$$\left.\begin{array}{l}\begin{bmatrix}X+\Delta X_{t_0}\\Y+\Delta Y_{t_0}\\Z+\Delta Z_{t_0}\end{bmatrix}=\left(\begin{bmatrix}X_S\\Y_S\\Z_S\end{bmatrix}+m\left(\boldsymbol{R}_{\mathrm{J2000}}^{\mathrm{WGS84}}\boldsymbol{R}_{\mathrm{body}}^{\mathrm{J2000}}\right)\boldsymbol{R}_u\boldsymbol{R}_{\mathrm{camera}}^{\mathrm{body}}\begin{bmatrix}\tan\psi_x\\\tan\psi_y\\1\end{bmatrix}\right)_{t_0}\\\begin{bmatrix}X+\Delta X_{t_1}\\Y+\Delta Y_{t_1}\\Z+\Delta Z_{t_1}\end{bmatrix}=\left(\begin{bmatrix}X_S\\Y_S\\Z_S\end{bmatrix}+m\left(\boldsymbol{R}_{\mathrm{J2000}}^{\mathrm{WGS84}}\boldsymbol{R}_{\mathrm{body}}^{\mathrm{J2000}}\right)\boldsymbol{R}_u\boldsymbol{R}_{\mathrm{camera}}^{\mathrm{body}}\begin{bmatrix}\tan\psi_x\\\tan\psi_y\\1\end{bmatrix}\right)_{t_1}\end{array}\right\} \tag{4.14}$$

其中：$(\Delta X \quad \Delta Y \quad \Delta Z)^{\mathrm{T}}$ 为定位误差。显然，如果 t_0 时刻和 t_1 时刻星上误差不同，则导致定位误差不相等，即 $(\Delta X_{t_0} \quad \Delta Y_{t_0} \quad \Delta Z_{t_0})^{\mathrm{T}} \neq (\Delta X_{t_1} \quad \Delta Y_{t_1} \quad \Delta Z_{t_1})^{\mathrm{T}}$，从而产生交会误差。国产卫星的高频误差可仅看成高频姿态误差，则基于偏置矩阵对姿态误差的补偿原理，可在式(4.14)中引入姿态补偿矩阵：

$$\left.\begin{aligned}\begin{bmatrix} X+\Delta X \\ Y+\Delta Y \\ Z+\Delta Z \end{bmatrix} &= \left(\begin{bmatrix} X_S \\ Y_S \\ Z_S \end{bmatrix} + m\left(\boldsymbol{R}_{\mathrm{J2000}}^{\mathrm{WGS84}} \boldsymbol{R}_{\mathrm{body}}^{\mathrm{J2000}}\right) \boldsymbol{R}_{\mathrm{offset}}^{t_0} \boldsymbol{R}_u \boldsymbol{R}_{\mathrm{camera}}^{\mathrm{body}} \begin{bmatrix} \tan\psi_x \\ \tan\psi_y \\ 1 \end{bmatrix}\right)_{t_0} \\ \begin{bmatrix} X+\Delta X \\ Y+\Delta Y \\ Z+\Delta Z \end{bmatrix} &= \left(\begin{bmatrix} X_S \\ Y_S \\ Z_S \end{bmatrix} + m\left(\boldsymbol{R}_{\mathrm{J2000}}^{\mathrm{WGS84}} \boldsymbol{R}_{\mathrm{body}}^{\mathrm{J2000}}\right) \boldsymbol{R}_{\mathrm{offset}}^{t_1} \boldsymbol{R}_u \boldsymbol{R}_{\mathrm{camera}}^{\mathrm{body}} \begin{bmatrix} \tan\psi_x \\ \tan\psi_y \\ 1 \end{bmatrix}\right)_{t_1}\end{aligned}\right\} \tag{4.15}$$

其中：$\boldsymbol{R}_{\mathrm{offset}}^{t}$ 为 t 时刻对应的姿态补偿矩阵，可参照偏置矩阵定义如下：

$$\boldsymbol{R}_{\mathrm{offset}}^{t} = \boldsymbol{R}_y(\varphi_t)\boldsymbol{R}_x(\omega_t)\boldsymbol{R}_z(\kappa_t) = \begin{bmatrix} \cos\varphi_t & 0 & \sin\varphi_t \\ 0 & 1 & 0 \\ -\sin\varphi_t & 0 & \cos\varphi_t \end{bmatrix} \begin{bmatrix} 1 & 0 & 0 \\ 0 & \cos\omega_t & -\sin\omega_t \\ 0 & \sin\omega_t & \cos\omega_t \end{bmatrix} \begin{bmatrix} \cos\kappa_t & -\sin\kappa_t & 0 \\ \sin\kappa_t & \cos\kappa_t & 0 \\ 0 & 0 & 1 \end{bmatrix} \tag{4.16}$$

其中：φ_t、ω_t、κ_t 为待求解的姿态补偿角。

若直接根据式(4.16)解求 t_0 时刻和 t_1 时刻的姿态补偿矩阵，存在两个问题：(1)每一对同名点将引入 5 个未知数($\varphi_t, \omega_t, \kappa_t, X, Y, Z$)，最终未知数过多，方程求解计算量大；(2)平行观测同名点对交会角小，匹配误差对高程求解精度影响大，最终影响整体平差精度。本书引入相对姿态概念，通过求解相对姿态消除高频误差对几何定位模型的影响。

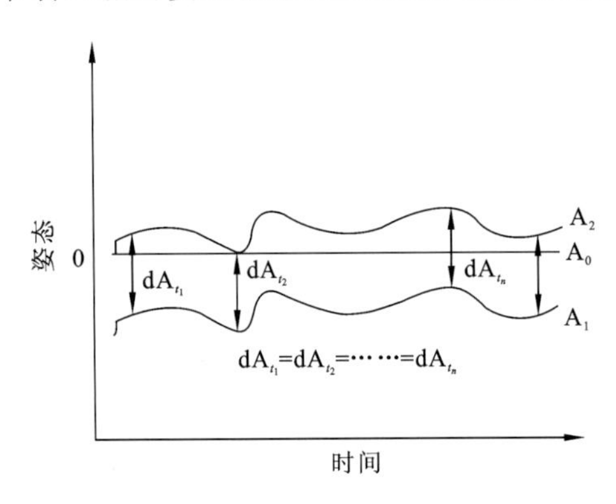

图 4.19　相对姿态示意图

图 4.19 中，假定 A_1 代表卫星成像过程中的真实姿态，A_0 代表星上下传的姿态。如果以前一时刻 t_0 的定位模型为基准，仅通过解求后一时刻 t_1 相对于 t_0 的姿态补偿矩阵来消除交会误差，则实际求解恢复的姿态为图 4.19 中 A_2；由图可见，该过程能够恢复不同时刻姿态间的相对关系。当利用 A_0 姿态进行几何处理时，姿态误差为随机误差；而当利用 A_2 姿态进行几何处理时，姿态误差为系统误差，则对影像的相对定位精度而言，A_2 与真实姿态 A_1 具有等效性。因此，通过恢复 A_2，不仅可以简化求解，也可以求解高频姿态误差。

根据上述分析，对同名点 (x_{t_0}, y_{t_0})，(x_{t_1}, y_{t_1})，假定 $y_{t_0} < y_{t_1}$，则基于几何定位模型及全球 SRTM-DEM 计算 (x_{t_0}, y_{t_0}) 对应的地面坐标 (X, Y, Z)，得到控制点 $(x_{t_1}, y_{t_1}, X, Y, Z)$；当 y_{t_1} 行上控制点数 $\geqslant 2$，则可常量偏置矩阵方法求解 t_1 时刻对应的姿态补偿矩阵。

国产卫星平台的高频误差产生因素较多，难以通过建立严格模型对高频姿态误差进行描述；由于缺乏模型的约束，高频姿态误差的求解过程中易受到误匹配的影响。为此，以同名点交会误差的相近程度作为归类测度，对所有同名点进行分组，逐组求解姿态补偿矩阵，降低误匹配的影响。假定在 CCD_1、CCD_2 上获得 N 对同名点对 $(x_{ccd1}, y_{ccd1}, x_{ccd2}, y_{ccd2})_i$，$i \leqslant N$，并且 $y_{ccd1} < y_{ccd2}$，具体求解流程如下：

(1) 将所有同名点对按 y_{ccd1} 升序排列；

(2) 基于几何定位模型及 SRTM-DEM 数据计算 $(x_{ccd2}, y_{ccd2})_i$ 对应的地面坐标 $(X, Y, Z)_i$；

(3) 基于几何定位模型求出 $(X, Y, Z)_i$ 在 CCD_1 上对应的像点坐标 $(x'_{ccd1}, y'_{ccd1})_i$；

(4) 计算同名点交会误差

$$(\Delta x, \Delta y)_i = (x'_{ccd1} - x_{ccd1}, y'_{ccd1} - y_{ccd1})_i, \quad i \leqslant N \tag{4.17}$$

(5) 对相邻同名点交会误差按下式比较，若差值在阈值 d 范围内，则该两对同名点处于同一组；否则，创建新组；

$$\left| \sqrt{\Delta x_{i+1}^2 + \Delta y_{i+1}^2} - \sqrt{\Delta x_i^2 + \Delta y_i^2} \right| \leqslant d \tag{4.18}$$

(6) 若某一组成员数量过少，例如少于 5，则删除该分组；

(7) 假定某组内含 m 个成员，$(x_{ccd1}, y_{ccd1}, x_{ccd2}, y_{ccd2})_i$，$i \leqslant m$，利用前述方法求解该组的姿态补偿矩阵 $\boldsymbol{R}_{offset}$，该矩阵的作用域按式(4.19)定义；遍历并求解所有分组的姿态补偿矩阵；

$$\min(\{y_{ccd1}\}_j, j \leqslant m) = y_{\min} \leqslant y \leqslant y_{\max} = \max(\{y_{ccd1}\}_j, j \leqslant m) \tag{4.19}$$

(8) 对于 t 时刻的姿态，遍历所有分组，利用作用域包含 t 时刻的姿态补偿矩阵按

$$(\boldsymbol{R}_{\text{body}}^{\text{J2000}})_{new}^t = (\boldsymbol{R}_{\text{body}}^{\text{J2000}})_t \boldsymbol{R}_{\text{offset}}^t \tag{4.20}$$

更新姿态数据；若不存在作用域包含 t 时刻的姿态补偿矩阵，则采用最邻近的前后两组的姿态补偿角按线性内插获取。

4.4　资源一号 02C 姿态量化误差引起高频误差试验验证

通过对资源一号 02C 平台及下传数据分析，其星上引起高频误差的因素包括：(1)姿态量化误差：其星上姿态存储单位为 0.005 5°，仅能准确存储 0.005 5°整数倍的姿态数据；因此，其不能记录姿态数据从 0°～0.005 5°的平缓变化，而使下传姿态呈现阶跃性变化，降低了影像内部精度；(2)平台抖动：其姿态输出频率为 0.25 Hz，而平台稳定度仅能维持在 0.001°/s。

4.4.1　试验数据

为进行资源一号 02C 影像的高频误差消除及验证试验，收集了河南区域、太行山区域、内蒙古区域及太原区域的资源一号 02C HR 影像。影像数据的具体信息如表 4.4。

表 4.4 资源一号 02C 影像信息

区域	成像时间	侧摆角/(°)	最大/平均高程/m
河南	2012-03-24	−11.81	455.16/577.06
太行山	2012-08-30	0.02	840.16/1 324.14
内蒙古	2013-04-18	7.73	210.35/1 160.07
太原	2013-04-30	0.00	464.32/1 176.97

如图 4.20 所示，河南、太行山、内蒙古、太原四个区域分别包含 38、28、13、45 个高精度控制点；其中，河南、太原区域控制点分别从 1∶2 000 和 1∶5 000 正射影像及数字高程模型上人工获取；而内蒙古、太行山区域控制点为高精度外业 GPS 控制点，其物方坐标测量精度优于 0.1 m，像方坐标由人工刺选，精度优于 1.5 像素。利用这些控制点对高频误差消除前后的几何定位精度进行对比验证。

(a) 河南区域控制点

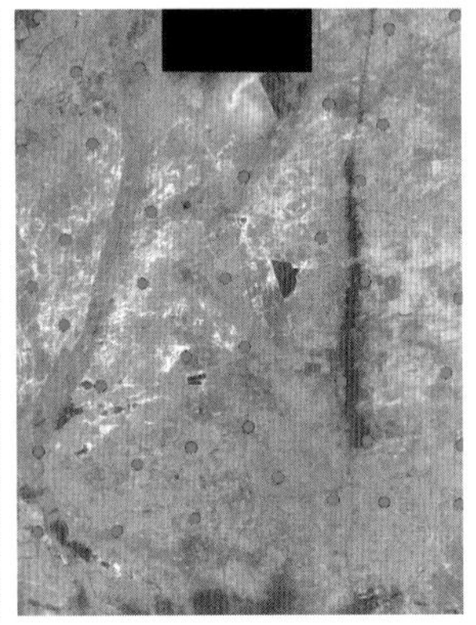

(b) 内蒙古区域控制点

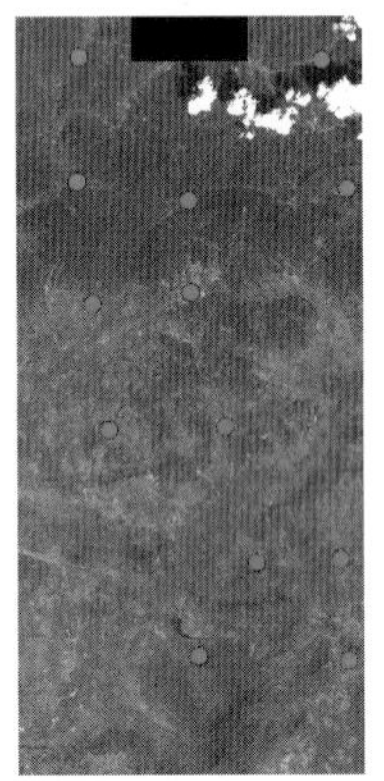

(c) 太行山区域控制点

(d) 太原区域控制点

图 4.20 资源一号 02C 控制点分布

4.4.2 高频误差探测

设定平行观测同名点提取的剔点阈值为 1.5 个像素，分组阈值为 0.3 个像素，最终在河南景、太行山景、内蒙古景、太原景影像上获取平行观测同名点 53610、56361、79942、202428 对。比较高频误差消除前后的同名点交会误差，结果如表 4.5。

表 4.5 资源一号 02C 同名点交会误差对比(单位：像素)

区域	高频误差消除前		高频误差消除后	
	RMS(x)	RMS(y)	RMS(x)	RMS(y)
河南景	6.74	13.10	0.27	0.22
太行山景	8.77	1.22	0.32	0.20
内蒙古景	4.48	4.47	0.25	0.23
太原景	0.47	1.18	0.15	0.18

从高频误差消除前的同名点交会误差可以看到，资源一号02C几何定位模型中受到高频误差影响，相对定位精度较差；由于高频误差表现出随机性，其同名点交会误差从最小1个像素（太原景）变化到最大13个像素左右（河南景）；而消除高频误差后，同名点交会误差在0.3个像素左右，相对定位精度提升明显。

如图4.21所示为同名点交会误差对比图，黑线为高频误差消除前的同名点交会误差，灰线为高频误差消除后的同名点交会误差。从图中黑线可以看出，资源一号02C的高频误差主要受到姿态量化精度不够（0.005 5°）及平台抖动的影响，如图4.21(a)及图4.21(b)垂轨向误差均能看出量化误差引起的阶跃变化；而图4.21(b)沿轨向误差及图4.21(d)则能看到平台抖动的影响。资源一号02C高频误差较为复杂，难以建立严格的描述模型。

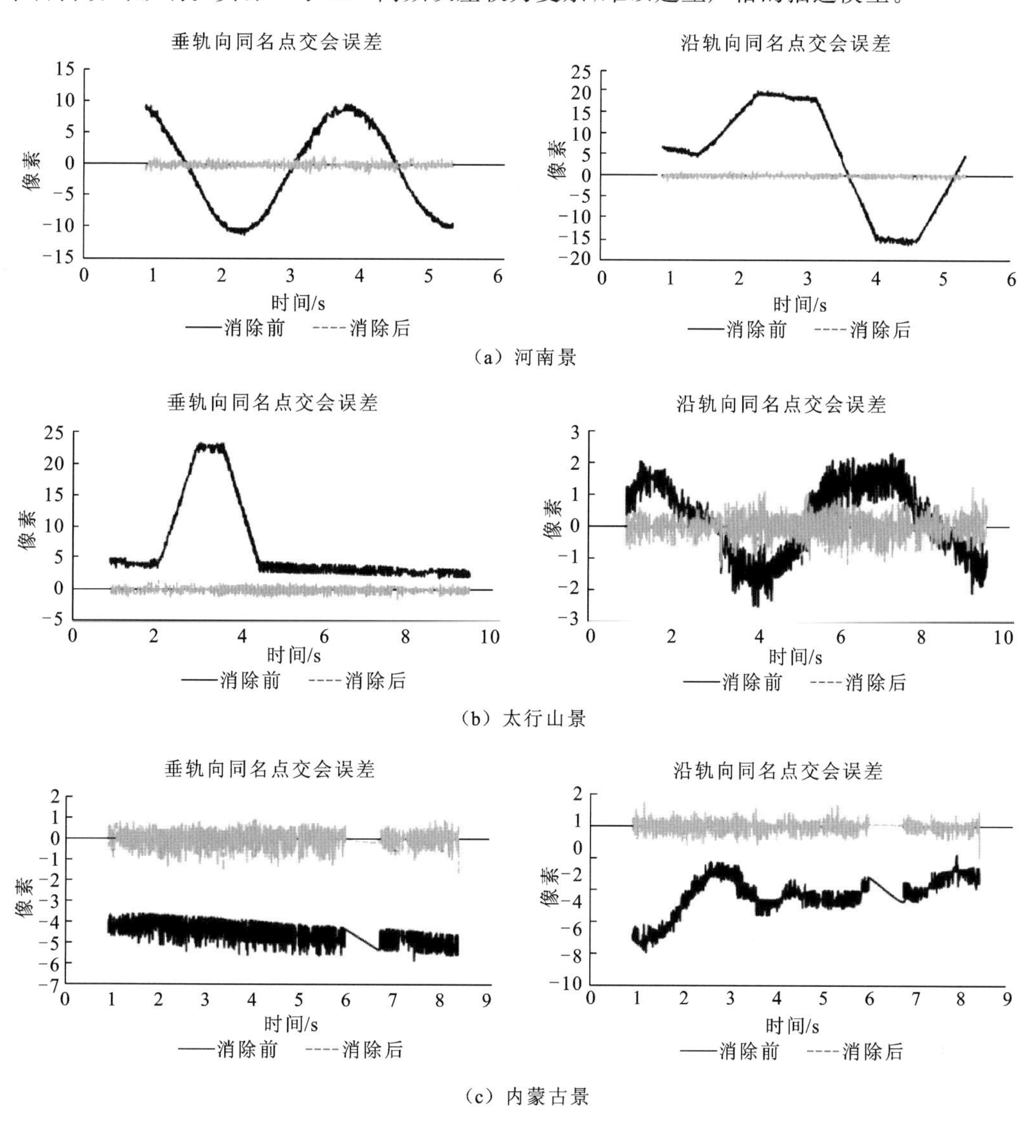

图4.21　资源一号02C同名点交会误差对比

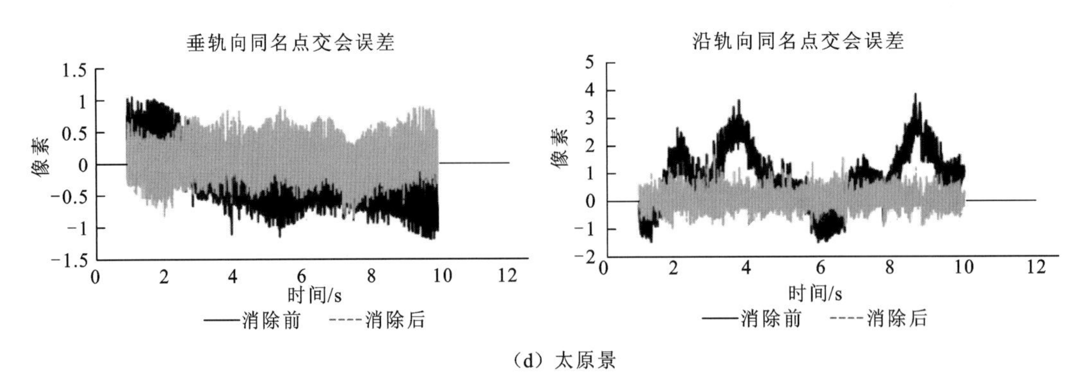

(d) 太原景

图 4.21 资源一号 02C 同名点交会误差对比(续)

4.4.3 几何精度验证

如图 4.22 所示,利用高频误差消除前的姿态生成拼接影像,由于原始几何定位模型相对定位精度差,其生成的影像拼接处存在明显的错位;而利用高频误差消除后的姿态数据生成的无畸变影像(第 5 章)拼接无缝。

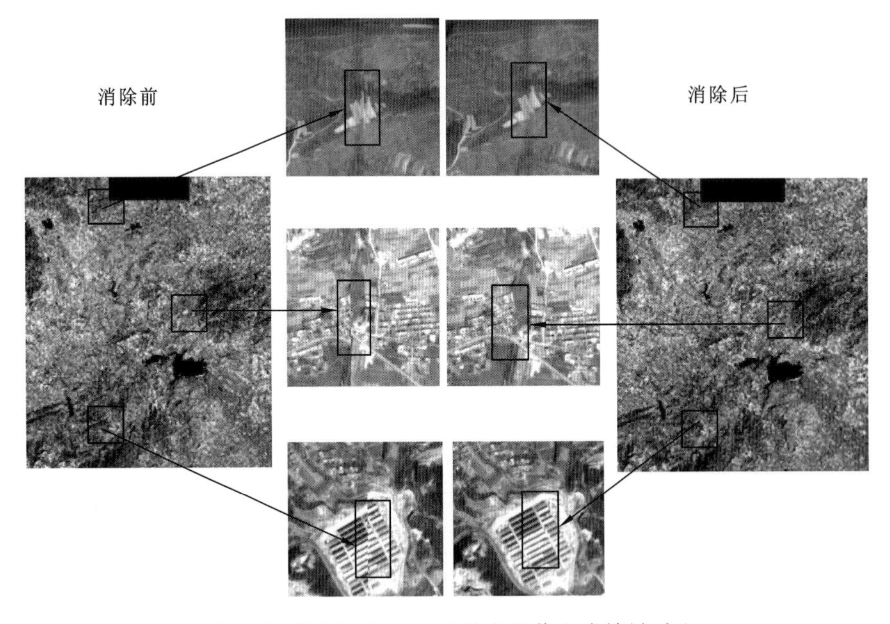

图 4.22 资源一号 02C 无畸变影像生成效果对比

利用各景影像的控制点,基于无畸变影像 RPC 的像面仿射模型实现外定向,通过定向精度评估来验证影像相对定位精度,结果如表 4.6,其中 Original 代表利用原始姿态数据生成的拼接影像,Corrected 代表高频误差消除后生成的无畸变影像。

从表 4.6 中可以看到,河南景、太行山景利用少控制定向后的精度提升明显,从十几像素提升到 1 个像素左右;而内蒙古景定向精度也从高频误差消除前的 4 个像素提升到消除后的 1 个像素左右;太原景提升幅度相对较小,说明原始影像受到的高频误差影响较小;图 4.23 所示为四景的外定向残差图。可看到,消除高频误差之前的定向残差量级较大且较为随机,常规处理模型难以对其进行补偿;而消除高频误差之后的定向残差小,定向精度主要受控制点精度影响。

表 4.6　资源一号 02C 定向精度对比结果

区域	Levell image	控制点/个	精度/像素		
			行	列	平面
河南景	Original	4	13.35	4.17	13.98
		ALL	8.97	3.74	9.71
	Corrected	4	0.76	0.99	1.25
		ALL	0.60	0.84	1.04
太行山景	Original	4	1.61	10.58	10.70
		All	1.21	7.04	7.14
	Corrected	4	1.05	1.00	1.45
		ALL	0.88	0.82	1.20
内蒙古景	Original	4	3.02	2.74	4.08
		All	2.38	2.00	3.11
	Corrected	4	1.28	1.08	1.67
		All	0.86	0.83	1.20
太原景	Original	4	1.46	1.02	1.78
		All	1.15	0.77	1.38
	Corrected	4	0.78	0.80	1.12
		All	0.72	0.64	0.97

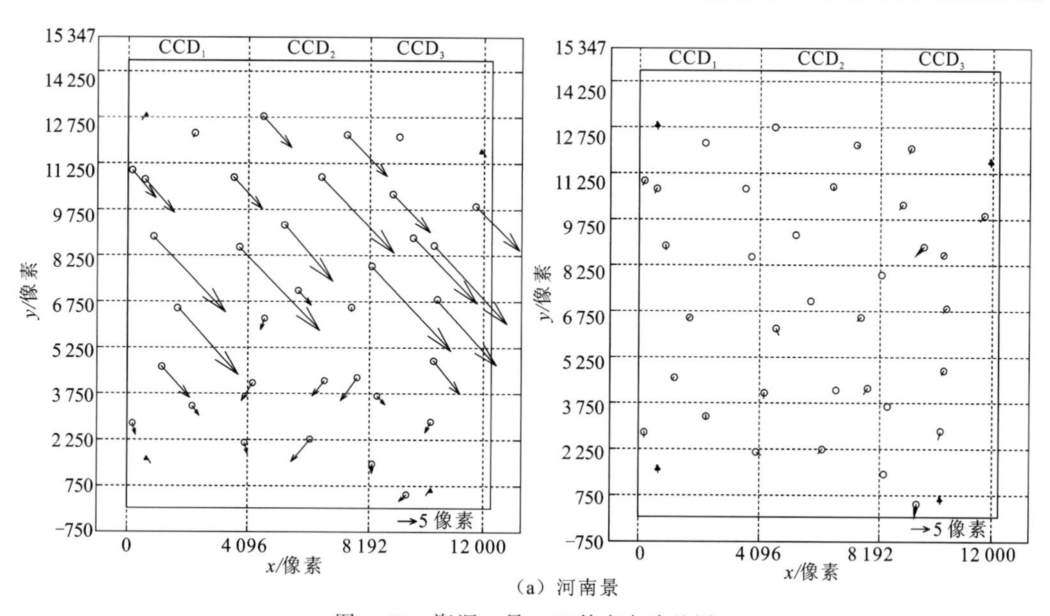

(a) 河南景

图 4.23　资源一号 02C 外定向残差图

▲:控制点;○:检查点;左:消除前,右:消除后

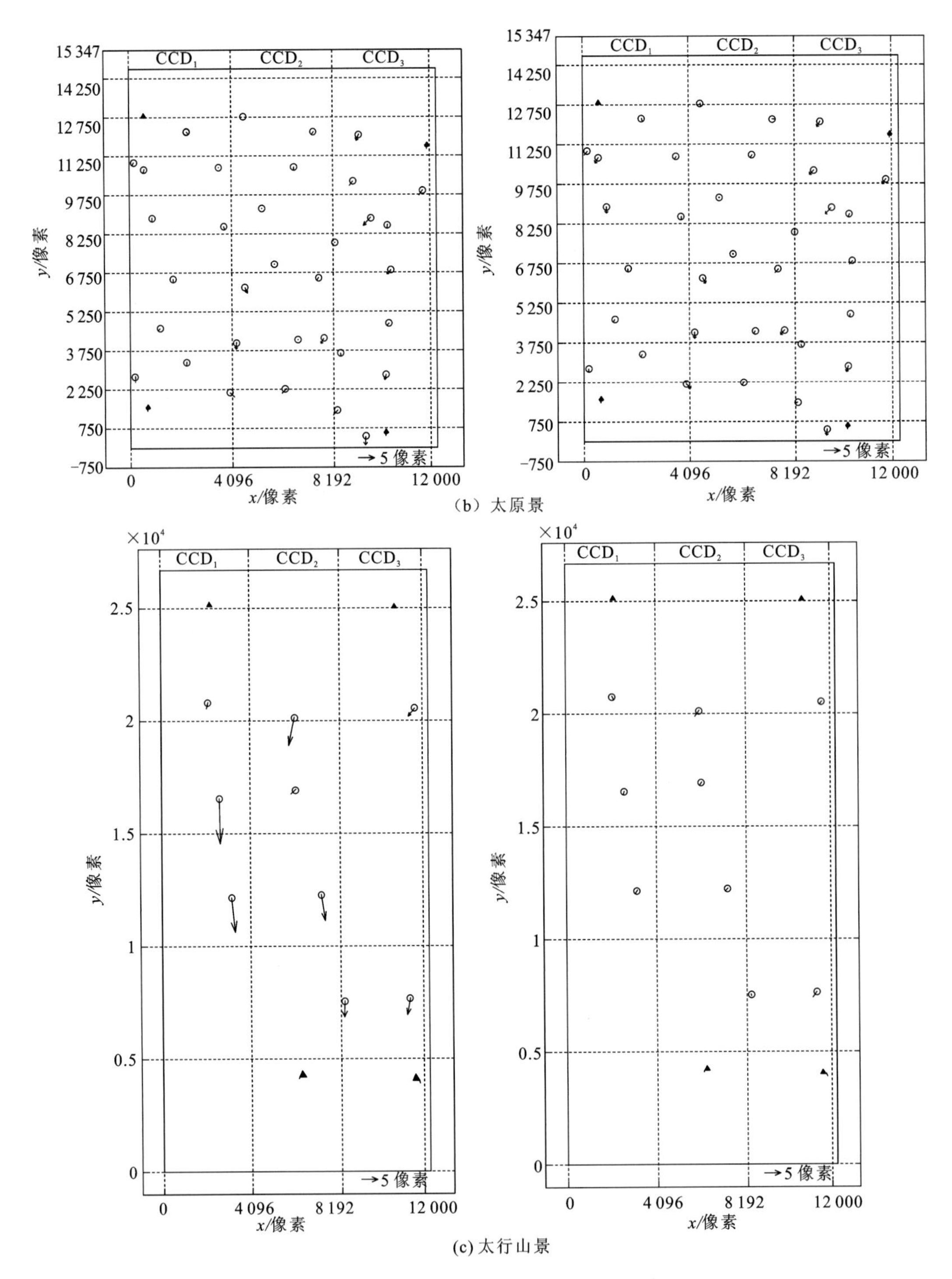

(b) 太原景

(c) 太行山景

图 4.23 资源一号 02C 外定向残差图(续)

▲:控制点;○:检查点;左:消除前,右:消除后

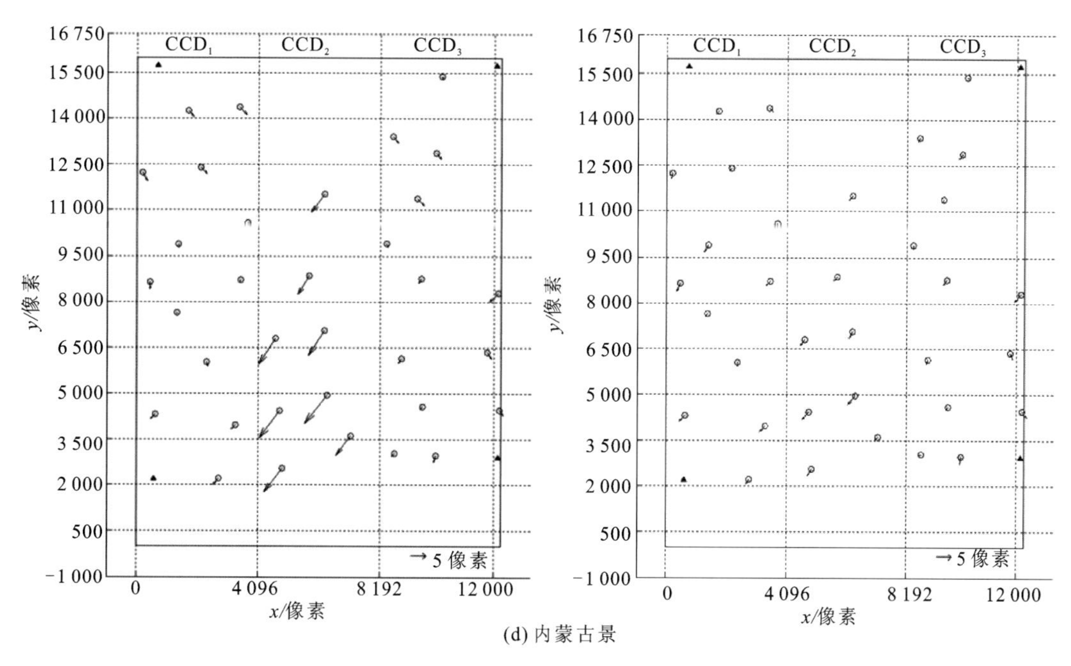

(d) 内蒙古景

图 4.23 资源一号 02C 外定向残差图(续)

▲:控制点;○:检查点;左:消除前,右:消除后

4.5　遥感 10 号时间同步误差引起高频误差探测试验验证

对遥感 10 号卫星平台及下传数据进行分析,其星上引起高频误差的主要因素包括:(1)遥感 10 号姿态、轨道、相机三者时间不同步,存在严重的时间同步误差;(2)卫星平台稳定度较低,可能存在平台抖动。

4.5.1　试验数据

为了进行遥感 10 号高频误差消除及验证试验,收集了河南区域、天津区域不同时相的四景遥感 10 号影像。影像数据的具体信息如表 4.7 所示。

表 4.7　遥感 10 号影像信息

影像编号	成像时间	侧摆角/(°)	最大/平均高程/m
2012-4-17-Tianjin	2012-4-17	17.89	9.74/1.24
2012-5-8-Tianjin	2012-5-8	8.13	10.82/29.81
2012-10-18- Henan	2012-10-18	−19.51	541.76/664.88
2012-11-16- Henan	2012-11-16	0.16	513.68/709.93

为了验证高频误差消除前后的几何定位精度,采用人工选点的方式从河南 1∶2 000、天津 1∶2 000 正射影像及数字高程模型上获取控制点,最后分别在 2012-4-17-Tianjin、

2012-5-8-Tianjin、2012-10-18-Henan 及 2012-11-16-Henan 影像得到 35、33、30、28 个控制点，控制点在图中均匀分布。

4.5.2 高频误差探测

设定平行观测同名点提取的剔点阈值为 1.5 个像素，分组阈值为 0.3 个像素，最终在 2012-4-17-Tianjin、2012-5-8-Tianjin、2012-10-18-Henan、2012-11-16-Henan 影像上获取平行观测同名点 30 420、66 493、117 860、21 174 对。计算比较高频误差消除前后的同名点交会误差，结果见表 4.8。

表 4.8 遥感 10 号同名点交会误差对比（单位：像素）

影像编号	高频误差消除前		高频误差消除后	
	RMS(x)	RMS(y)	RMS(x)	RMS(y)
2012-4-17-Tianjin	11.33	5.67	0.25	0.24
2012-5-8-Tianjin	7.31	6.61	0.20	0.22
2012-10-18- Henan	2.61	3.46	0.17	0.20
2012-11-16- Henan	2.34	4.67	0.18	0.28

如表 4.8 所示，由于高频误差的影响，遥感 10 号同名点交会误差普遍在 6～10 个像素左右；且由图 4.24 所示，遥感 10 号高频误差主要由严重的时间同步误差引起，对影像内部精度的影响较大，同名点交会误差曲线（灰线）复杂，难以建立严密模型；而消除高频误差后，同名点交会误差在 0.3 个像素左右，影像内部精度大幅提升。

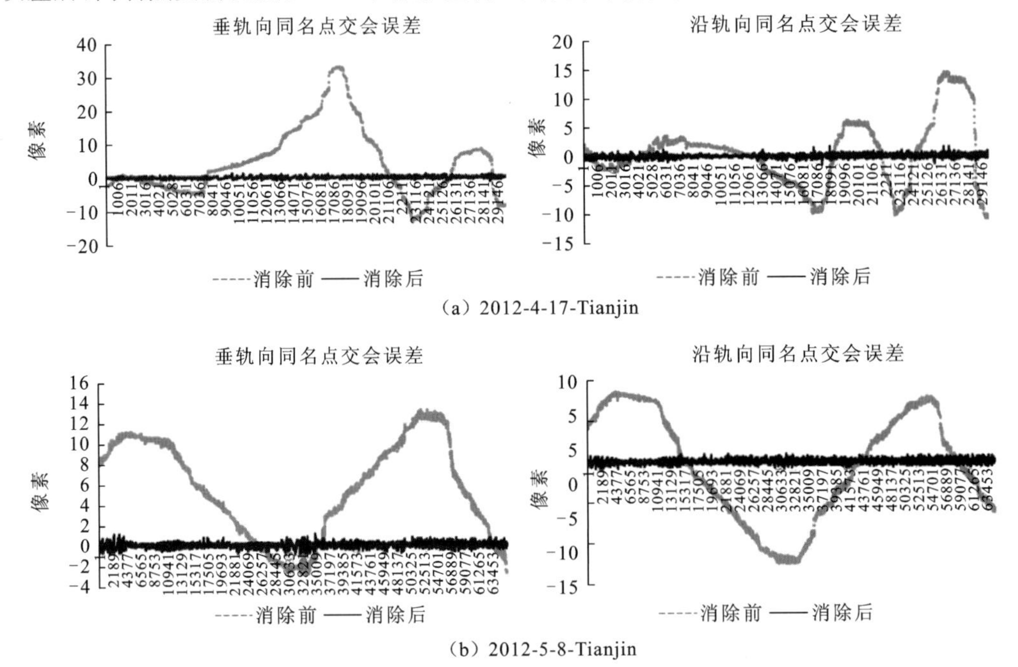

图 4.24 遥感 10 号同名点交会误差对比

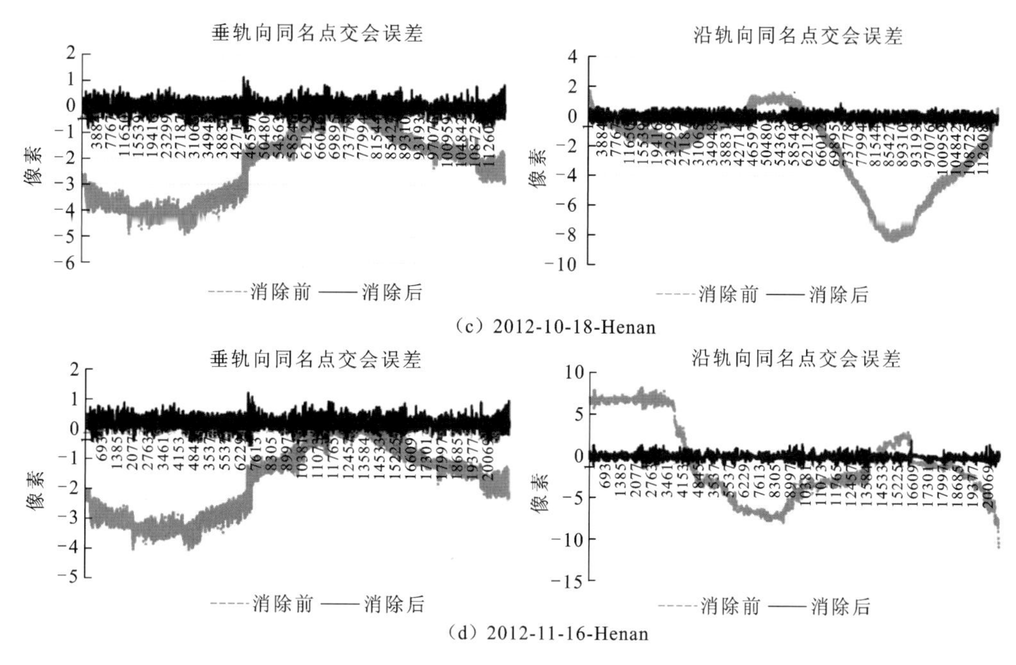

图 4.24　遥感 10 号同名点交会误差对比(续)

4.5.3　几何精度验证

无畸变影像的几何质量由真实影像的几何定位模型决定。完成几何检校后，采用原始姿态生成的拼接影像虽然消除了相机畸变导致的变形，但由于遥感 10 号卫星几何定位模型受到高频误差的影响，其拼接影像存在错位，内部精度损失；而采用高频消除后的改正姿态则可得到拼接无缝的理想无畸变影像(第 5 章)，说明经过高频误差消除后的定位模型相对定位精度较高。

经过几何检校可知，遥感 10 号全色相机内畸变约为 15 个像素，影像中由内畸变造成的变形较大。通过相邻 CCD 同名点匹配的拼接方法(简称常规方法)无法消除内畸变等引起的复杂变形，拼接影像内部精度差；而通过生成的理想无畸变影像(第 5 章)，消除了相机畸变、高频误差等引起的复杂变形，拼接影像内部精度高；而影像的内部精度，决定了其后续配准融合等应用效果。对比了常规方法及本书所提方法生产的遥感 10 号全色、多光谱拼接影像的配准结果，由于影像内部精度差，常规方法生产的影像配准点分布不均，配准效果差，由此生产的融合影像存在明显的“虚影”，而理想无畸变影像配准点分布均匀，最终生产的融合影像效果较好。

进一步地，利用各景影像的控制点，基于无畸变影像 RPC 的像面仿射模型进行外定向，通过定向精度来验证影像相对定位精度，结果列于表 4.9(图 4.25 为定向残差图)。从表中可以看到，由于遥感 10 号高频误差的存在，原始姿态的相对定位精度仅在数个甚至十几个像素的量级，定位残差分布随机，常规处理方法难以消除该误差影响；而通过本章方法，在无须额外控制数据的条件下消除了高频误差的影响，相对定位精度提升至 1 个像素左右，验证了本章方法的正确性。

表 4.9 遥感 10 号定向精度对比结果

影像编号	Level-1 image	控制点/个	RMSE 精度/像素		
			行	列	平面
2012-4-17-Tianjin	Original	4	4.11	12.29	12.95
		ALL	3.51	9.67	10.29
	Corrected	4	0.92	1.11	1.45
		ALL	0.74	0.81	1.10
2012-5-8-Tianjin	Original	4	3.61	5.71	6.75
		All	3.16	3.82	4.96
	Corrected	4	0.93	0.74	1.19
		ALL	0.64	0.51	0.81
2012-10-18-Henan	Original	4	2.47	1.91	3.12
		All	2.03	1.39	2.46
	Corrected	4	0.89	0.79	1.19
		All	0.69	0.65	0.95
2012-11-16-Henan	Original	4	5.39	0.78	5.44
		All	3.13	0.71	3.21
	Corrected	4	1.10	1.00	1.48
		All	0.98	0.76	1.25

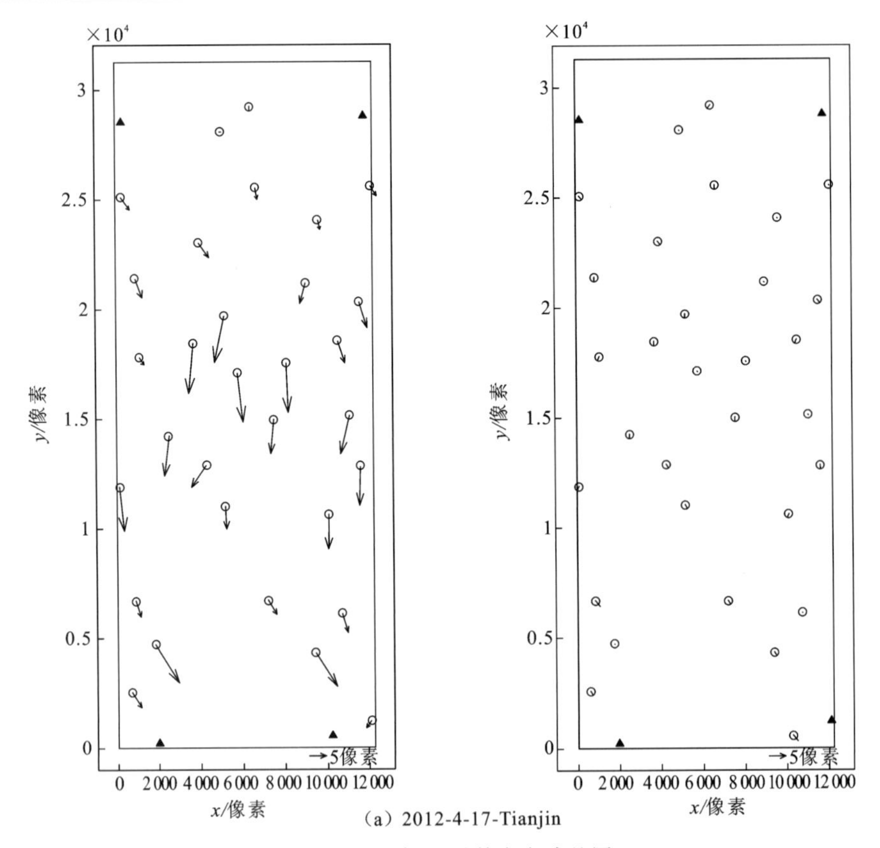

(a) 2012-4-17-Tianjin

图 4.25 遥感 10 号外定向残差图

▲:控制点;○:检查点;左:消除前,右:消除后

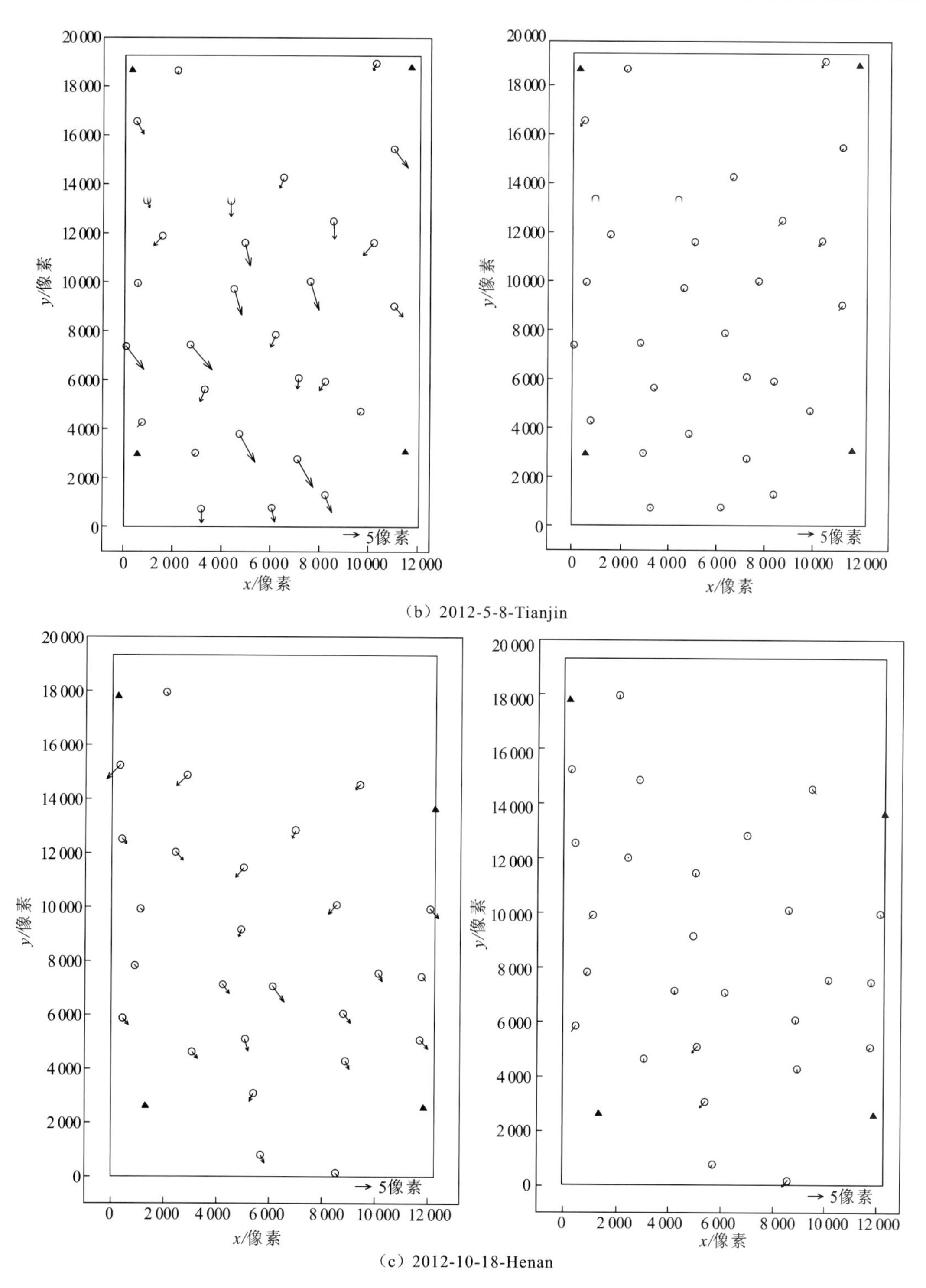

(b) 2012-5-8-Tianjin

(c) 2012-10-18-Henan

图 4.25　遥感 10 号外定向残差图(续)

▲:控制点;○:检查点;左:消除前,右:消除后

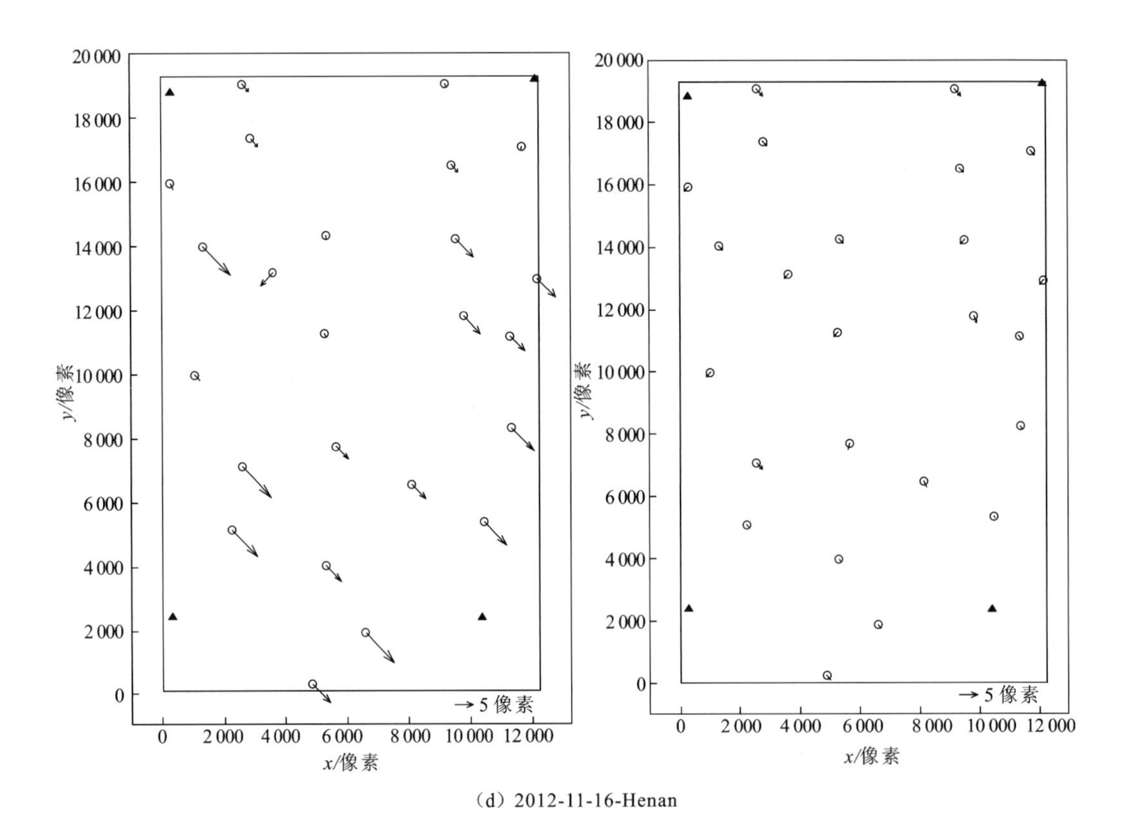

(d) 2012-11-16-Henan

图 4.25　遥感 10 号外定向残差图(续)

▲:控制点;○:检查点;左:消除前,右:消除后

4.6　遥感 6A 号姿态抖动引起高频误差探测试验验证

4.6.1　试验数据

采用遥感 6A 号分别于 2014 年 12 月 9 日和 2015 年 1 月 3 日对云南区域拍摄获取的两景影像作为试验数据。成像区域内以山地为主,平均高程 2 854.5 m,最大高差约 1 698 m。影像中布设了若干人工方形标志,但由于遥感 6A 号卫星采用 CAST2000 小卫星平台,稳定性较低,成像过程中受到平台抖动影响而使成像后的方形标志扭曲。

4.6.2　高频误差探测

遥感 6A 号全色 B 相机含 4 片 CCD 线阵,根据几何检校获取的内方位元素,4 片 CCD 按拱形排列,相邻 CCD 重叠约 200 像素,沿轨错位约 2 像素(图 4.26),平行观测同名点成像时间间隔约 0.0003 s。

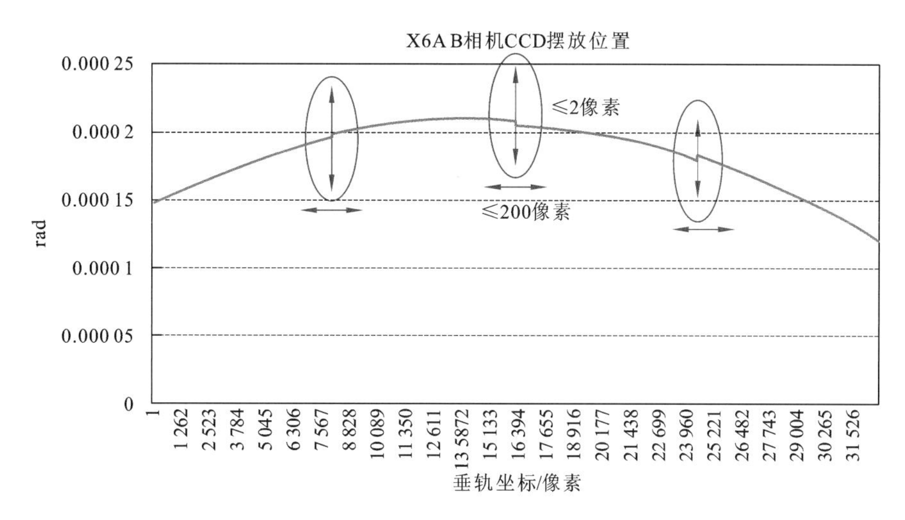

图 4.26　遥感 6A 号全色影像平行观测条件

设定平行观测同名点提取的剔点阈值为 1.5 像素，分组阈值为 0.1 像素，从 2014-12-9 景和 2015-1-3 景影像上分别获取同名点 2 165 073 对和 644 874 对。

计算并比较高频误差消除前后的同名点交会误差，结果见表 4.10。

表 4.10　遥感 6A 号同名点交会误差对比(单位:像素)

	高频误差消除前		高频误差消除后	
	RMS(x)	RMS(y)	RMS(x)	RMS(y)
2014-12-9 景	0.44	0.07	0.12	0.04
2015-1-3 景	0.29	0.13	0.09	0.04

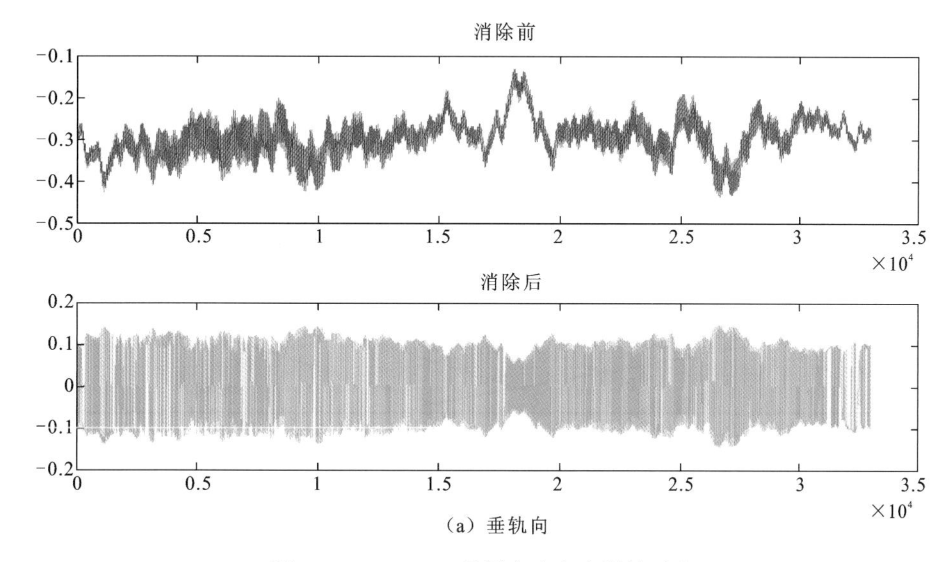

图 4.27　2015-1-3 景同名点交会误差对比

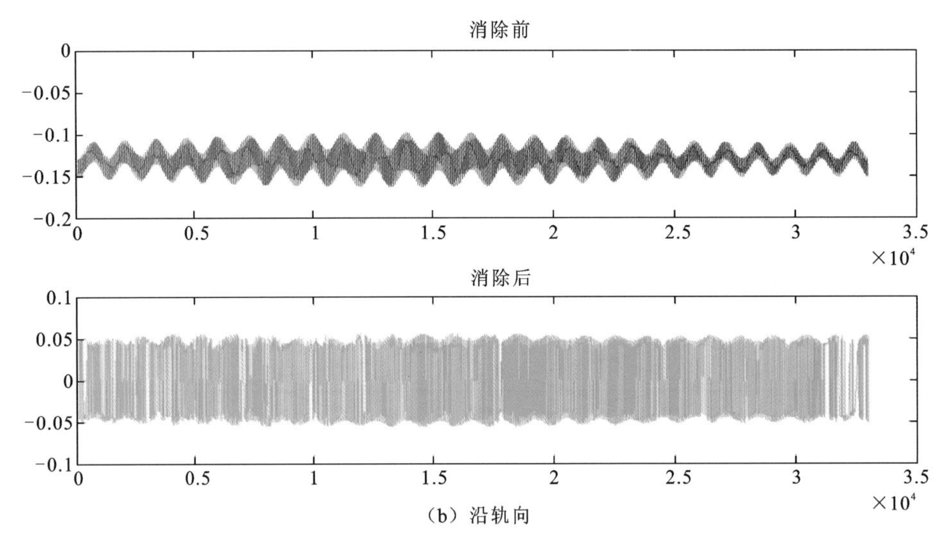

(b) 沿轨向

图 4.27　2015-1-3 景同名点交会误差对比(续)

图 4.27 中以 2015-1-3 景为例给出了高频误差消除前后的同名点交会误差。由表 4.10 和图 4.27 可知,高频误差、消除前的同名点交会误差较小,约为 0.3～0.4 个像素,而消除后的同名点交会误差基本在 0.1 个像素左右。从图 4.27 中可以看出,平台抖动较为明显。

对两景的同名点交会误差进行频谱分析,结果如图 4.28 所示,其中 x 轴单位为赫兹(Hz),y 轴单位为像素。从图中可以看到,两景的频谱一致性较好,垂轨向和沿轨向频谱的显著峰值点均位于 0 Hz 和 99.89 Hz 处;其中,0 Hz 代表的是同名点交会的系统性偏差,主要由内方位元素误差及姿态线性漂移造成,而 99.89 Hz 则由平台的高频抖动造成。

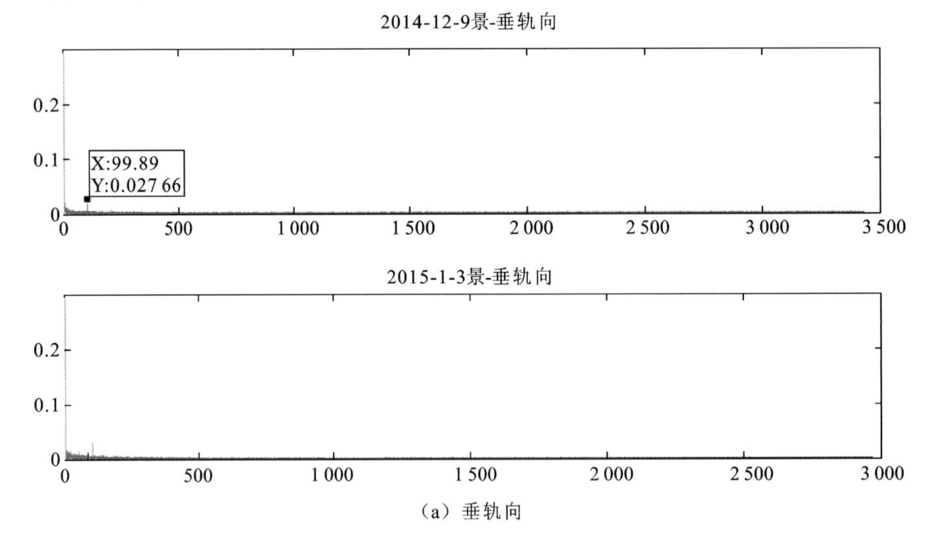

(a) 垂轨向

图 4.28　频谱分析结果

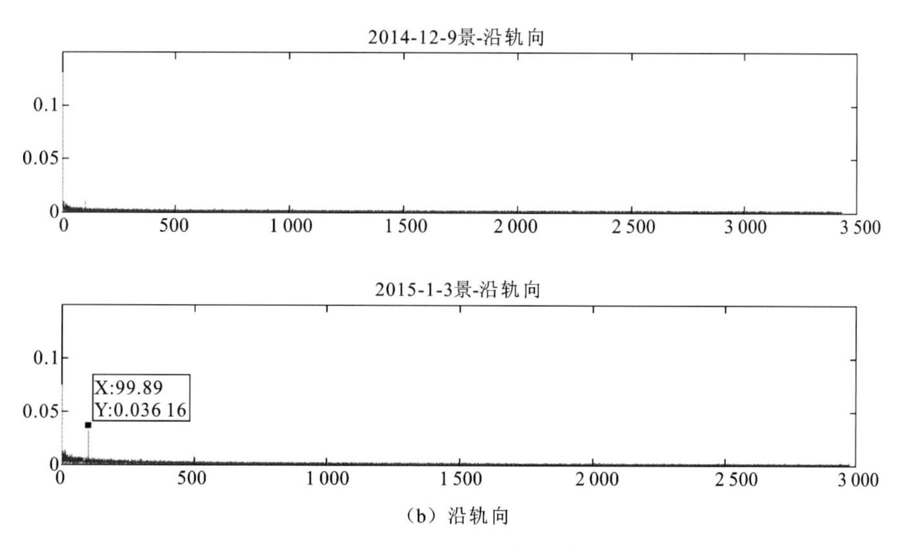

(b) 沿轨向

图 4.28　频谱分析结果(续)

图 4.29 所示为求解的姿态补偿角。可以看到,分组策略,可有效降低噪声影响,使补偿角局部异常抖动量级较小。

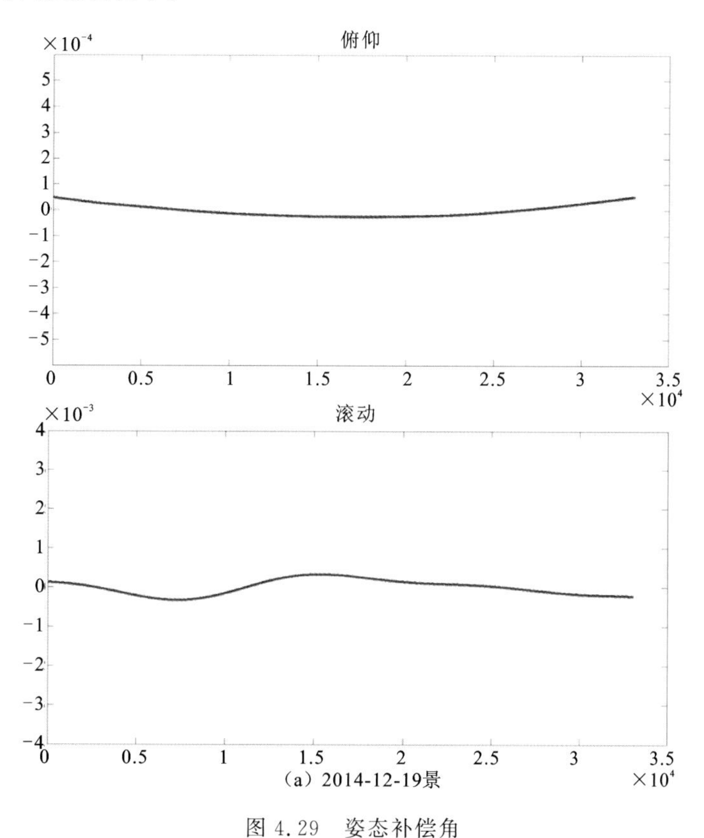

(a) 2014-12-19景

图 4.29　姿态补偿角

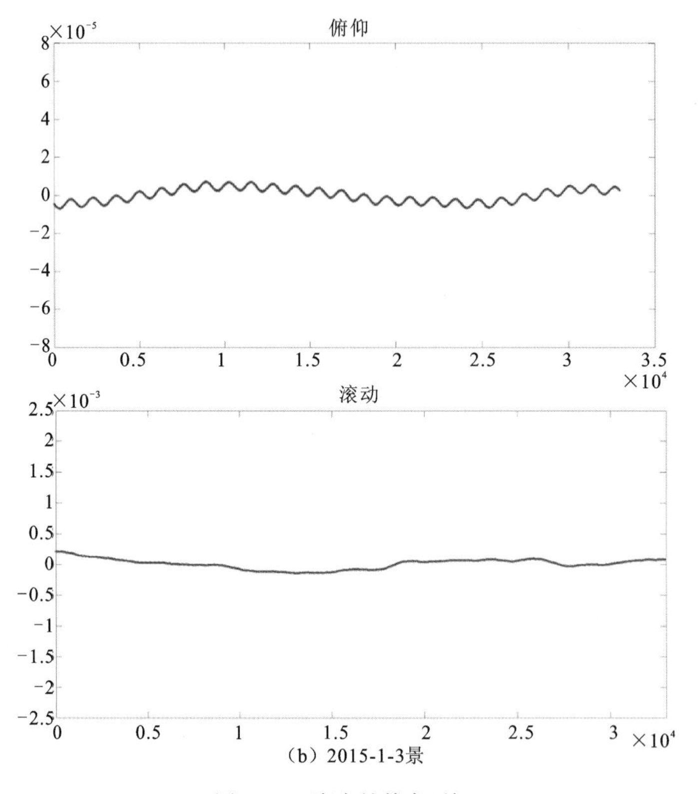

(b) 2015-1-3景

图 4.29 姿态补偿角(续)

采用补偿后的姿态数据,生成遥感 6A 号云南两景的无畸变影像(第 5 章)。无畸变影像去除了原始影像相邻 CCD 间的重叠及沿轨错位,实现了无缝拼接。

采用抖动恢复后的姿态数据,基于无畸变影像生成方法有效地消除了图像中由于抖动造成的"弯曲"变形;但该方法对高频误差的恢复精度依赖于平行观测同名点的提取密度及精度,考虑不同区域纹理、辐射等差异对同名点提取的影响,利用该方法恢复的高频误差可能存在一定的区域差异性,修正后的图像未能达到理想的"直线"特性。

4.7 小　　结

本章研究了基于平行观测的高频误差探测原理及方法流程,得出如下结论:

(1) 平行观测是基于图像分析方法来探测、恢复高频误差的基本观测量。卫星成像时的姿态变化、积分时间调整等均会引起平行观测的改变。因此,平行观测是卫星成像条件变化在图像中的具体表现,这也是利用平行观测探测高频误差的根本依据。

(2) 根据国产现役高分光学卫星载荷特征,在全球 90 m 格网 SRTM-DEM 数据及高精度几何检校参数辅助下,同名点交会误差仅由高频误差引起,可以通过对同名点交会误差进行频谱分析来探测高频误差的频率成分等。因此,高精度在轨几何检校是高频误差探测的基础条件之一。另外,该方法无法探测到频率等于平行观测自身频率(平行观测时间间隔倒数)整数倍的误差。

(3) 根据国产卫星平台特征,识别了引起国产影像高频误差的星上因素:①时间同步误差;②姿轨测量频率、量化精度低;③平台姿态抖动。其中,短时间内的时间同步误差可等效为随机性姿态误差,进一步根据轨道位置误差与姿态误差的等效关系,国产卫星平台的高频误差可仅看成高频姿态误差。

(4) 考虑相邻CCD重叠像素少等特征,提出基于相关系数和最小二乘配准相结合的同名点提取方法;顾及相邻CCD同名点相对位置关系随积分时间等复杂变化的特征,可以采用中值滤波的方法实现误匹配点的剔除。

(5) 同名点交会误差方程是实现高频误差探测的基础方程,考虑严格解求该方程涉及的未知数过多及小交会角下高程交会问题,分析了相对姿态与真实姿态的等效性,可以采用求解相对姿态的方法实现高频误差探测。

(6) 采用资源三号多光谱影像作为试验数据,试验结果验证了基于同名点交会误差来探测高频误差的正确性;同时,试验也表明了该方法的探测精度受到同名点配准精度的限制。

(7) 采用遥感10号、资源一号02C及遥感6A号影像进行了试验。结果表明,采用本章方法能够有效地探测高频误差,提升影像内部精度,其少控制定向精度达到1个像素左右量级,与控制精度相当;且在无畸变模型的基础上,可以得到无畸变影像,消除原始影像由于高频误差等引起的复杂变形。

参考文献

蒋永华. 2015. 国产线阵推扫光学卫星高频误差补偿方法研究,武汉:武汉大学.

蒋永华,张过. 2015. 基于平行观测的高频误差探测. 北京:第三届小卫星技术交流会.

张过,李德仁,蒋永华. 星载光学几何检校软件:2014SR105465.

Algrain M C, Woehrer M K. 1996. Determination of attitude jitter in small satellites//In aerospace/defense sensing and controls, International society for optics and photonics: 215-228.

Amberg V, Dechoz C, Bernard L, et al. 2013. In-flight attitude perturbances estimation: application to PLEIADES-HR satellites. In Proc. SPIE 8866, Earth Observing Systems XVIII, San Diego, CA, USA, Sep: 121-129.

Barker J L, Seiferth J C. 1996. Landsat thematic mapper band-to-band registration. In Proc. Int. Geosci. Remote Sens. Symp., Lincoln, NE, May 27-31: 1600-1602.

Iwasaki A. 2011. Detection and estimation of satellite attitude jitter using remote sensing imagery. Advances in Spacecraft Technologies(13): 257-272.

Iwata T. 2004. Precision attitude and position determination for the Advanced Land Observing Satellite

(ALOS)//In Fourth International Asia-Pacific Environmental Remote Sensing Symposium. Remote Sensing of the Atmosphere, Ocean, Environment, and Space: 34-50.

Jiang Y H, Zhang G, Li D R, et al. 2015. Correction of distortions in YG-12 high-resolution panchromatic images. Photogrammetric Engineering & Remote Sensing, 81(1): 25-36.

Jiang Y H, Zhang G, Li D R, et al. 2015. Improvement and assessment of the geometric accuracy of Chinese high-resolution optical satellites. IEEE Journal of Selected Topics in Applied Earth Observations and Remote Sensing: 4841-4852.

Jiang Y H, Zhang G, Li D R, et al. 2015. Systematic error compensation based on a rational function model for ziyuan1-02C. IEEE Transactions on Geoscience and Remote Sensing, 53(7): 3985-3995.

Jiang Y H, Zhang G, Tang X M, et al. 2014. Detection and correction of relative attitude errors for ZY1-02C. IEEE Transactions on Geoscience and Remote Sensing, 52(12): 7674-7683.

Latry C, Delvit J M. 2009. Staggered Arrays for high resolution earth observing systems//In Earth Observing Systems XIV, Proceedings of the SPIE, 74520-12.

Liu C C. 2006. Processing of FORMOSAT-2 daily revisit imagery for site surveillance. IEEE Transactions on Geoscience and Remote Sensing, 44(11): 3206-3214.

Lussy F D, Greslou D, Gross-Colzy L. 2008. Process line for geometrical image correction of disruptive microvibrations//In International Society for Photogrammetry and Remote Sensing: 27-35.

Matson S, Boyd A, Kirk R L, et al. 2009. Howington-kraus. HiJACK: Correcting spacecraft jitter in HiRISE images of Mars. Proc. Eur. Planet. Sci. Conf., 4.

Shin D, Pollard J K, Muller J P. 1997. Accurate geometric correction of ATSR images. IEEE Transactions on Geoscience and Remote Sensing, 35(4): 997-1006.

Stephane M, Christophe L. 2009. Digital elevation model computation with SPOT5 panchromatic and multispectral images using low stereoscopic angle and geometric model refinement//Geoscience and Remote Sensing Symposium, 2009 IEEE International, IGARSS, 4.

Takaku J, Tadono T. 2010. High resolution DSM generation from ALOS-processing status and influence of attitude fluctuation//In Geoscience and Remote Sensing Symposium (IGARSS), IEEE International: 4228-4231.

Teshima Y, Iwasaki A. 2008. Correction of attitude fluctuation of terra spacecraft using ASTER/SWIR imagery with parallax observation. IEEE Transactions on Geoscience and Remote Sensing, 46(1): 222-227.

Tong X H, Xu Y S, Ye Z, et al. 2015. Attitude oscillation detection of the ZY-3 satellite by using multispectral parallax images. IEEE Transactions on Geoscience and Remote Sensing, 53(6): 3522-3534.

Zhu Y, Wang M, Zhu Q S, et al. 2014. Detection and compensation of band-to-band registration error for multi-spectral imagery caused by satellite jitter. ISPRS Annals of Photogrammetry, Remote Sensing and Spatial Information Sciences(1): 69-76.

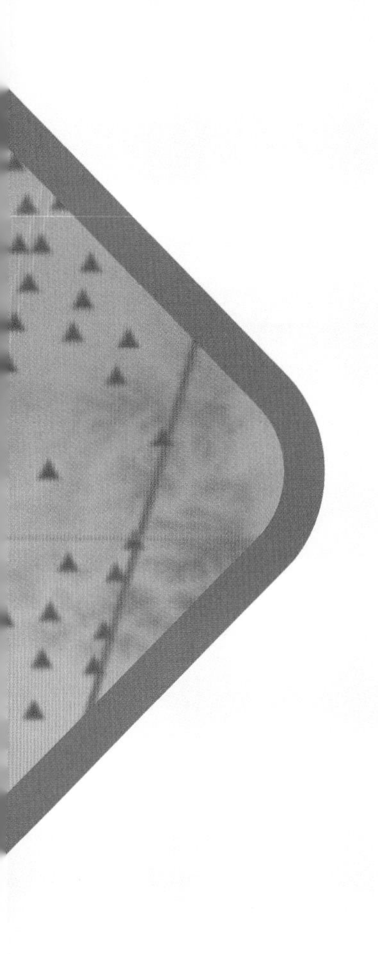

第 5 章

无畸变影像生成方法

线阵推扫式卫星影像在完成在轨几何检校及高频误差探测后，可以得到无畸变的几何定位模型，但是镜头畸变、高频误差等在图像中的影响并未被消除，图像中存在的复杂变形，会降低其后续配准融合等应用效果。本章重点介绍无畸变影像制作虚拟重成像方法，先分析引起光学影像变形的主要原因，然后提出无畸变影像的制作方法，并对虚拟重成像可能引入的平面与高程误差进行了理论分析，在资源三号和遥感 14A 号卫星进行试验评估，验证方法的有效性。

5.1 问题及研究进展

如图 5.1 所示，资源一号 02C 全色及多光谱影像中存在由镜头畸变引起的高阶变形，导致影像边缘无法匹配到同名点，降低其融合产品质量。

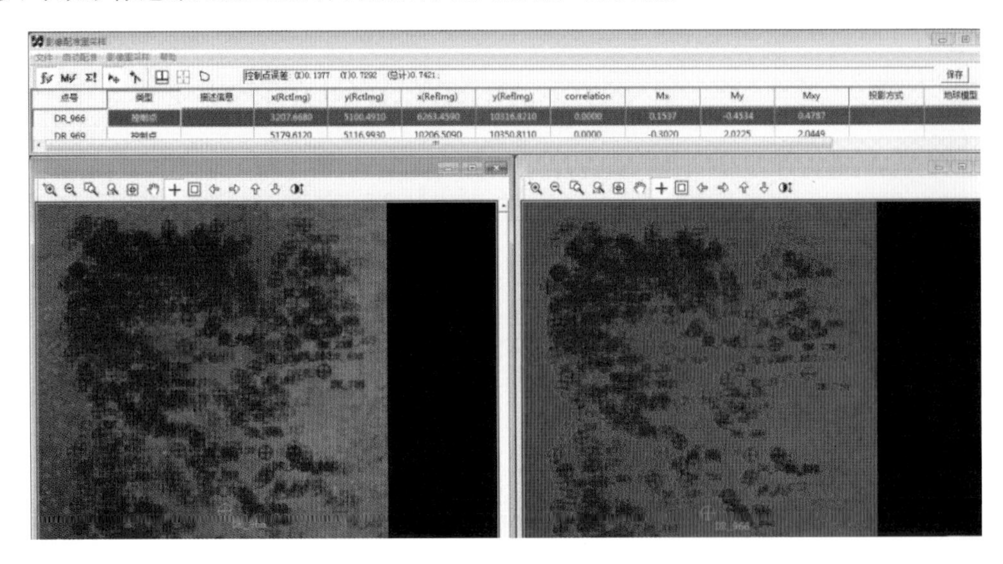

图 5.1 资源一号 02C 全色多光谱影像配准示意图

线阵推扫成像过程中，星上引起影像复杂变形的主要因素包括：①镜头畸变等内方位元素误差，使成像光线偏离理想指向，造成高阶变形；②积分时间跳变，使影像沿轨分辨率发生变化；③姿态抖动导致的成像“扭曲”。如图 5.2 所示，由于卫星成像过程中受到姿态抖动的影响，其获取图像笔直道路发生扭曲。

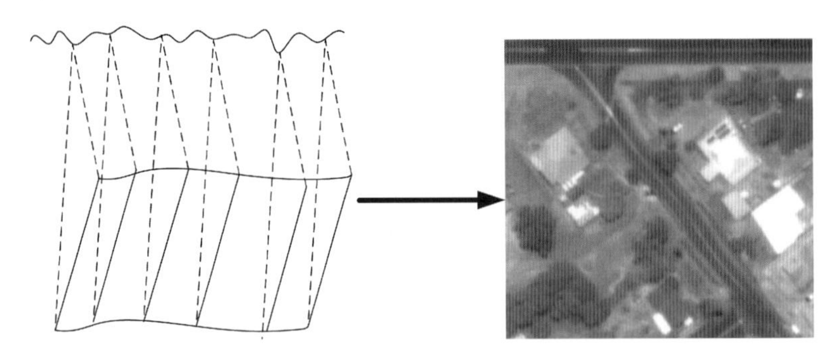

图 5.2 姿态抖动引起的成像“扭曲”

虚拟重成像是利用基于虚拟 CCD 线阵的内视场的拼接方案，在焦平面上构造出无畸变的 CCD 阵列，对原始多个 CCD 成像影像按照线中心投影成像方式进行重采样，生成一张新影像，以实现多个 CCD 成像影像的线中心投影无缝拼接和畸变消除的方法。

国外虚拟重成像方面研究时间不长，在 Z/I Imaging 公司的 DMC(digital modular

camera)相机中得到了应用(Hinz et al.,2000),其将四个小的面阵影像经过虚拟重成像技术生成了一个大的面阵影像,以获得较大的视场角(Tang et al.,2000)。对于星载线阵推扫式传感器而言,DigitalGlobe 公司在其 QuickBird 卫星中率先使用了虚拟重成像技术以实现影像的拼接,此后 ASTRIUM 公司在 Pleiades 卫星也采用了类似的方案(De Lussy et al.,2005)。

国内张过(2011)年提出虚拟重成像概念,并在 ALOS 影像上进行了初步应用试验,在 2012 年应用于资源三号卫星应用系统,在我国线阵推扫式卫星的地面处理系统开始广泛应用。

5.2　虚拟重成像方法

假定存在一台虚拟相机,其平台与真实卫星在近乎相同的轨道位置及姿态同步拍摄相同区域,该相机不受镜头畸变影响且线阵为理想直线,平稳推扫并按恒定积分时间曝光成像,视其获取的影像为无畸变影像。通过建立虚拟相机与真实相机成像几何关系,对真实相机获取的影像进行重采样,即可消除真实影像中的复杂变形。

5.2.1　虚拟相机几何定位模型

构建虚拟相机几何定位模型的关键在于建立其平台轨道、姿态、行扫描时间及内方位元素模型。

由于虚拟相机平台与真实卫星以近乎相同的轨道、姿态进行同步拍摄,且虚拟相机平台平稳运行不受姿态抖动影响;因此,可以通过对真实卫星下传的轨道、姿态离散数据进行多项式拟合,将拟合多项式作为虚拟相机平台的姿轨模型。

而对于行扫描时间,虚拟相机以恒定积分时间对地面曝光成像;假定虚拟相机与真实相机于 t_0 时刻同时开机成像,则对于虚拟相机成像行 l,其成像时间 t 为

$$t=t_0+\tau\cdot l \tag{5.1}$$

其中:τ 为虚拟相机积分时间,可取真实相机的平均积分时间。

通常,由多片 CCD 线阵获取的图像是不连续的,需要通过拼接处理去除相邻 CCD 间的重叠像素及沿轨错位而获取连续图像。而虚拟相机仅含理想直线排列的单片 CCD,其获取图像为连续图像。为使虚拟相机与真实相机获取图像分辨率相近,令虚拟相机与真实相机主距相同。同时,为了降低真实成像光线与虚拟成像光线的指向差异,以真实相机各探元的相机坐标(x_c,y_c)作为观测值,拟合虚拟 CCD 在相机坐标系下的直线方程 $x_c=ay_c+b$,以此作为虚拟相机内方位元素模型。

图 5.3 中给出了四种常见的虚拟 CCD 阵列与真实 CCD 阵列位置关系示意图,分别用于实现单相机多 CCD 拼接、多光谱谱段配准、单星双相机拼接,最终生成无畸变影像。

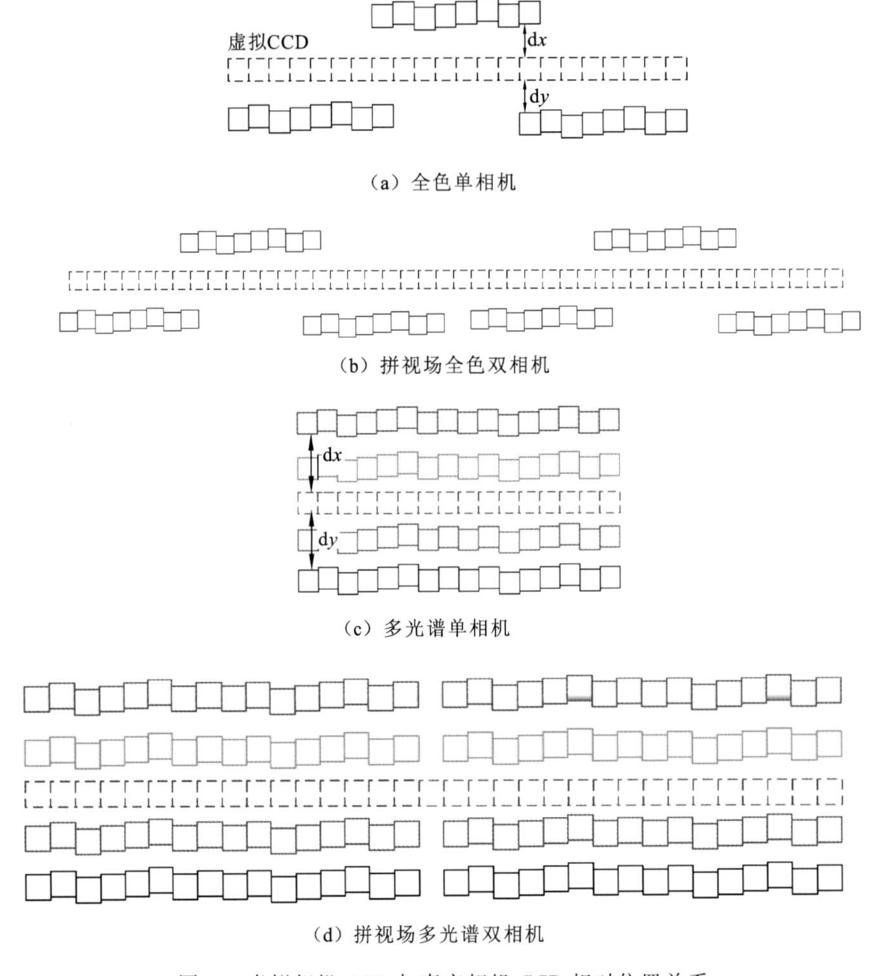

图 5.3 虚拟相机 CCD 与真实相机 CCD 相对位置关系

5.2.2 虚拟重成像技术

由于获取的影像是各个分 CCD 的影像，当利用影像进行进一步处理时，需要为每片 CCD 建立成像几何模型。此外，由于原始 CCD 影像中存在姿态抖动和积分时间跳变，每片影像的 RFM 替代精度较低，将影响最终 DSM 的质量。因此，为保证影像产品的几何精度，需要为每片影像建立严密成像几何模型，这将造成后处理复杂。且各个卫星设计的差异将导致内外方位元素定义差别较大，影响卫星影像的进一步使用。

从本质上来说，影像的拼接是消除影像内畸变中多 CCD 间的错位；而其余的内外畸变都将造成影像编码产品的处理困难，因此需要通过虚拟重成像技术消除影像中存在的内外畸变，制作无内外畸变的传感器校正产品。

基于虚拟 CCD 的重成像技术可以消除影像内畸变。重成像时应用的虚拟 CCD 相机具有以下特点：

（1）不考虑镜头畸变，为理想小孔成像，消除原始影像中的镜头畸变；

（2）虚拟 CCD 是位于焦平面上的单组线状 CCD，消除 CCD 的非线性畸变和原始影像中的多 CCD 拼接畸变；

（3）理想焦平面，消除焦距畸变和 CCD 在焦平面上的倾斜畸变；

（4）像素大小相同，等间隔分布，消除 CCD 像素大小不一；

（5）虚拟 CCD 覆盖各片 CCD 的成像范围，消除 CCD 在焦面上的偏移和旋转等畸变。

为了减小在虚拟重成像过程中引入其他误差，利用在轨几何检校的内方位元素（ψ_x，ψ_y）计算出探元在理想焦平面上的位置（x，y）。将所有探元点的位置作为观测值（x_i，y_i），通过最小二乘算法计算对应像平面上的最优拟合直线 $y=ax+b$，其中 a，b 为未知数，建立观测方程

$$\boldsymbol{v}=\boldsymbol{A}\boldsymbol{x}-\boldsymbol{L},\boldsymbol{P} \tag{5.2}$$

其中

$$\boldsymbol{A}=\begin{bmatrix} x_1 & 1 \\ \vdots & \vdots \\ x_n & 1 \end{bmatrix}_{n\times 2},\quad \boldsymbol{L}=\begin{bmatrix} y_1 \\ \vdots \\ y_n \end{bmatrix}_{n\times 1},\quad \boldsymbol{x}=\begin{bmatrix} a \\ b \end{bmatrix},$$ $\boldsymbol{P}$ 为单位矩阵，n 为探元数。

通过最小二乘算法即可估计出理想直线的位置

$$\boldsymbol{x}=(\boldsymbol{A}^{\mathrm{T}}\boldsymbol{P}\boldsymbol{A})^{-1}\boldsymbol{A}^{\mathrm{T}}\boldsymbol{P}\boldsymbol{L} \tag{5.3}$$

其中：$x\in[x_1,x_n]$。将$[x_1,x_n]$范围的直线进行等间隔分割，每个单元大小即为虚拟 CCD 的探元大小；或者通过规定虚拟探元大小 μ 得到每个虚拟探元在理想焦面上的分布。在此基础上，利用检校的内方位元素计算得到每个虚拟 CCD 探元的指向角

$$\left.\begin{aligned} \psi_x&=\arctan\frac{x-x_0}{f} \\ \psi_y&=\arctan\frac{y-y_0}{f} \end{aligned}\right\} \tag{5.4}$$

其归一化流程如图 5.4 所示。

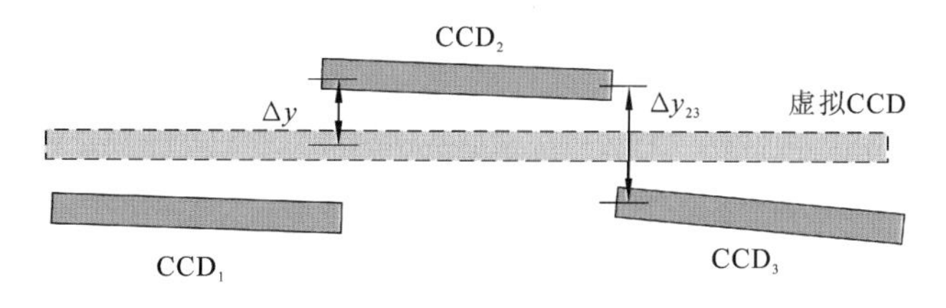

图 5.4　虚拟 CCD 与真实 CCD 分布示意图

基于虚拟 CCD 重成像的同时可以消除外畸变，主要通过以下方式：

（1）通过积分时间归一化，消除积分时间跳变对影像沿轨向分辨率的影响，及对姿态

轨道的非等间隔采样造成的姿态轨道不平滑的影响；

（2）通过对姿态进行低通滤波，消除姿态中因抖动造成的影像扭曲与变形；

（3）通过对轨道数据拟合或者卡尔曼滤波，消除轨道的噪声影响。

由于星上下传数据中不可避免地存在错误，因此需要对数据进行检核、改正。在对积分时间进行改正后，对整轨影像的积分时间进行归一化，计算对应的积分时间间隔 Δt，即影像在整轨之内的积分时间间隔相同，以避免同轨相邻景之间重叠范围内分辨率的不一致。值得注意的是，计算过程需要基于

$$t_i = t_0 + (i-1) \cdot \Delta t \tag{5.5}$$

进行计算，以避免采用累和方式引入舍入误差而造成严重误差。

对姿态的低通滤波是在引入误差和消除影像畸变之间的一种权衡。对于姿态的低通滤波可以通过以下两种方式实现：对姿态数据进行频率域低通滤波和对姿态数据进行多项式拟合。其中，对姿态数据进行低通滤波是在欧拉角的形式下进行，通过设计理想的低通滤波器，对姿态进行滤波处理。处理流程如下：

（1）通过截断频率和姿态采样时间计算滤波器的大小；

（2）通过 Remez 交换算法设计滤波器，或者采用 Butterworth 滤波器等；

（3）对滤波器进行归一化；

（4）对姿态数据进行卷积滤波。

对姿态进行多项式拟合是另一种可选方案，欧拉角的多项式模型在严密成像几何模型中得到较为广泛的应用，一般包括二次多项式模型和三次样条曲线模型等。由于卫星的对地姿态角较小，因此多项式能较好地描述卫星姿态。当卫星提供的是惯性姿态 q 时，则需要进行转换，得到相应的欧拉角 φ, ω, κ。将每个姿态数据当作观测值，通过最小二乘算法求解相应的模型参数。此外，Pleiades 卫星采用了基于四元数的三次多项式作为姿态模型。

从内插轨道与精密轨道的对比可以看出，卫星轨道高度平滑。因此对于星上的预轨数据有两种处理方案：卡尔曼滤波和多项式拟合。基于卡尔曼滤波方法是一种事后定轨方法，基于多项式拟合的方式是通过将预轨的轨道参数当作观测值，建立多项式模型，通过最小二乘法求解相应的轨道模型。若能获取精密定轨数据，可直接通过精密定轨数据的拉格朗日内插得到轨道参数。

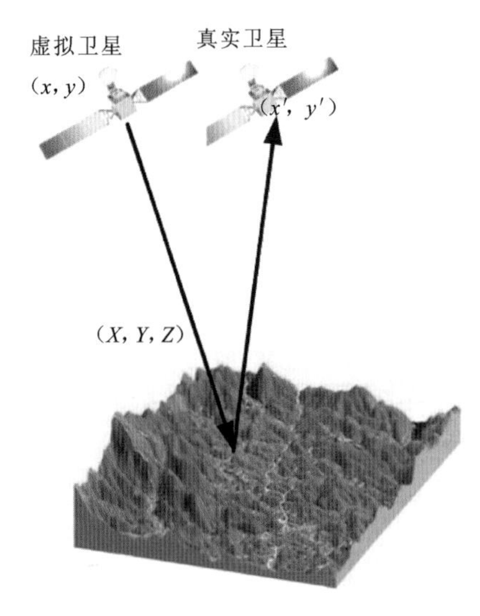

图 5.5　虚拟重成像示意图

5.2.3　虚拟重成像算法

虚拟重成像算法通过建立虚拟相机与真实相机成像几何关系，对真实相机获取的影像进行重采样，得到虚拟无畸变影像，如图 5.5 所示。其算法流程如下：

(1) 构建虚拟相机几何定位模型；

(2) 对无畸变影像上任一像素(x,y)，利用(1)中建立的几何定位模型，计算其对应的地面坐标(X,Y,Z)；

(3) 根据真实相机几何定位模型，将(X,Y,Z)反投到真实影像坐标(x',y')；

(4) 重采样获取(x',y')灰度值，并赋给(x,y)像素；

(5) 遍历无畸变影像上的所有像素，重复(2)～(4)，生成整景影像；

(6) 基于虚拟相机几何定位模型，生成虚拟影像对应的 RPC 文件。

5.3　虚拟重成像引起的误差分析

5.2.3 节论述了虚拟重成像技术可以消除原始影像中的内外畸变，生成无内外畸变的传感器校正产品。本节对虚拟重成像可能引入的误差进行进一步分析。

5.3.1　可能引入误差的原因

在虚拟重成像的过程中，由于成像光线的方向发生变化，地面高程信息的不准确将引入平面误差。当利用虚拟重成像影像进行立体测图时，由于成像光线方向发生变化，造成基高比发生改变，从而引入高程误差。

平面误差和高程误差主要受成像光线方向改变和高程误差大小的影响。成像光线方向发生改变主要由两个因素造成：(1)虚拟 CCD 的探元替代 TDI CCD 的探元时，相对于投影中心在沿轨向成一定夹角；(2)成像时刻卫星的姿态发生变化。而地面高程信息的不准确由两个因素决定：(1)DEM 精度有限；(2)卫星影像定位误差。

5.3.2　平面误差分析

虚拟重成像时，成像光线角度发生变化将造成影像中存在平面误差Δp。平面误差中由虚拟 CCD 替代原始 CCD 成像的部分Δp_v较为固定，而由于姿态角的变化引入的平面误差Δp_a则受到姿态稳定度以及成像时间间隔的影响。

虚拟 CCD 替代原始 CCD 成像造成的平面误差Δp_v由两条 CCD 在焦面上的错位Δy、焦距f和高程误差共同决定。如图 5.6 所示，传感器在t_1时刻沿光线L_1对地面点P成像。当进行虚拟重成像时，虚拟 CCD 与原始 CCD 在焦面上存在错位Δy，如图 3.38 所示。为了保证对地面点P继续成像，影像的成像时刻将变为t_2，此时对应的成像光线为L_3。由于高程信息的不准确，造成高程上存在误差δh，使得成像光线变为L_2。两条光线在物方的位移d与Δy、δh和f的关系由透视几何可得

$$\frac{d}{\delta H}=\frac{\Delta y}{f} \tag{5.6}$$

转换到像方平面误差为

$$\Delta p_v=\frac{d}{\Delta r_y}=\frac{\Delta y}{f}\cdot\frac{\delta h}{\Delta r_y} \tag{5.7}$$

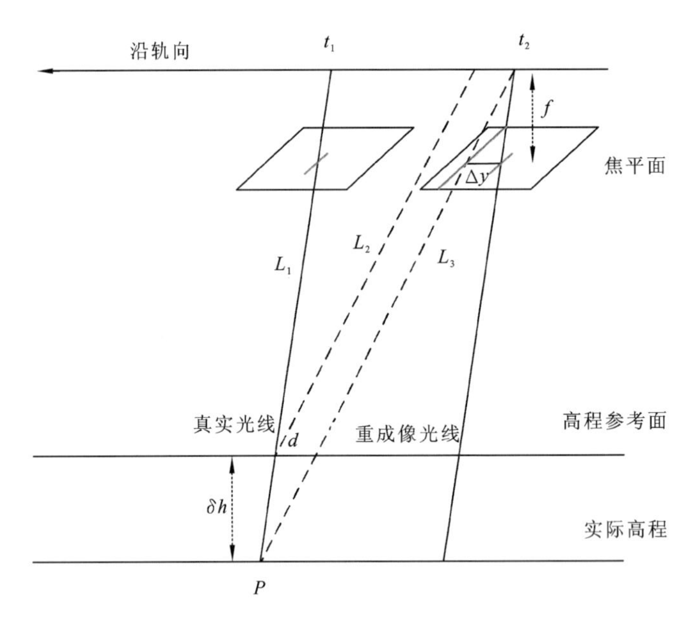

图 5.6 高程不准造成虚拟 CCD 替代原始 CCD 的误差示意图

本质上，式(5.7)推导的是地形起伏引起的投影差在入射角变化时的变化值，即当入射角分别为 θ 和 $\theta+\delta\theta$ 时，带入公式(5.7)有

$$
\begin{aligned}
\Delta p_v &= \frac{dy(\theta+\delta\theta)-dy(\theta)}{\mu} \\
&= \frac{\delta h}{\Delta r_y}\cdot\frac{f\cdot\tan(\theta+\delta\theta)-f\tan\theta}{f}=\frac{\delta h}{\Delta r_y}\cdot\frac{\Delta y}{f}
\end{aligned}
\tag{5.8}
$$

对于单相机视场拼接而言，其主要的误差来源为垂轨向的 CCD 错位 Δy。影响最终拼接影像上错位大小的参数主要由相邻 CCD 之间的 Δy 决定。当影像上的 Δp_v 大于 0.5 个像素时，影像即使通过物方拼接也无法达到目视无缝。

以资源三号为例，其传感器焦距为 1.7 m，沿轨向分辨率为 3.7 m，拼接精度在 4 μm 之内，当高程上出现 786 km 的高程误差时，才会引起 0.5 个像素偏移。因此，基于平均高程参考面的虚拟重成像技术可以实现资源三号全色相机的无缝拼接。而以国内的资源 1 号 02C 为例，其在焦面上的错位约为 2 600 行，每个像素大小为 10 μm，相机焦距为 3.3 m，因此在 150 m 高差时即会出现 0.5 个像素的偏移，造成目视有缝，这种误差值并不随虚拟 CCD 的位置变化而变化。法国的 Pleiades 卫星为了避免这一现象，通过光学拼接的方式将 CCD 在焦面上首尾相接，因此不会出现目视有缝的情况。

对于 x 方向，并不存在由于方向改变而引起投影差的问题。如图 5.7 所示，图中绿色线段为原始 CCD，蓝色线段为虚拟 CCD。重成像时，实际成像光线（红色实线）与虚拟成像光线（红色虚线）在 $S_cY_cZ_c$ 面上的投影夹角相同，因此不存在成像光线方向的改变，不会引入平面误差。但由于存在像素位置的重新规划，因此会改正原始影像中的畸变。

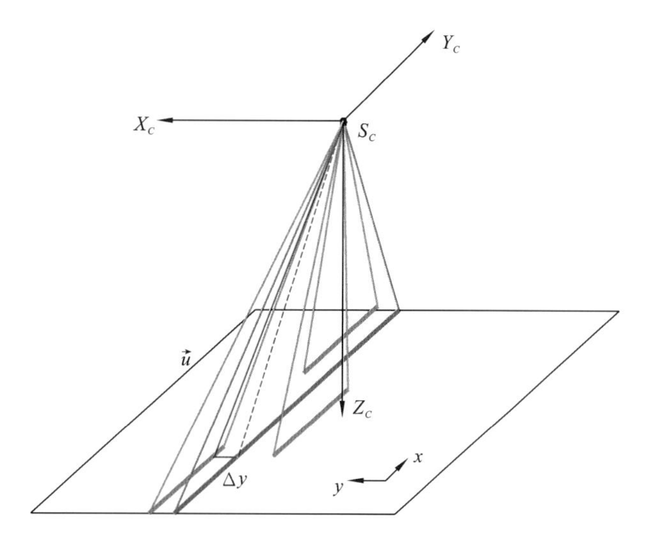

图 5.7 垂轨方向虚拟重成像时角度变化示意图

5.3.3 高程误差分析

利用线阵推扫式传感器构建立体模型时，主要有同轨立体和异轨立体两种方式。其中，同轨立体的高程精度由俯仰角决定，异轨立体的高程精度由滚动角决定。而虚拟成像时，由于成像光线的方向发生变化，造成基高比发生变化。

如图 5.8 所示，当两个相机从不同角度同时对地面点 C 成像时，由于重成像时投影到高程参考面上，成像点分别为 A 和 B，其中 A 和 B 之间距离为 b。虚拟光线与真实光线间的方向变化 $\Delta\alpha$，$\Delta\beta$，以及高程参考面高程差异 δh 引起虚拟光线交会点与地面点C 之间存在交会误差 Δh。此时两条光线的入射角分别为 α 和 β，则可以建立基高比与下视角的对应关系：

$$\tan\alpha+\tan\beta=\frac{|AD|}{|CD|}+\frac{|BD|}{|CD|}=\frac{b}{\delta h} \tag{5.9}$$

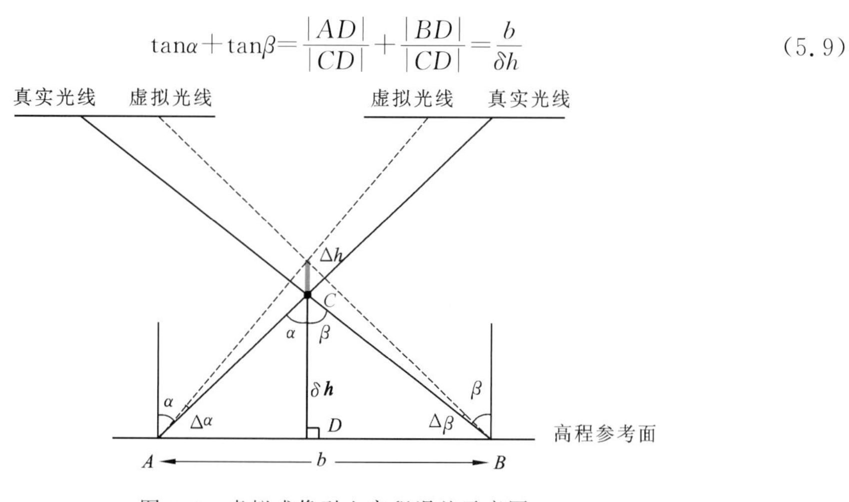

图 5.8 虚拟成像引入高程误差示意图

可见，高程是关于基线与入射角的函数

$$\delta h=\frac{b}{\tan\alpha+\tan\beta} \tag{5.10}$$

分别对 α 和 β 求偏导，则有

$$\Delta h=\delta h\frac{\sec^2\alpha\cdot\Delta\alpha+\sec^2\beta\cdot\Delta\beta}{\tan\alpha+\tan\beta} \tag{5.11}$$

综上所述，引起虚拟重成像中高程误差的主要因素是高程参考面误差 δh、相机倾角 α、β 以及角度变化值 $\Delta\alpha$、$\Delta\beta$。内畸变的消除过程将会造成图像在沿轨向出现角度的变化，外畸变的消除过程将同时造成俯仰角和滚动角发生变化，因此对同轨立体影响较大。

对于资源三号而言，高程误差主要受俯仰角的影响。资源三号卫星前后视相机的 α，β 角均约为 22°，同时考虑俯仰角滤波和重成像的影响，当高程参考面高程误差为 1 000 m，重成像引起的高程误差为 1.18 cm，对于资源三号前后视沿轨向 3.7 m 的分辨率来说，此误差可忽略。

5.4 单相机无畸变影像资源三号应用试验

5.4.1 试验数据介绍

采用河北安平地区和河南登封地区的数据对资源三号传感器校正产品的精度进行分析和评估。其中河南登封地区的数据覆盖开封以西的登封市地区，该景影像覆盖嵩山的太室山和少室山，最高点海拔约 1 500 m，而影像上部分黄河区域为最低点，海拔约 30 m。登封数据获取时间为 2012 年 2 月 8 日。

登封地区的地面控制数据为检校场数据。尽管该地区有大量控制点，但由于这些控制点原本是针对 0.2 m 的航空影像数据布设的，应用于 3.7 m 分辨率的资源三号前后视全色数据时，大量控制点无法识别，可准确识别的控制点仅 36 个。控制点通过连续运行参考基站（continuous operational reference system，CORS）测量获取，精度优于 0.1 m。这些控制点在影像的平面和高程上均匀分布，分布图如图 5.9 所示，图中白色三角形为控制点，所有控制点通过单景影像人工量测得到。

为验证 DEM 精度，在嵩山地区覆盖有高精度 DEM 和 DOM，满足 1∶5 000 测图精度，为嵩山检校场的建设成果，其通过 ADS 40 获取。其覆盖范围如图 5.9 白线范围所示，三维透视图如图 5.10 所示，该地区包含了平地、丘陵以及高山地等多种地形，能较好地评估最终 DEM 的精度。

河北安平地区为典型的华北平原地区，高程起伏较小，仅 6～49 m，最高点在影像西部，数据获取时间为 2012 年 2 月 18 日。安平地区量测了 574 个地面控制点。该地域为农田区域，缺少大量稳定地物作为控制点，通常选择道路交叉口。然而，因外业测量员将很大一部分控制点布设到农田的角点处，导致这些控制点尽管在地面上容易辨识，但在全色影像上却无法准确刺点。由于角点处的模糊现象会使得角点的位置不准确，在删除识别

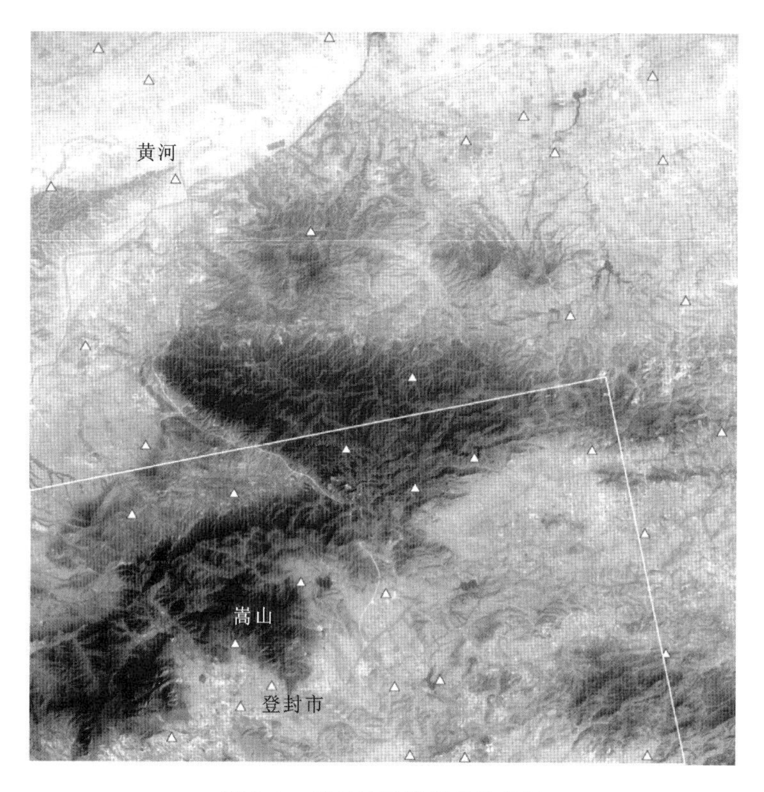

图 5.9　登封地区控制点分布图

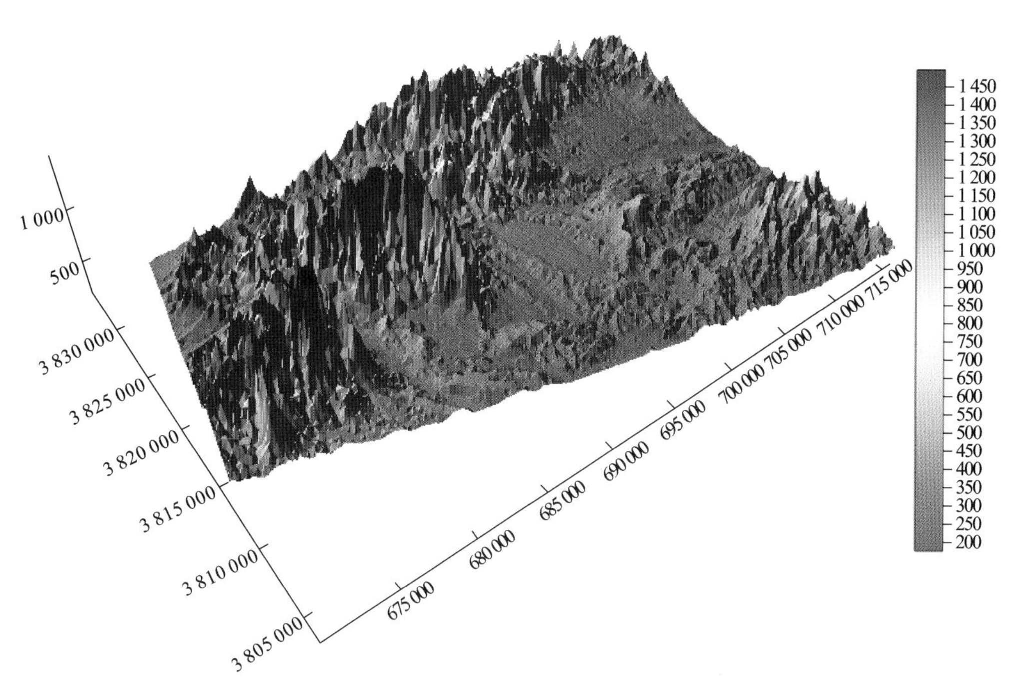

图 5.10　嵩山检校场参考 DEM 三维透视图

不准确的控制点后，剩余474个控制点，如图5.11所示。控制点均通过差分GPS测量获取，测量精度优于10 cm。

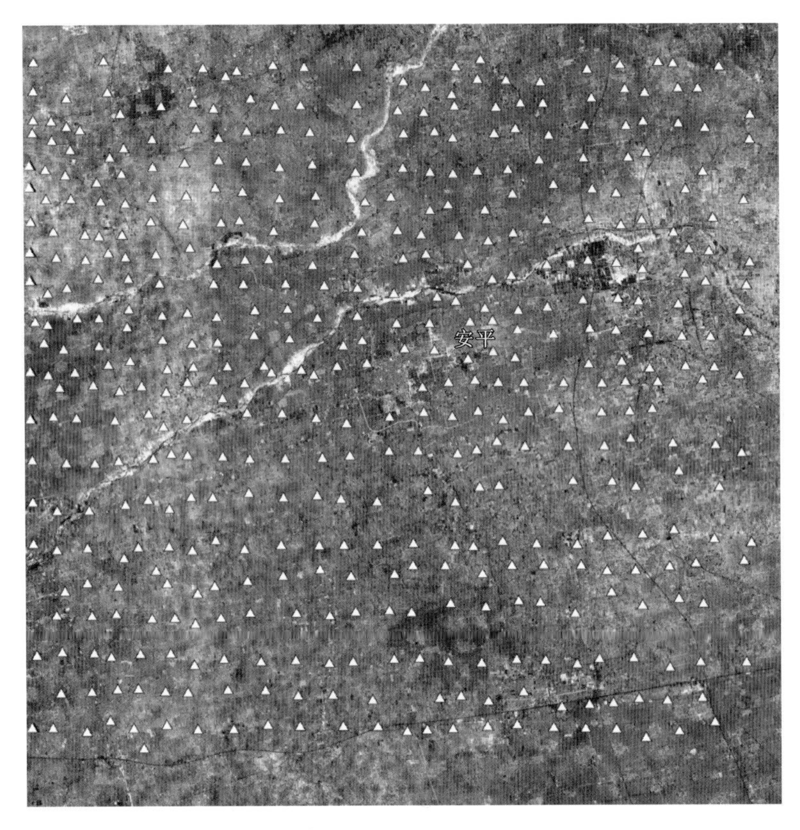

图5.11 安平地区控制点分布图

5.4.2 RFM替代精度验证

虚拟重成像过程消除了影像中存在的内外畸变，因此传感器校正产品的RFM替代精度较高。安平和登封地区资源三号三线阵数据的RFM替代精度如表5.1所示。

表5.1 安平、登封地区传感器校正产品有理多项式模型替代精度(单位:像素)

地区	影像	精度类型	X		Y		平面	
			最大值	中误差	最大值	中误差	最大值	中误差
安平	前视	控制点	1.63e-4	6.81e-5	4.10e-3	1.45e-3	4.11e-3	1.45e-3
		检查点	2.50e-4	7.12e-5	5.40e-3	1.55e-3	5.40e-3	1.55e-3
	下视	控制点	−1.23e-3	4.62e-4	1.11e-3	2.82e-4	1.64e-3	5.41e-4
		检查点	−8.91e-4	4.29e-4	8.95e-4	2.66e-4	1.25e-3	5.05e-4
	后视	控制点	3.80e-4	1.60e-4	1.81e-3	5.08e-4	1.84e-3	5.33e-4
		检查点	−5.56e-4	1.68e-4	2.44e-3	5.66e-4	2.50e-3	5.91e-4

续表

地区	影像	精度类型	X		Y		平面	
			最大值	中误差	最大值	中误差	最大值	中误差
登封	前视	控制点	1.24e-3	5.33e-4	−2.36e-3	8.99e-4	2.65e-3	1.04e-3
		检查点	1.83e-3	5.59e-4	−3.08e-3	9.44e-4	3.57e-3	1.10e-3
	下视	控制点	−2.26e-4	8.09e-5	−5.55e-4	1.13e-4	5.86e-4	1.39e-4
		检查点	−1.61e-4	7.42e-5	−4.40e-4	1.05e-4	4.58e-4	1.29e-4
	后视	控制点	−7.22e-4	3.12e-4	−1.44e-3	4.46e-4	1.61e-3	5.45e-4
		检查点	1.07e-3	3.28e-4	−1.89e-3	4.79e-4	2.17e-3	5.80e-4

从表 5.1 中可以看出，RFM 替代最大误差优于 0.006 个像素，中误差优于 0.002 个像素。对于摄影测量处理而言，该误差可以满足处理精度要求。然而，即使消除了外畸变，目标本身的畸变，如地球曲率、地图投影畸变等并未在影像中消除，因此当影像长度增加时，RFM 替代精度将降低。选河北太行山地区的 305 轨和 381 轨两轨数据制作条带影像产品，其中 305 轨覆盖标准 7 个标准景的地面范围，381 轨覆盖标准 12 标准景的地面范围，其 RFM 替代精度如表 5.2 所示。

表 5.2　条带产品有理多项式模型替代精度表(单位:像素)

轨道号	影像	类型	X		Y		平面	
			最大值	中误差	最大值	中误差	最大值	中误差
305 轨	前视	控制点	3.68E-02	1.06E-02	5.85E-02	1.83E-02	6.85E-02	2.12E-02
		检查点	3.91E-02	1.06E-02	6.24E-02	1.84E-02	7.31E-02	2.12E-02
	下视	控制点	8.43E-02	2.30E-02	1.74E-02	5.35E-03	8.60E-02	2.37E-02
		检查点	8.12E-02	2.27E-02	1.67E-02	5.29E-03	8.28E-02	2.33E-02
	后视	控制点	4.14E-02	1.17E-02	8.00E-03	2.26E-03	4.18E-02	1.19E-02
		检查点	4.40E-02	1.17E-02	7.45E-03	2.25E-03	4.45E-02	1.19E-02
381 轨	前视	控制点	2.16E-02	3.67E-03	−7.40E-02	2.21E-02	7.71E-02	2.24E-02
		检查点	2.06E-02	3.64E-03	7.49E-02	2.21E-02	7.51E-02	2.24E-02
	下视	控制点	−7.82E-02	1.86E-02	1.26E-02	3.63E-03	7.92E-02	1.90E-02
		检查点	7.81E-02	1.86E-02	−1.25E-02	3.63E-03	7.89E-02	1.89E-02
	后视	控制点	7.05E-03	1.16E-03	−8.86E-02	2.58E-02	8.88E-02	2.58E-02
		检查点	6.81E-03	1.17E-03	−8.51E-02	2.54E-02	8.53E-02	2.55E-02

选取 381 轨三线阵传感器作为试验对象，分析 RFM 替代精度随轨道长度增加的变化，其检查点的中误差变化示意图如图 5.12 所示。从图中可以看出，前、后、下视影像的检查点 x,y 方向的中误差随轨道长度增加呈现指数级增长的趋势，其中前后视相机的 y 方向的中误差大于 x 方向的中误差，而下视相机的 x 方向的中误差要大于 y 方向的中误差。

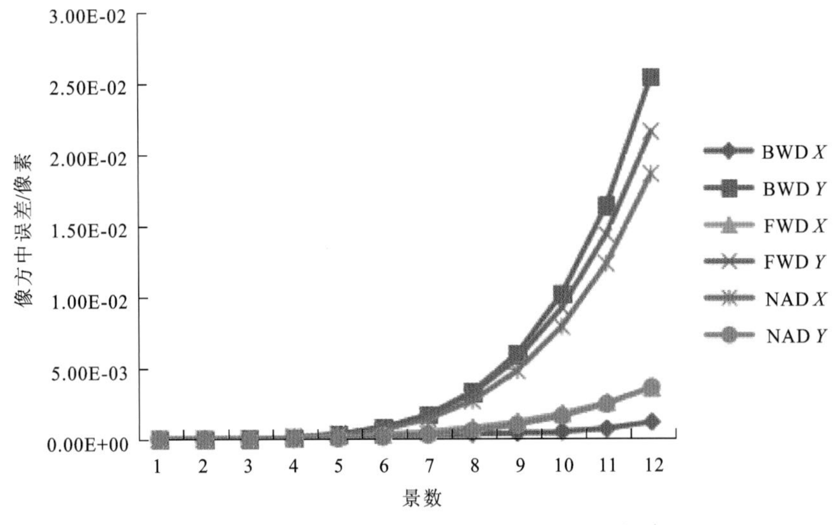

图 5.12 RFM 检查点中误差随景数变化示意图

5.4.3 传感器校正产品立体平差

当影像内部精度较高时，基于少量的控制点即可改正模型中的误差。本节将基于上述试验数据中的控制点对影像的精度进行验证。试验包含以下两部分：基于不同控制点数的区域网平差和两线阵与三线阵对比试验。

登封地区资源三号三线阵数据无控制点，即将所有控制点当作检查点进行平差时，检查点中误差平面为 10.10 m，高程为 1.88 m。残余误差分布如图 5.13 所示，从图中可以看出影像中的残余误差呈现系统性，即影像右边误差较大，左边误差较小；误差方向指向左上角，从右向左呈现逆时针变化。

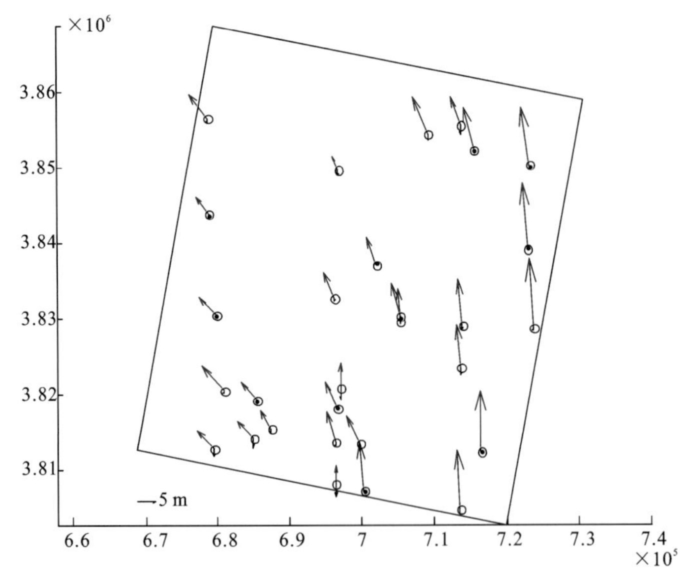

图 5.13 登封地区无控制点区域网平差残余误差示意图

当影像四角点布设控制点、其余点用作检查点时，检查点中误差平面为 2.60 m，高程为 1.58 m。残余误差示意图如图 5.14 所示，残余误差呈现随机性。其中影像左下角部分误差较大是由于该地区为山区、规则地物较少引起控制点的精度较其他控制点差。

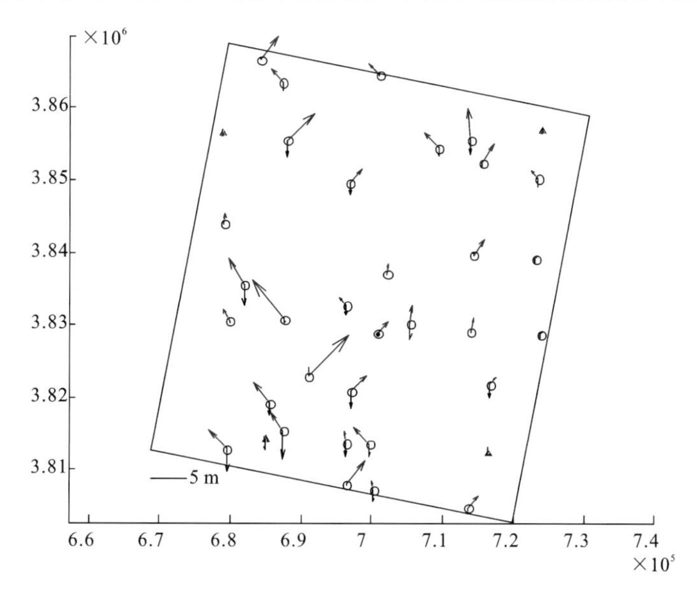

图 5.14　登封地区四角点布设控制点区域网平差残余误差示意图

安平地区有大量控制点，为了减弱控制点选择误差的影响，采用四角双点布控方案。无控平差时，平面精度为 15.11 m，高程精度为 8.30 m，误差分布如图 5.15 所示。误差呈现明显的系统性，误差大小一致，平面误差方向指向影像右上角，高程误差指向朝上。

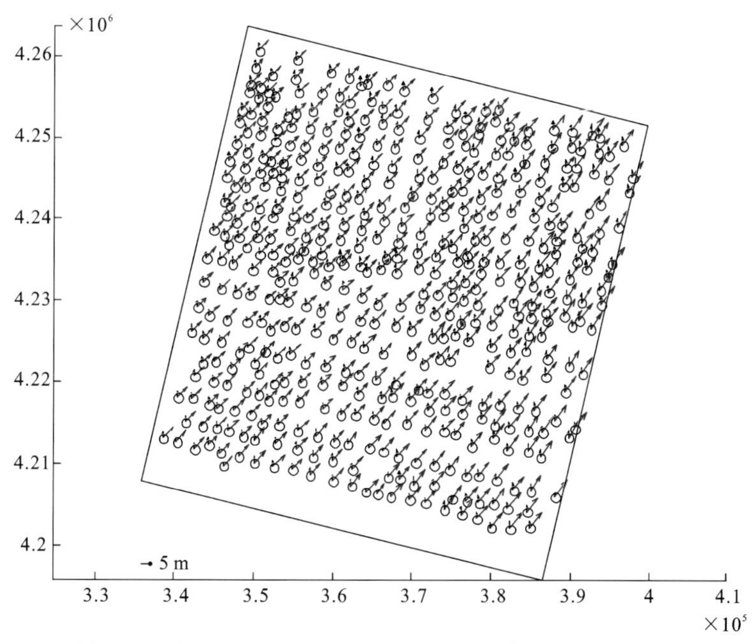

图 5.15　安平地区无控制点区域网平差残余误差分布示意图

当影像四角点布设控制点时，其平面中误差为1.78 m，高程中误差为1.46 m，误差分布如图5.16所示。相对于影像下半部分，上半部分检查点残差较大，主要原因是两批控制点由不同的外业队伍测量得到。尽管都采用了差分GPS测量获取控制点，但两支队伍选取的地面目标有所差异。其中，影像上部区域的大部分控制点选取在道路或田块的角点处。由于成像过程中的模糊效应，引起这类控制点的像方选点精度不够。

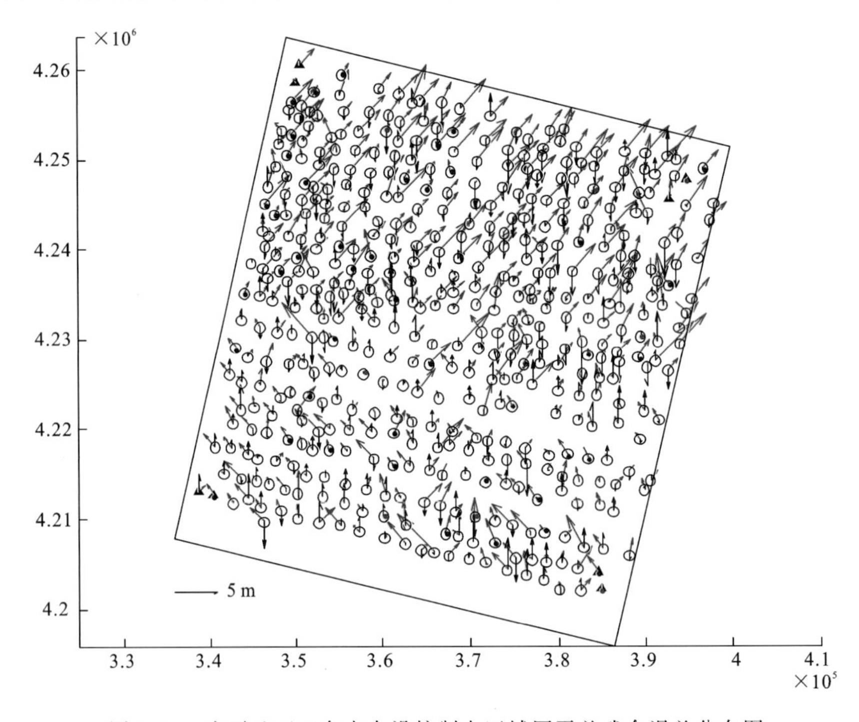

图5.16　安平地区四角点布设控制点区域网平差残余误差分布图

针对两线阵平差试验，登封地区两线阵平差检查点中误差平面为2.88 m，高程为1.66 m，误差分布如图5.17所示。对比图5.14和图5.18可以发现，两者方向上几乎相同，大小有所不同。对于安平地区，相同的现象也在图5.18中体现。此时，平差检查点中误差在平面上为2.44 m，高程上为1.60 m。

相比于前后视构成的两线阵立体，三线阵立体平面上增加了多余观测，且由于下视相机的分辨率要高于前后视，平面精度将得到显著提高。而高程精度主要受基高比和像点量测精度的影响。资源三号卫星前后视相机主光轴在沿轨向与下视方向的夹角为±22°，故同一地区前后视影像的基高比为0.88。假设控制点在影像上量测误差为0.3个像素，而立体像对上像点量测不相关，则高程理论精度为

$$h_e=\frac{\sqrt{2}\cdot y_e\cdot \Delta r}{B/H}=1.78(\mathrm{m}) \tag{5.12}$$

从上述试验结果可以看出，高程精度水平与理论值相当。

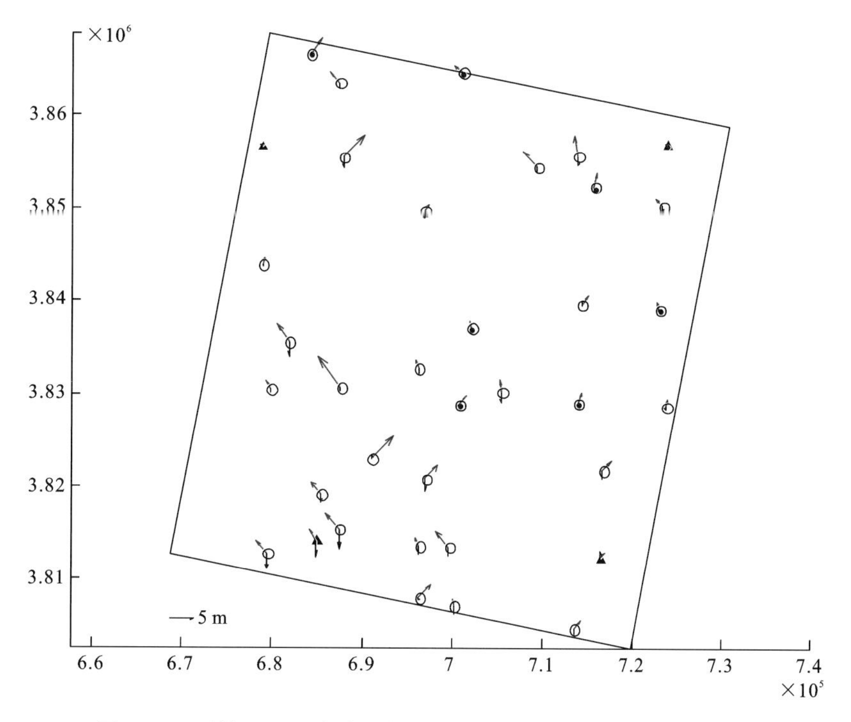

图 5.17　登封地区两线阵四角点布控区域网平差残余误差示意图

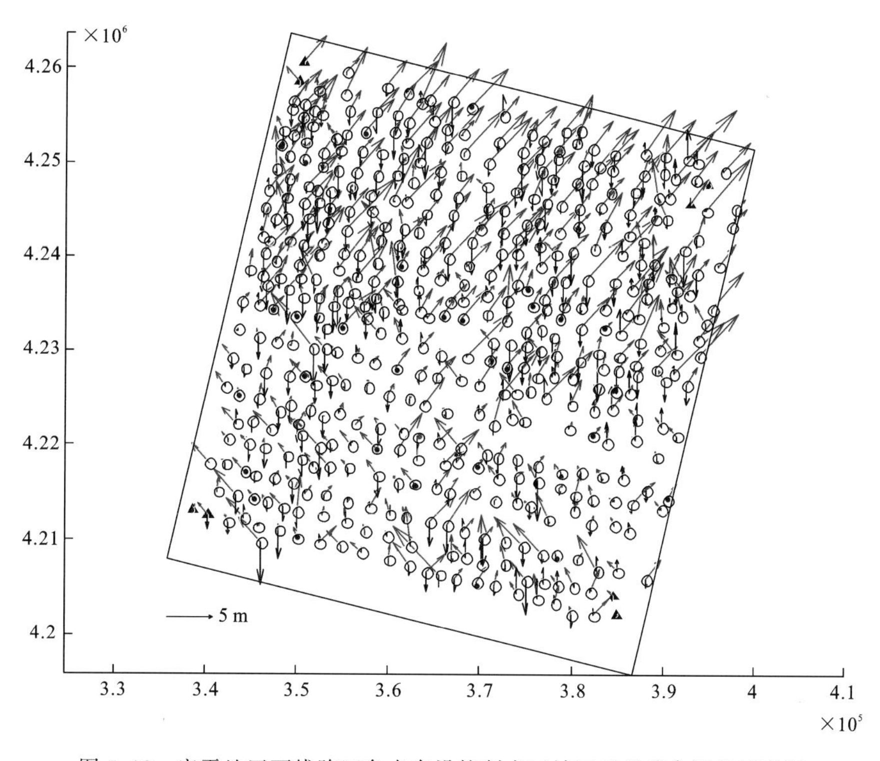

图 5.18　安平地区两线阵四角点布设控制点区域网平差残余误差示意图

5.4.4 DSM 精度验证

登封地区资源三号测绘卫星 DSM 利用商业软件像素工厂(pixel factory)对平差后的三线阵立体影像进行密集匹配后生成得到。区域网平差采用的控制点分布如图 5.9 所示,平差后检查点中误差平面为 1.78 m,高程为 1.46 m。像素工厂通过多个立体像对进行匹配,将各个立体像对制作的 DSM 进行融合,最终得到 10 米采样间隔的 DSM,该 DSM 未经过人工编辑。基于三线阵制作的 DSM 由于添加了下视影像,因此其结果要比两线阵的更加可靠。通过资源三号测绘卫星与 IRS-P5 的比较也可以看出,在融合三线阵的 3 个 DSM 过程中其剔除了误匹配点,因此 DSM 噪声较小。

制作的 DSM 如图 5.19 所示,该 DSM 较好的描述了地形,包含了丰富的纹理,可以看到黄河流域的沟壑,定量描述能力可以与 0.5 m 的 DEM 进行比较。由于未经过人工编辑,因此存在匹配的粗差点。为了避免水体等的影响,在参考 DEM 和资源三号 DSM 的公共区域选取三个测试区域,分别覆盖平原(测试区 2)、丘陵(测试区 1)和山地(测试区 3),其中,测试区 3 覆盖嵩山北部区域。

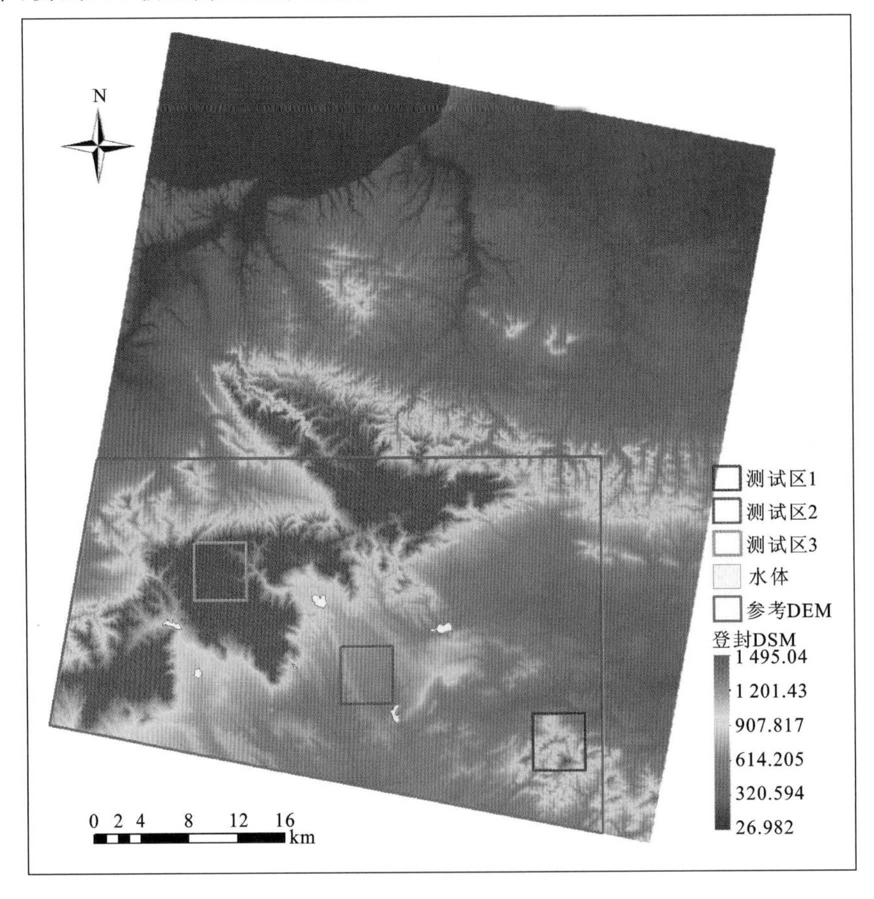

图 5.19 资源三号登封地区 DSM 示意图

在将 DSM 与参考 DEM 相减之前，需将参考 DEM 采样到 10 m 分辨率，三个测试区的高程差值图分别如图 5.20、图 5.21 和图 5.22 所示。从图中可以看到三个测试区域的差值的范围有所不同，其中区域 1 的差值为 −42～57 m，测试区 2 的差值范围为 −131～150 m，测试区域 3 的高程差值范围为 −71～83 m。

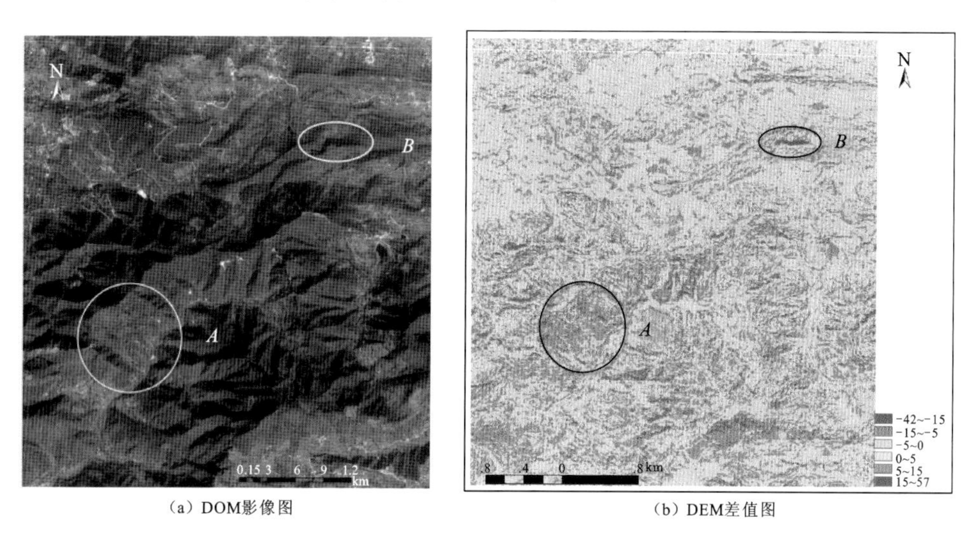

(a) DOM影像图　　(b) DEM差值图

图 5.20　测试区 1 的 DOM 示意图和 DSM 差值图

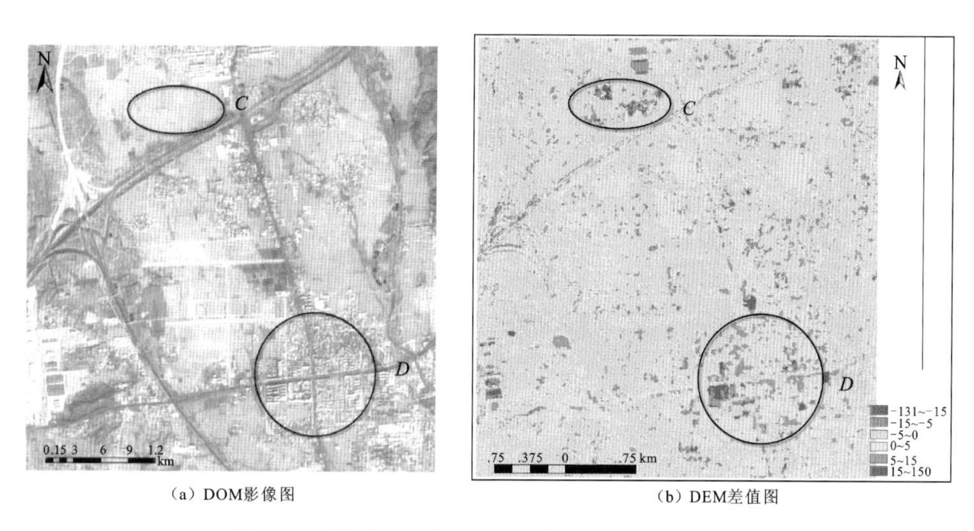

(a) DOM影像图　　(b) DEM差值图

图 5.21　测试区 2 的 DOM 示意图和 DSM 差值图

DSM 和参考 DEM 的高程差值的直方图如图 5.23 所示，以间隔 5 m 进行统计，纵坐标表示差值的频率。图中仅考虑±32.5 m 内的差值，其他的误差值主要由匹配粗差点引起，因此剔除。对于测试区 2，其主要的误差(66.8%)在 −2.5～2.5 m 的范围内，平均值为 −0.6 m，标准差为 3.9 m，中误差为 3.9 m。测试区 1 的平均差值为 −1.8 m，中误差为 6.4 m；测试区 3 的差值的均值为 −3.1 m，中误差为 6.8 m。

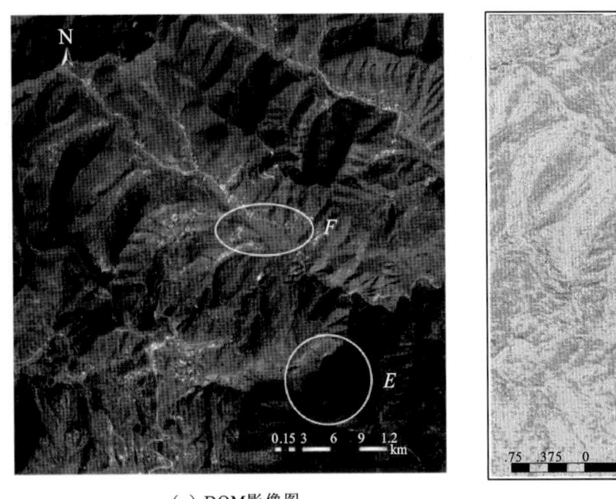

(a) DOM影像图 (b) DEM差值图

图 5.22 测试区 3 的 DOM 示意图和 DSM 差值图

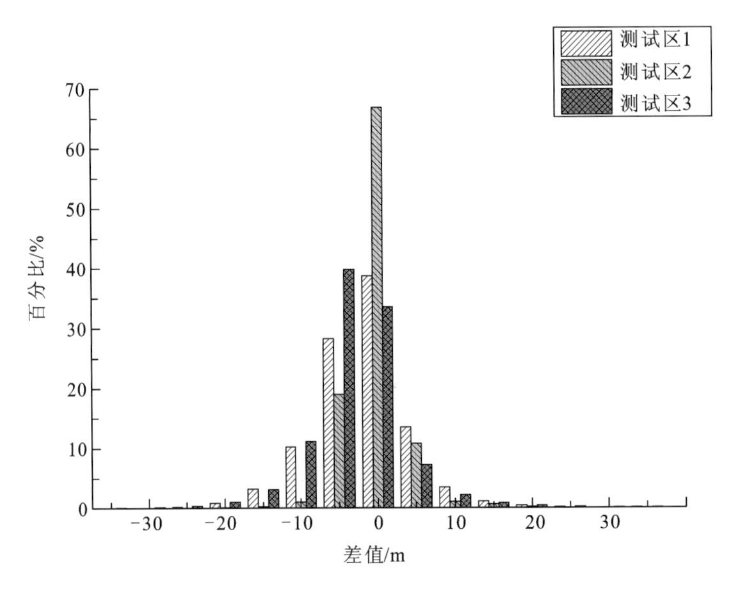

图 5.23 三个测试区的高程差值图的频率直方图

DSM 的差值主要由以下几方面因素引起：

(1) 地形相关的差值可以从图 5.20、图 5.21、图 5.22 的 A,B,E 和 F 中发现。区域 A 覆盖了山区的南部区域，区域 F 覆盖了山谷，区域 B 和区域 E 覆盖了山的北部区域。F 区域的大部分误差在 −5 m 到 0 m 之间，与平原区域类似，而区域 A 的差值在 −15 m 到 −5 m 之间。区域 B 和区域 E 表现了不同的误差形式，其差值为正值，且在陡峭区域差值更大。引起这一现象的主要原因是：①陡峭的地形引起更大的畸变，在极端的情况下，会引起遮蔽现象；②阴影部分会降低影像的信噪比，上述两个原因都将引起匹配精度的降低；③即使在匹配精度相同的情况下，陡峭的地形也将产生更大的误差。

（2）受地表植被和建筑物的影响，DSM的高度理论上比参考DEM更高。如区域D所示，建筑区域要高于其他地方。而对于测试区1和测试区3，需要考虑树木的影响。

（3）水域、雪覆盖区和云块等区域需要剔除，主要是因为其纹理不稳定、信噪比低导致匹配不稳定。相应的，如区域C中裸露地等纹理不清晰的区域也存在误匹配。

（4）DSM通过物方不规则内插得到，内插过程中不可避免会引入误差，特别是高起伏区域。而参考DEM的分辨率更高，使得其受周围地形影响较小，内插精度更好。

5.4.5　多光谱谱段配准

为了验证传感器校正产品进行谱段配准的可行性，选取登封地区数据进行验证。试验区域范围示意图如图5.24所示，该区域位于登封市南部区域。影像获取时间为2012年2月3日，当地时间11时。影像大小为2 000×2 000像素，从传感器校正产品上截取正方形区域，该区域的左上角点为(1 500,1 500)，右下角点为(3 500,3 500)，覆盖了第1片CCD与第2片CCD的拼接处。

图5.24　登封地区多光谱波段配准试验区

从图5.24中可以看到，CCD之间不存在明显的拼接误差，保证了影像的目视无缝。为了进一步评估影像中存在微小畸变，采用COSI-Corr软件对多光谱影像进行波段间配准。该软件基于相位相关的方式对影像进行配准，在基于全局表现的扩展模式的情况下，基于32×32窗口的影像的最大不确定仅仅只有1/200个像素，完全可以用来估计影像中的残余畸变和拼接误差。

试验中窗口大小为32×32，步长为16×16，迭代次数为2次，掩膜阈值为0.9。该方法将同时估计波段间在沿轨向、垂轨向的偏移值，以及相应的信噪比。由于影像波段间光谱响应的差异，波段间的辐射特性并不完全相同。为了尽可能得到较高的信噪比，试验中将相邻波段进行匹配以评估多光谱影像的波段配准精度，即将完成三个匹配对：波段 1 和波段 2、波段 2 和波段 3、波段 3 和波段 4。

对波段间的配准误差统计了相应的直方图。其中，图 5.25 为波段 1 和波段 2 之间的配准误差分布图：(a)为东西向，即垂轨向；(b)为南北向，即沿轨向。在剔除匹配错误点，即配准误差超过 2 个像素的点后，东西向配准误差的均值为－0.04 个像素，标准差为 0.15 个像素；南北向配准误差的均值为－0.03 个像素，标准差为 0.12 个像素。波段 2 与波段 3 之间的配准误差的统计直方图如图 5.26 所示，(a)为东西向，(b)为南北向。其中东西向匹配误差的均值为－0.05 个像素，标准差为 0.14 个像素，而南北向匹配误差的均值为 0.004 个像素，标准差为 0.11 个像素。波段 3 和波段 4 之间的配准误差的统计直方图如图 5.27 所示，其中(a)为东西向，(b)为南北向。东西向配准误差均值为－0.09 个像素，标准差为 0.17 个像素；而南北向配准误差的均值为－0.12 个像素，标准差为 0.14 个像素。

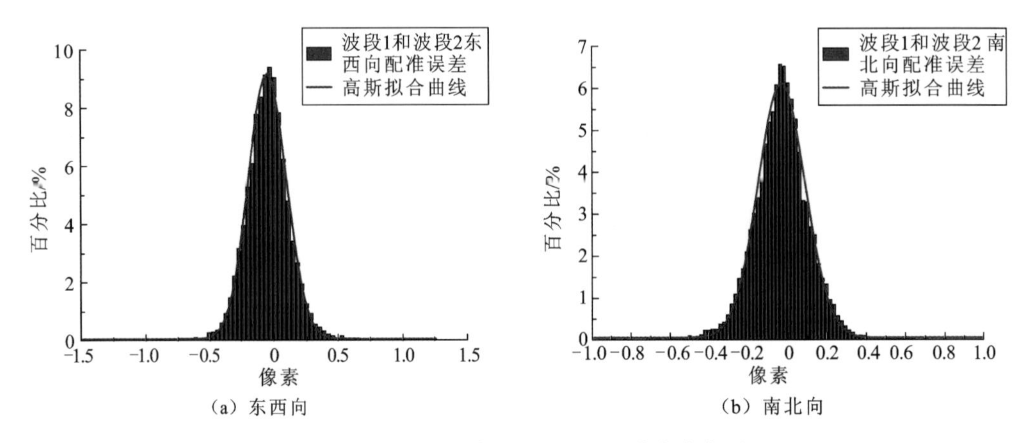

图 5.25　波段 1 和波段 2 配准误差分布直方图

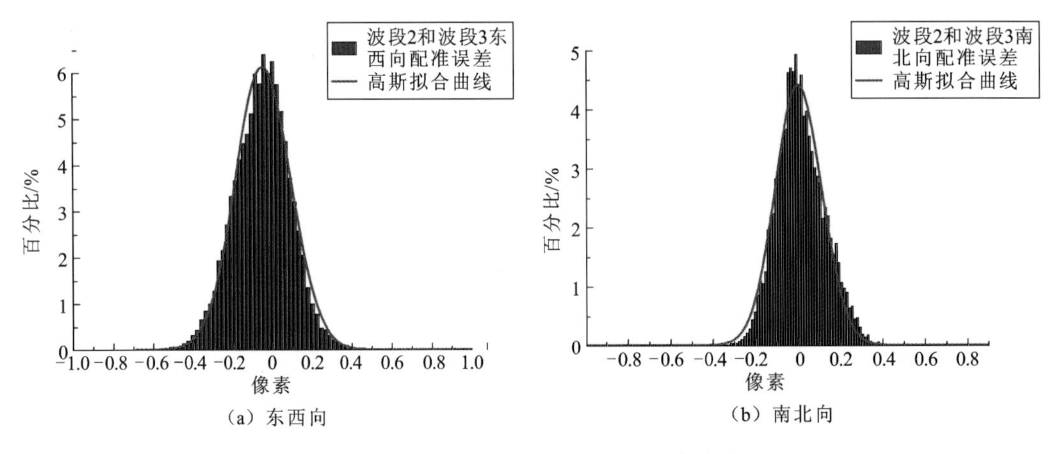

图 5.26　波段 2 和波段 3 配准误差分布直方图

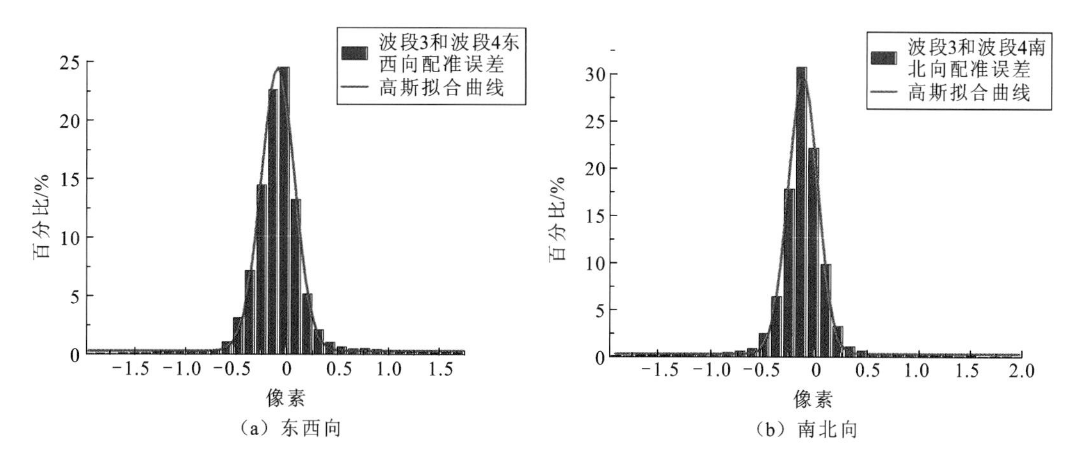

(a) 东西向　　(b) 南北向

图 5.27　波段 3 和波段 4 配准误差分布直方图

试验结果显示，波段 2 与波段 3 的配准误差的标准差最小，波段 1 与波段 2 的配准误差的标准差次之，波段 3 与波段 4 的配准误差的标准差最大，其主要原因是影像配准精度的差异。从图 5.25 可以看出，影像中配准误差的差异主要由姿态误差引起，且姿态抖动对影像的影响应当相近，即波段间的配准精度的标准差应相近。

5.5　双相机无畸变影像生成遥感 14A 号应用试验

5.5.1　试验数据介绍

收集了遥感 14A 号卫星安阳、嵩山、登封、天津区域的 A、B 相机影像。表 5.3 给出了试验影像的具体信息。

表 5.3　试验数据信息表

区域	相机编号	影像编号	成像时间	侧摆角/(°)	最大/平均高程/m
安阳	A	01-01-AY-A	2015-01-01	1.30	188.50/129.50
	B	01-01-AY-B			
嵩山	A	12-16-SS-A	2014-12-16	0.00	491.00/435.00
	B	12-16-SS-B			
登封	A	12-16-DF-A	2014-12-16	6.07	744.00/737.00
	B	12-16-DF-B			
天津	A	11-25-TJ-A	2014-11-25	3.12	125.00/26.00
	B	11-25-TJ-B			

表 5.3 中，安阳、天津试验区地势平坦，最大高差分别为 188 m 和 125 m；而嵩山区域和登封区域则以山地为主，最大高差分别为 491 m 和 744 m。其中，01-01-AY-A/01-01-AY-B 用来进行双相机相对关系定标，定标采用的控制数据为安阳区域 1∶1 000 的 DOM/DEM；而 12-16-SS-A/12-16-SS-B、12-16-DF-A/12-16-DF-B、11-25-TJ-A/11-25-TJ-B 用

来进行双相机拼接验证，对应的控制数据分别为嵩山区域1:5 000的DOM/DEM、登封区域1:2 000的DOM/DEM以及天津区域1:2 000的DOM/DEM；图5.28所示为安阳区域1:1 000的DOM和DEM。

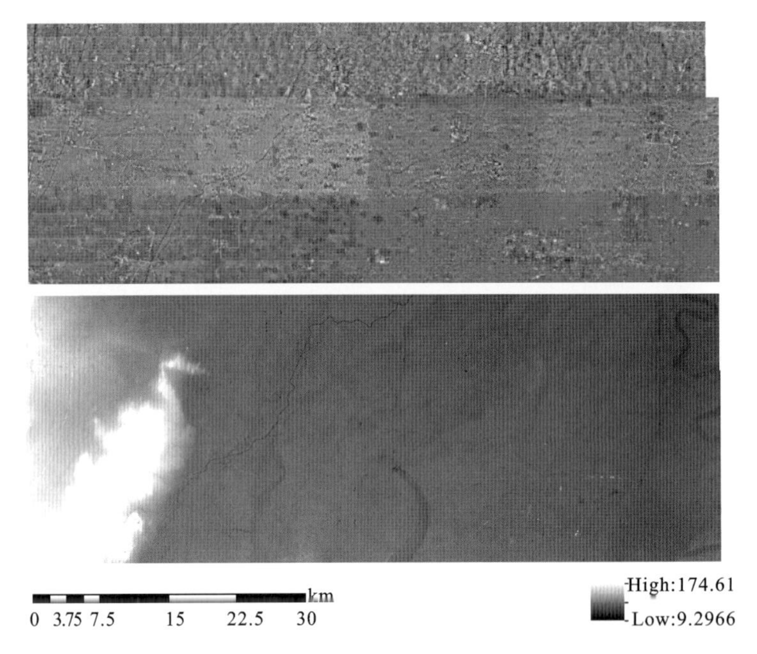

图5.28 安阳区域1:1000的DOM和DEM示意图

5.5.2 双相机相对关系定标

采用高精度配准算法从安阳区域1:1 000 DOM上获取控制点，分别为01-01-AY-A、01-01-AY-B影像得到6 036、12 508个控制点。

利用获取的高精度控制点，同时求解双相机同一偏置矩阵和A、B相机的内方位元素模型参数a_i,b_j(i,$j\leqslant5$)，精度如表5.4所示。

表5.4 双相机定标精度(单位:像素)

精度	行			列			平面
	Max	Min	RMS	Max	Min	RMS	
01-01-AY-A							
a)	33.66	0.00	14.20	159.10	0.00	67.35	68.84
b)	0.48	0.00	0.18	0.64	0.00	0.17	0.25
01-01-AY-B							
a)	37.60	0.00	13.17	145.75	0.00	35.27	37.65
b)	0.42	0.00	0.16	0.86	0.00	0.25	0.30

注：* a)代表求解偏置矩阵后的定位残差，而b)则在a)基础上进一步求解了A、B相机的内方位元素模型参数a_i,b_j(i,$j\leqslant5$)的定位参数。

偏置矩阵主要补偿了姿轨测量系统误差和设备安装误差，因此 a）所示残差是由遥感14A 相机 A 和 B 相机各自的安装角误差及内方位元素误差引起的，其中相机 A 约 69 个像素，而相机 B 约 38 个像素。图 5.29(a)和图 5.30(a)中，由于相机安装角误差对几何定位的影响为像点平移误差，因此图中的定位残差主要由内方位元素误差引起；进一步消除A、B 相机安装角误差及内方位元素误差后，双相机的几何定位精度得到了明显的提升，均优于 0.3 个像素；从图 5.29(b)和图 5.30(b)可以看到，定位残差分布呈现随机性，验证了定标模型对系统误差的消除效果。

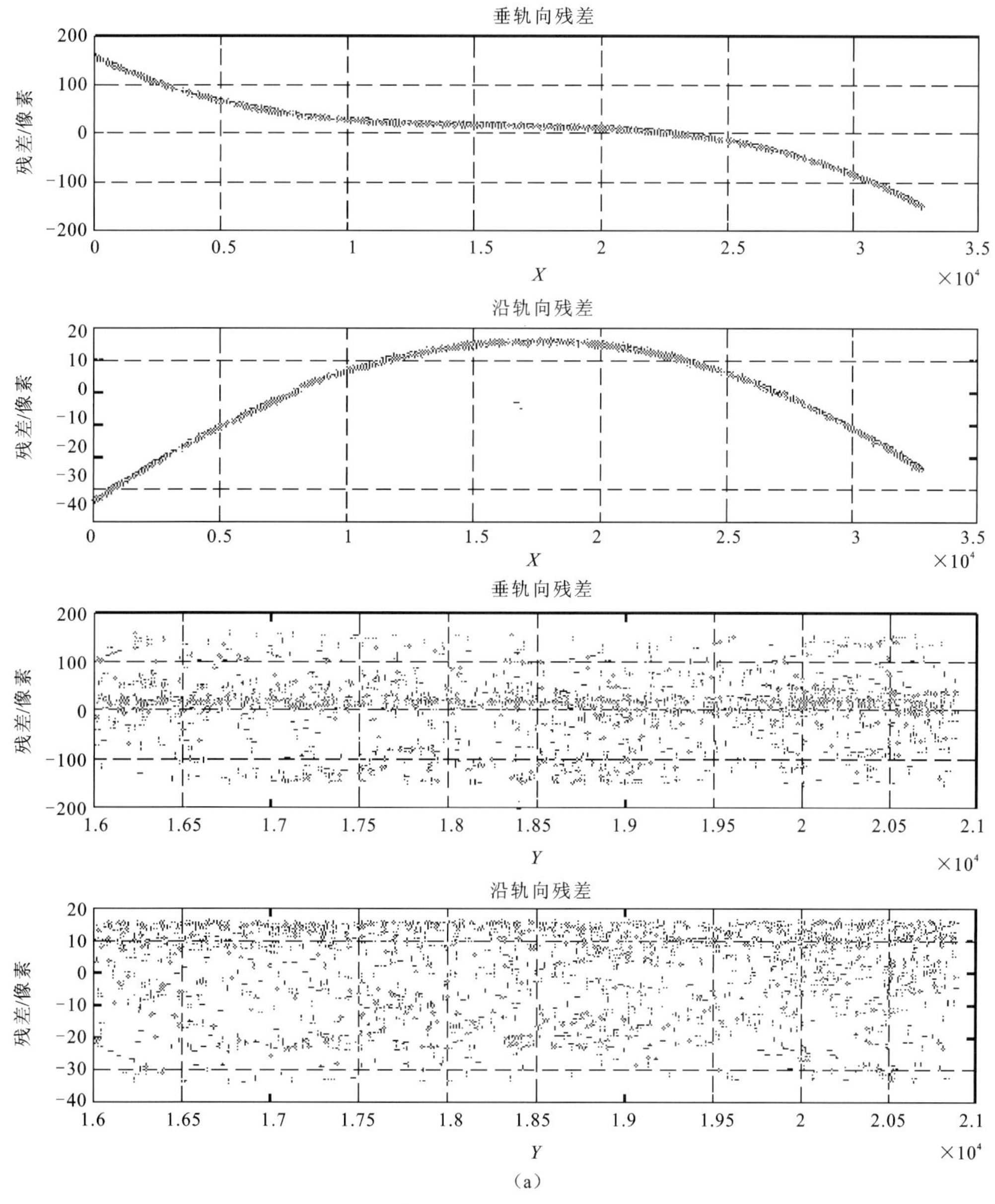

(a)

图 5.29　01-01-AY-A 定位残差图((a)，(b)分别对应表 5.4 中的 a)，b))

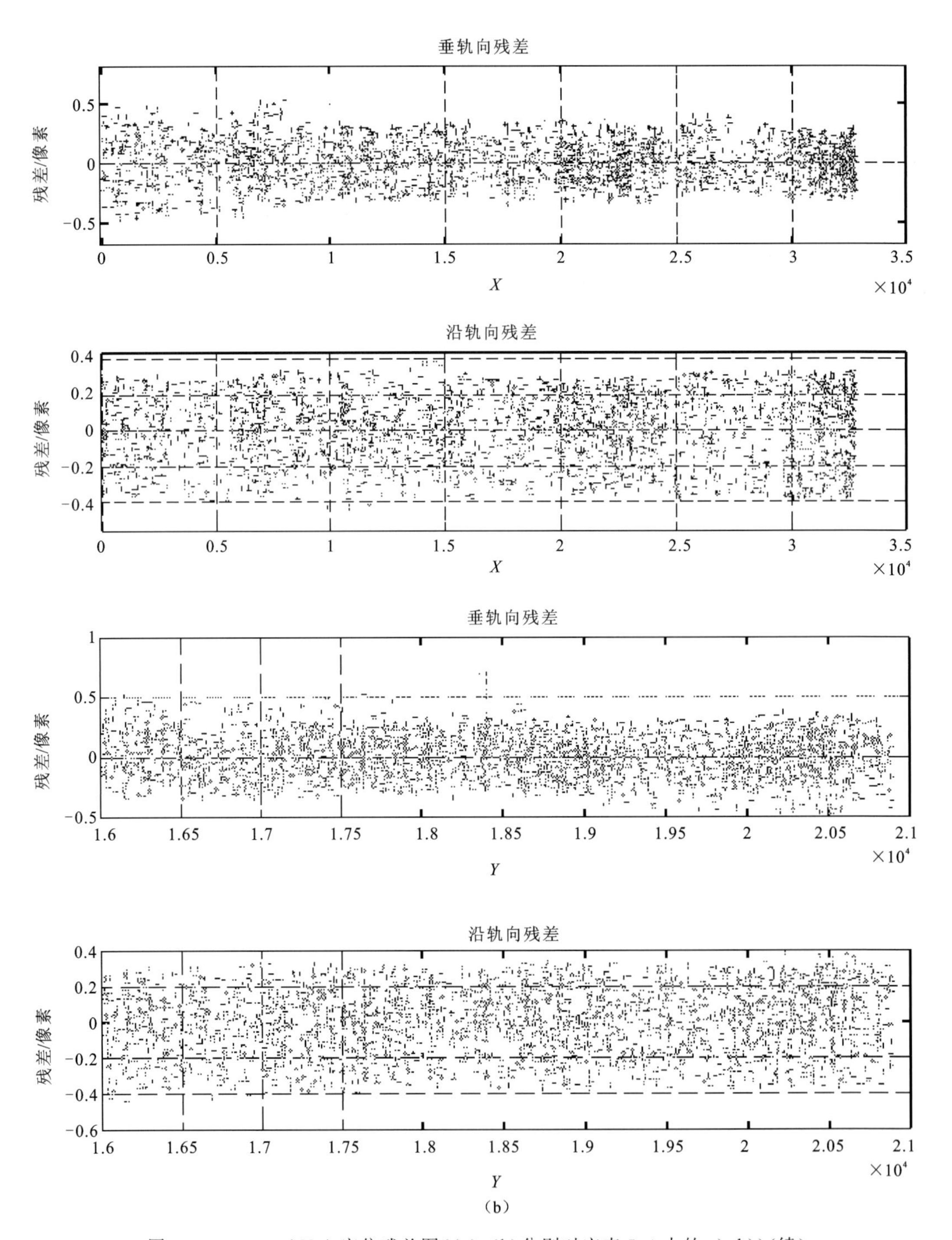

(b)

图 5.29 01-01-AY-A 定位残差图((a),(b)分别对应表 5.4 中的 a),b))(续)

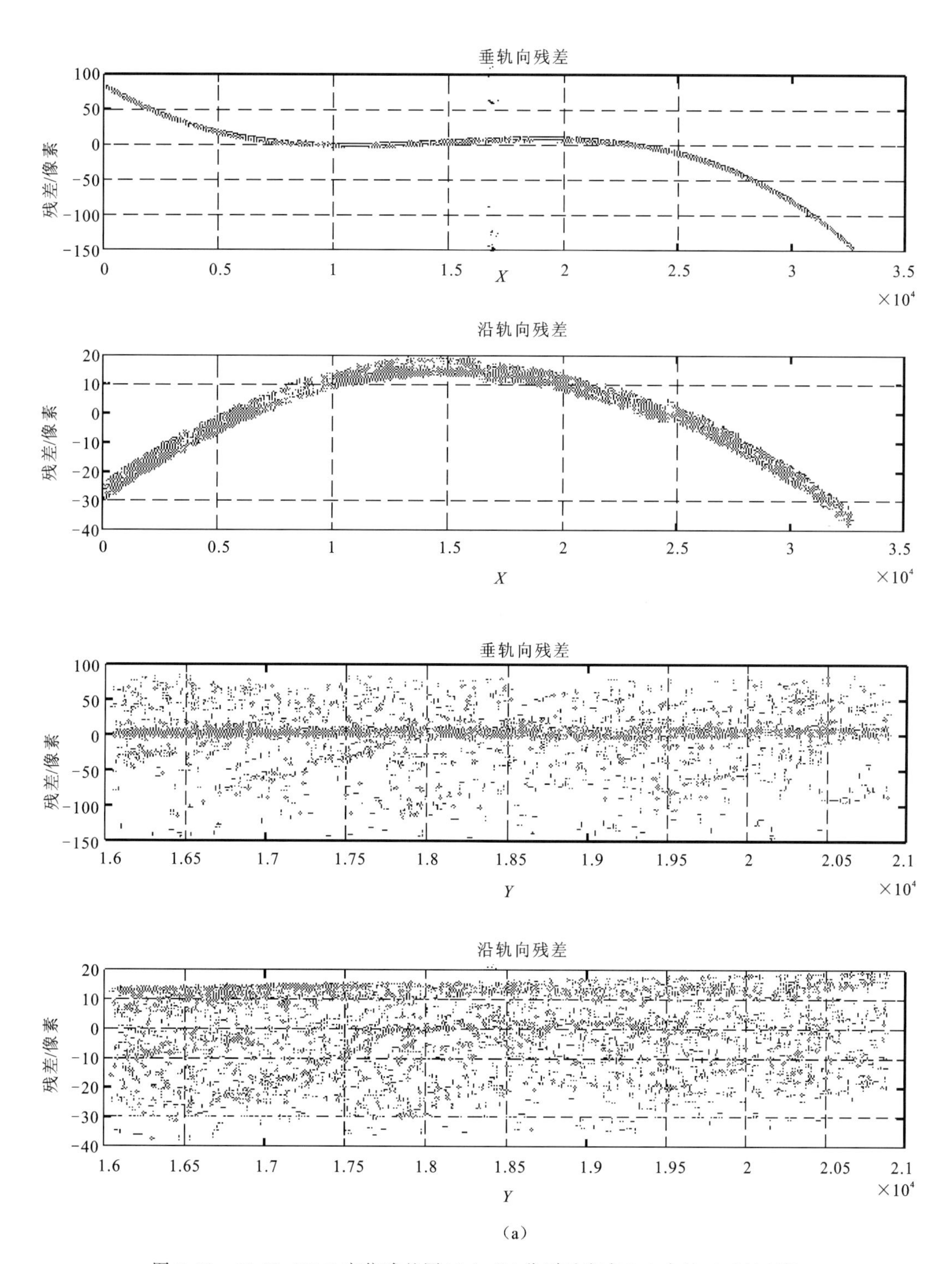

图 5.30　01-01-AY-B 定位残差图((a),(b)分别对应表 5.4 中的 a),b))(续)

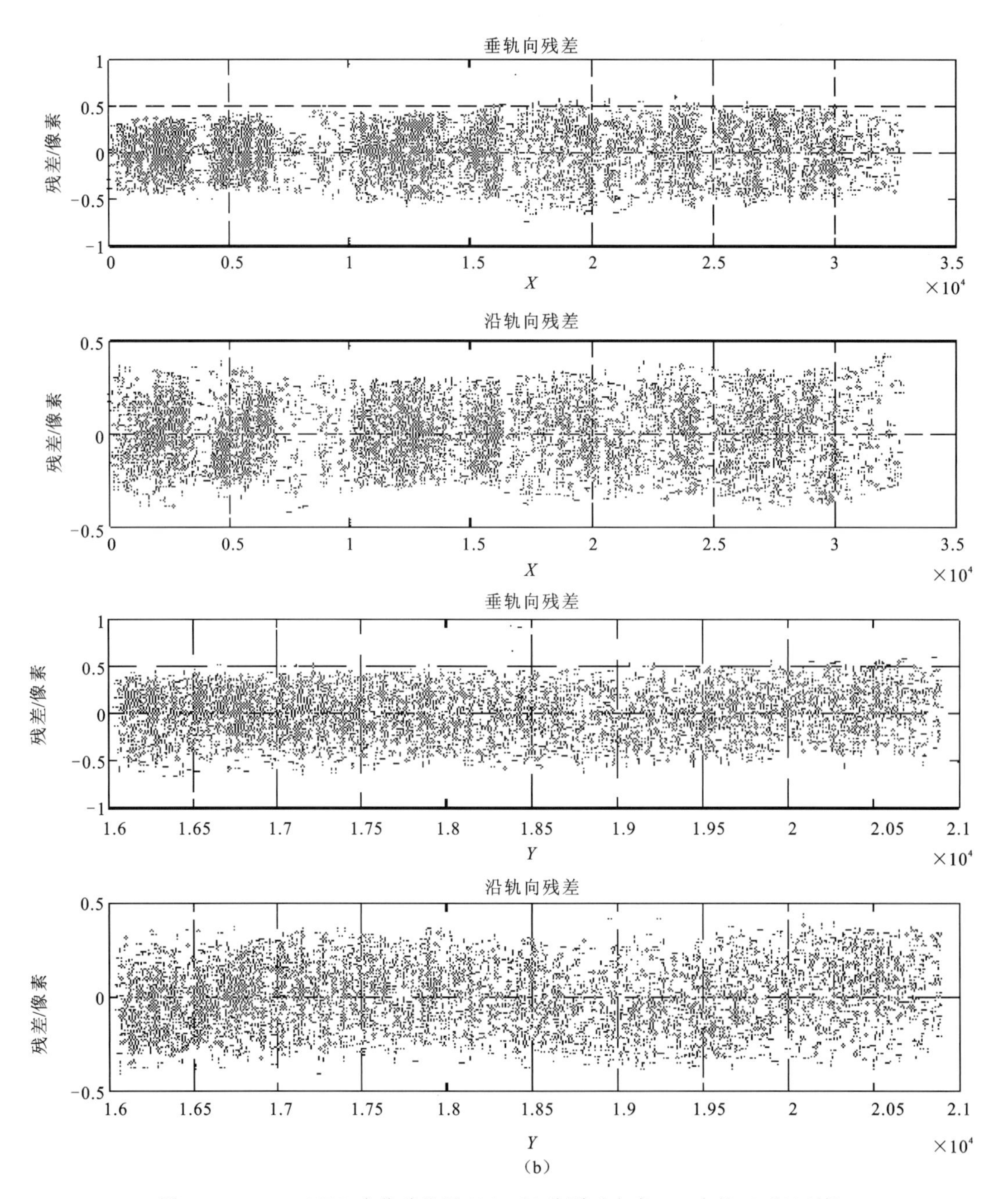

图 5.30　01-01-AY-B 定位残差图((a),(b)分别对应表 5.4 中的 a),b))(续)

为了评价定标后恢复的双相机成像几何关系的准确性,通过自动匹配在 01-01-AY-A、01-01-AY-B 影像上获取 13659 个同名点进行检查。检查方法如下:

(1) 针对获取的同名点$(x \quad y)_A$和$(x \quad y)_B$,利用相机 A 的几何定位模型及 90 m-SRTM 计算$(x \quad y)_A$对应的地面坐标$(X \quad Y \quad Z)_A$;

(2) 利用相机 B 的几何定位模型,计算地面点$(X \quad Y \quad Z)_A$对应的影像坐标$(x' \quad y')_B$;

(3) 计算同名点交会误差为：$(\Delta x \quad \Delta y)=(x \quad y)_B-(x' \quad y')_B$。

检查精度如表 5.5 所示。

表 5.5　同名点交会误差

行/像素			列/像素		
Max	Min	RMS	Max	Min	RMS
1.56	0.00	0.20	1.88	0.00	0.18

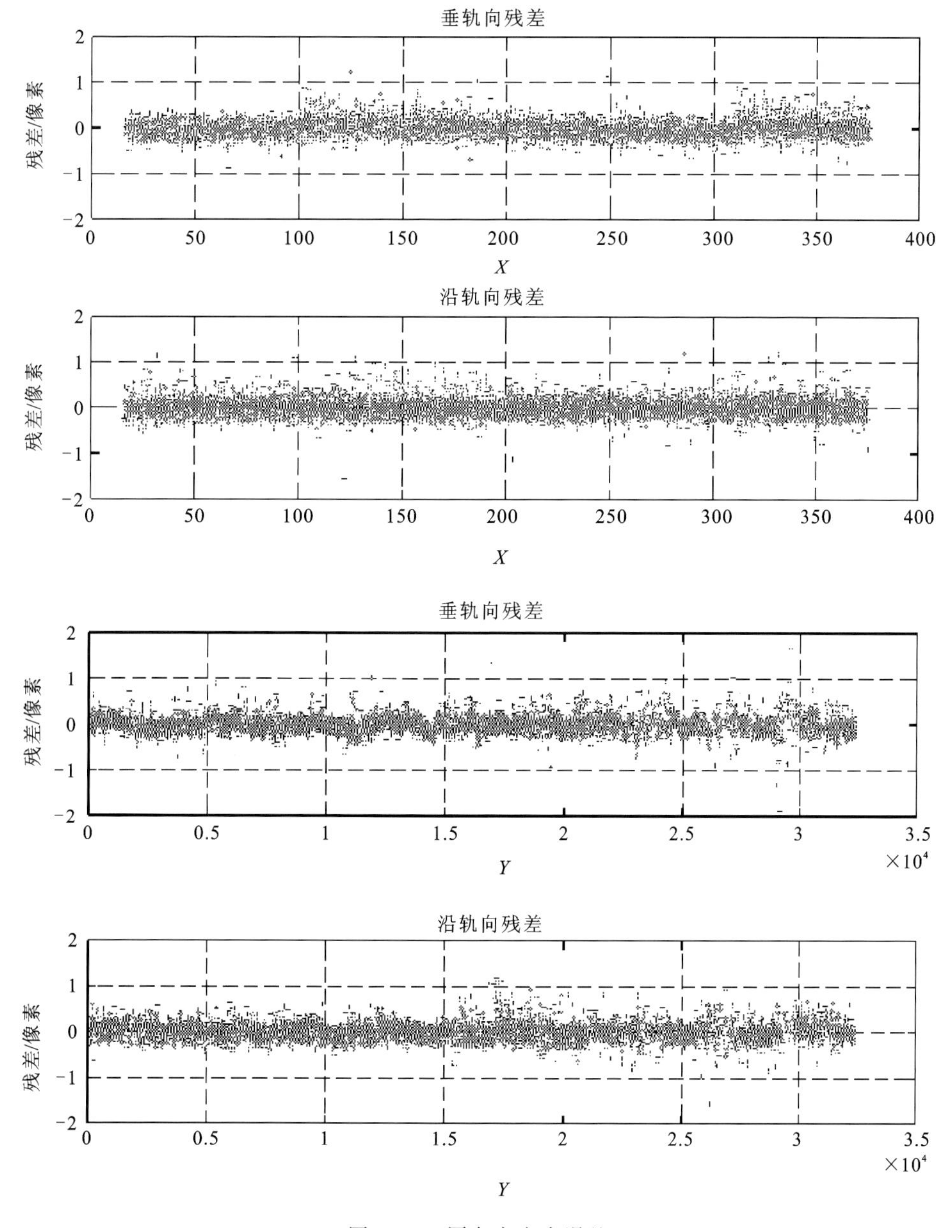

图 5.31　同名点交会误差

由表 5.5 可知，经过双相机定标后，01-01-AY-A 和 01-01-AY-B 的同名点交会误差不超过 0.2 个像素；从图 5.31 所示的残差分布来看，同名点交会不再受到系统误差的影响，验证了定标模型能比较准确地恢复双相机成像几何关系。但从图 5.31 中交会误差随 y 的变化规律来看，虽然消除了相机安装角误差和相机内方位元素误差对同名点交会的影响，但姿态抖动等高频误差仍会影响同名点交会。

5.5.3 双相机拼接精度验证

遥感 14A 卫星 A、B 相机定标后恢复的相对内方位元素如图 5.32 所示。当拼接过程中利用全球 90 m-SRTM 提供地物高程信息时，高程精度达到 30 m，即 $\Delta h \approx 30$ m，高程对拼接精度的影响可以忽略不计。

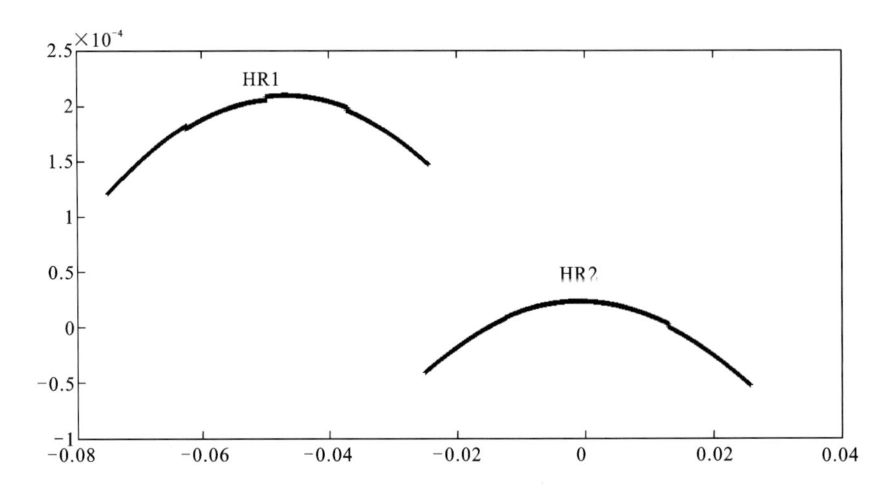

图 5.32　遥感 14A 卫星 A、B 相机内方位元素示意图

利用安阳区域影像获取的定标参数，对 12-16-SS-A/12-16-SS-B、12-16-DF-A/12-16-DF-B、11-25-TJ-A/11-25-TJ-B 进行拼接。同样地，在 A、B 相机影像上匹配同名点，利用同名点交会误差来评价拼接精度，结果如表 5.6 所示。

表 5.6　同名点交会误差(单位：像素)

编号	检查点	行			列		
		Max	Min	RMS	Max	Min	RMS
12-16-SS	11 482	0.45	0.00	0.19	0.51	0.00	0.23
12-16-DF	13 567	0.54	0.00	0.20	0.61	0.00	0.20
11-25-TJ	15 099	0.59	0.00	0.23	1.13	0.00	0.50

由表 5.6 可以看到，与 01-01-AY 成像时间较近的 12-16-SS、12-16-DF 两个区域双

相机拼接精度较高，均优于 0.3 个像素，与表 5.4 所示的定标景精度相当。但距离定标景时间较远的 11-25-TJ 景拼接精度出现下降趋势，精度下降到 0.6 个像素。双相机成像几何关系取决于相机安装角和相机内方位元素；目前相机内部采用温控等设计，通常相机内方位元素比较稳定，变化缓慢；而由于成像热环境的剧烈变化，相机安装角变化相对较快；因此，11-25-TJ 景可能是因为 A、B 相机安装角发生变化而使得相机间的成像几何关系改变，最终降低了拼接精度。图 5.33 中同名点交会误差随 x 的变化规律可以看到，垂轨向存在约−0.5 个像素的系统偏差，而沿轨向则存在约 0.1 个像素的系统偏差，说明 A、B 安装角的变化主要为滚动方向，而俯仰方向变化很小；另外，图 5.33 也可以明显看到同名点交会受到姿态抖动等高频误差的影响，这也会降低双相机拼接精度。

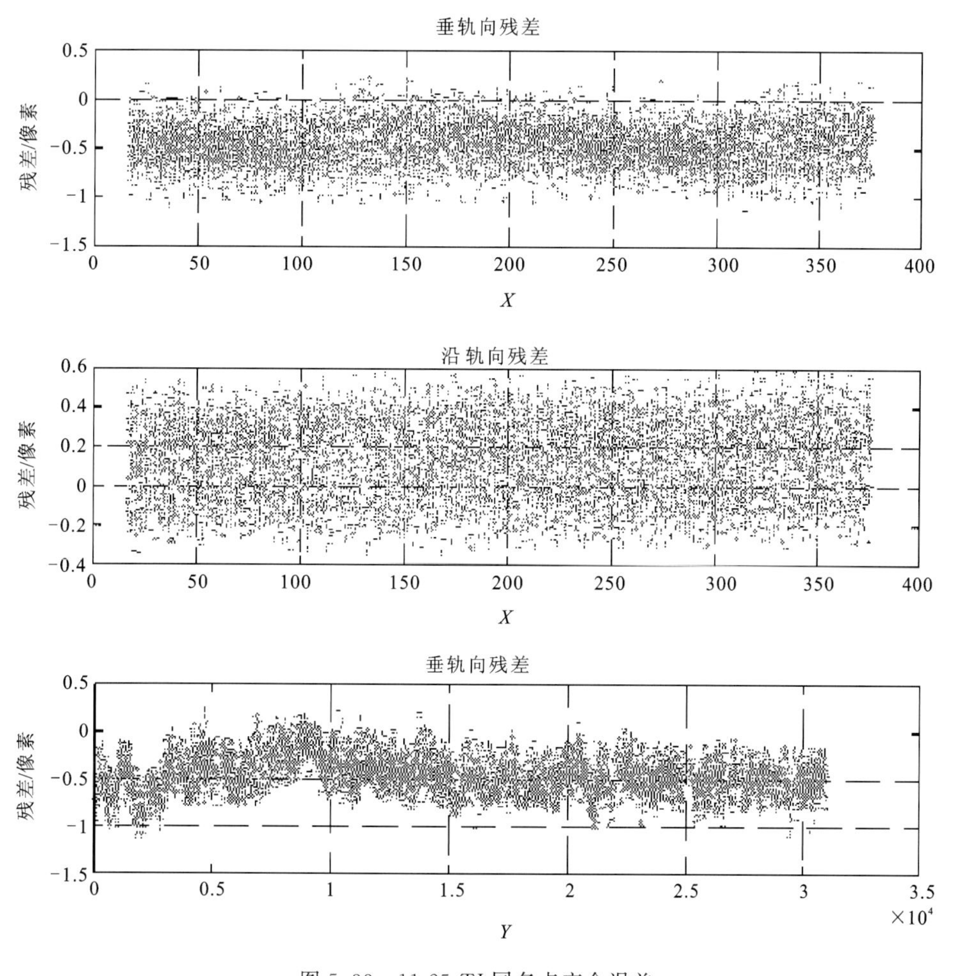

图 5.33 11-25-TJ 同名点交会误差

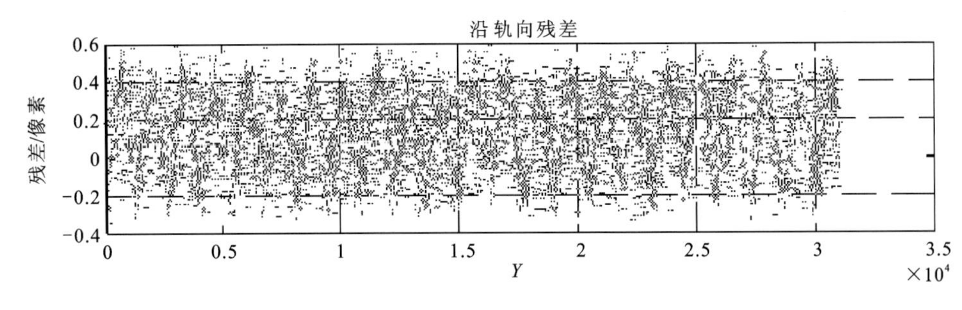

图 5.33　11-25-TJ 同名点交会误差(续)

利用嵩山区域、登封区域、天津区域的高精度 DOM、DEM 作为控制数据，对拼接影像的定向精度进行验证，检查拼接过程是否造成了影像的内精度损失。定向过程中用到的控制点、检查点均采用人工选刺获取；定向模型采用基于 RPC 的像面仿射模型，结果如表 5.7 所示。

表 5.7　定向精度验证

区域	影像编号	控制点/检查点/个	检查点精度/像素		
			行	列	平面
嵩山	12-16-SS-A	4/16	0.35	0.32	0.48
	12-16-SS-B	4/16	0.28	0.25	0.38
	12-16-SS-AB	4/36	0.38	0.43	0.57
登封	12-16-DF-A	4/16	0.30	0.33	0.44
	12-16-DF-B	4/16	0.34	0.35	0.49
	12-16-DF-AB	4/36	0.40	0.42	0.58
天津	11-25-TJ-A	4/16	0.36	0.33	0.49
	11-25-TJ-B	4/16	0.31	0.30	0.44
	11-25-TJ-AB	4/36	0.41	0.46	0.62

* xx-xx-xx-A，xx-xx-xx-B，xx-xx-xx-AB 代表相机 A、相机 B 和 AB 拼接后影像精度

如表 5.7 所示，A、B 相机经过定标后的定向精度均优于 0.5 个像素，说明建立的定标模型不仅能准确地恢复双相机间的成像几何关系，也能很好地消除单相机内方位元素误差，保障了单相机的内精度；另外，表中可以看到拼接影像的定向精度与单相机定向精度很接近，差异仅在 0.2 个像素以内，可以认为没有精度损失。图 5.34 为定向残差图，可以看到各景影像定向残差分布随机，不存在明显的系统残差。

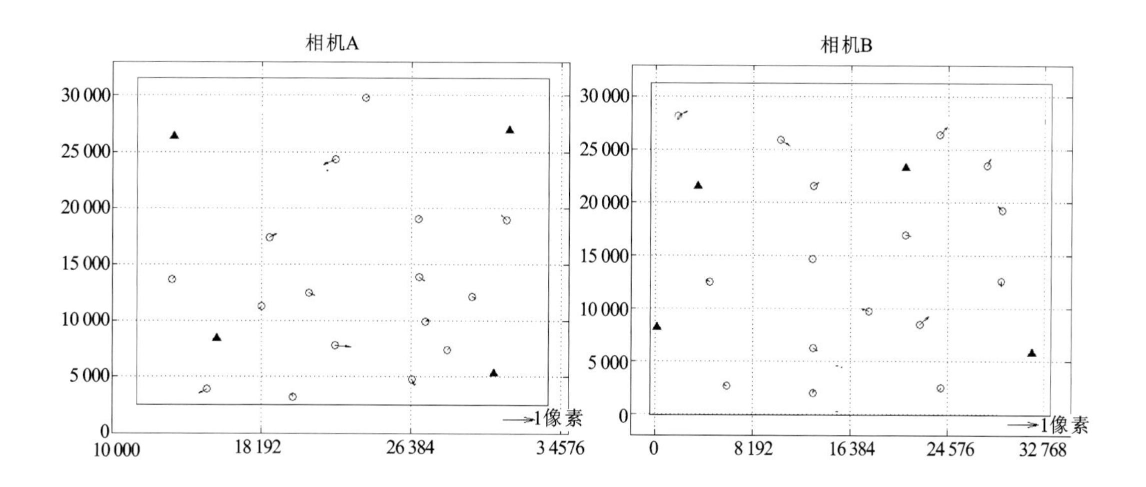

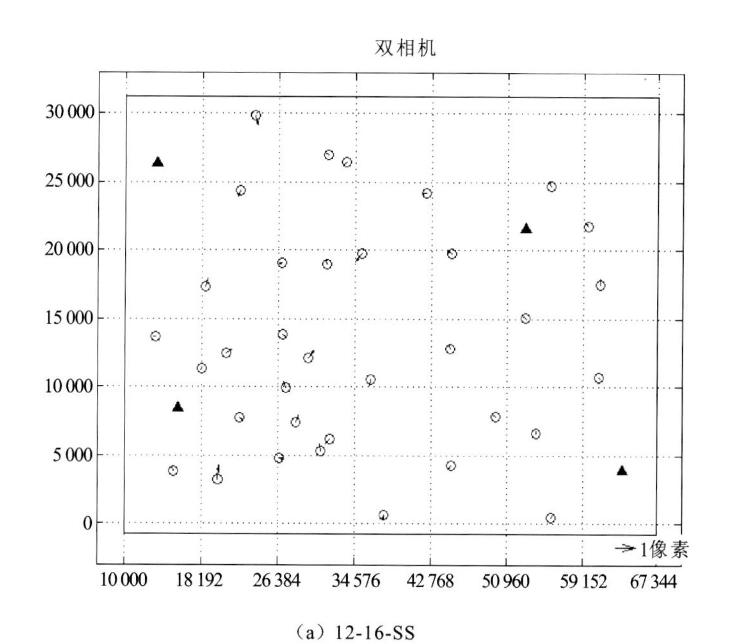

(a) 12-16-SS

图 5.34　定向精度验证

▲:控制点;○:检查点

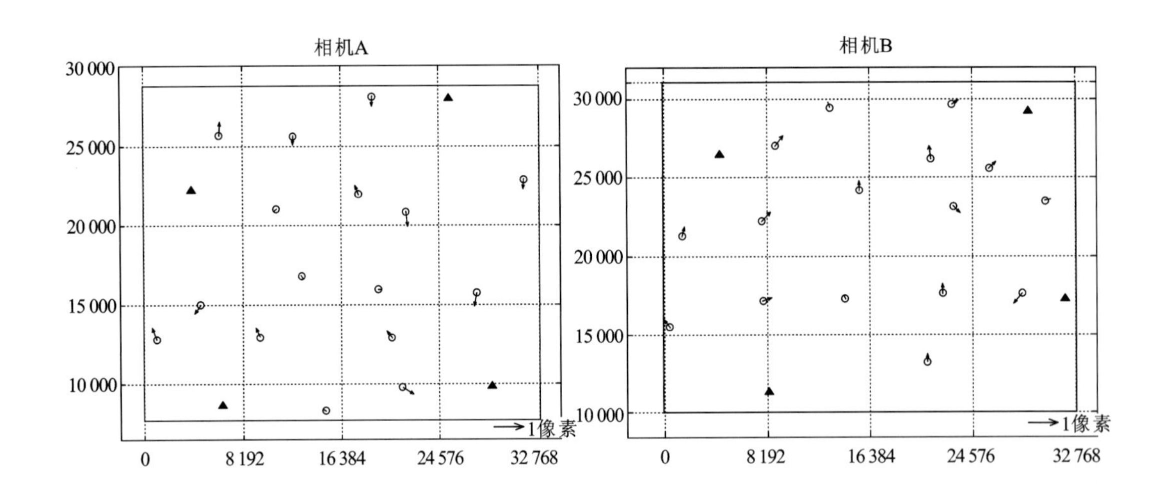

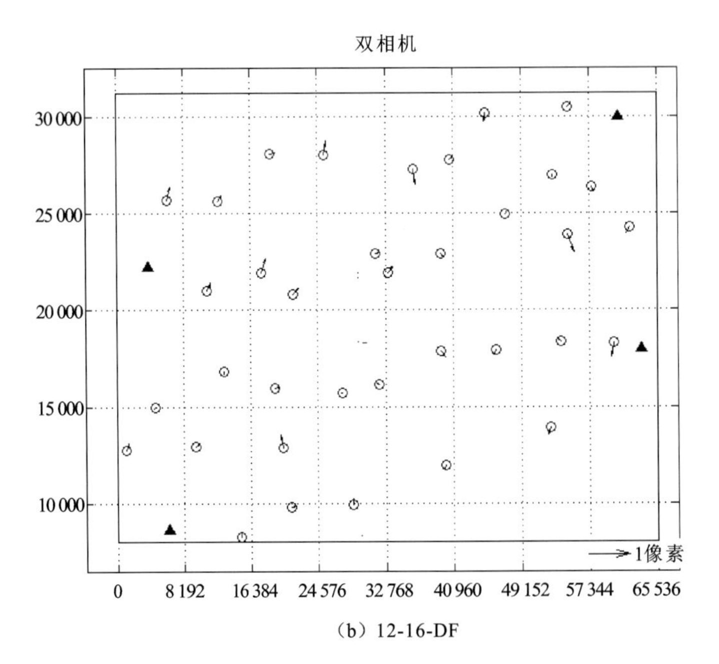

(b) 12-16-DF

图 5.34　定向精度验证(续)

▲:控制点;○:检查点

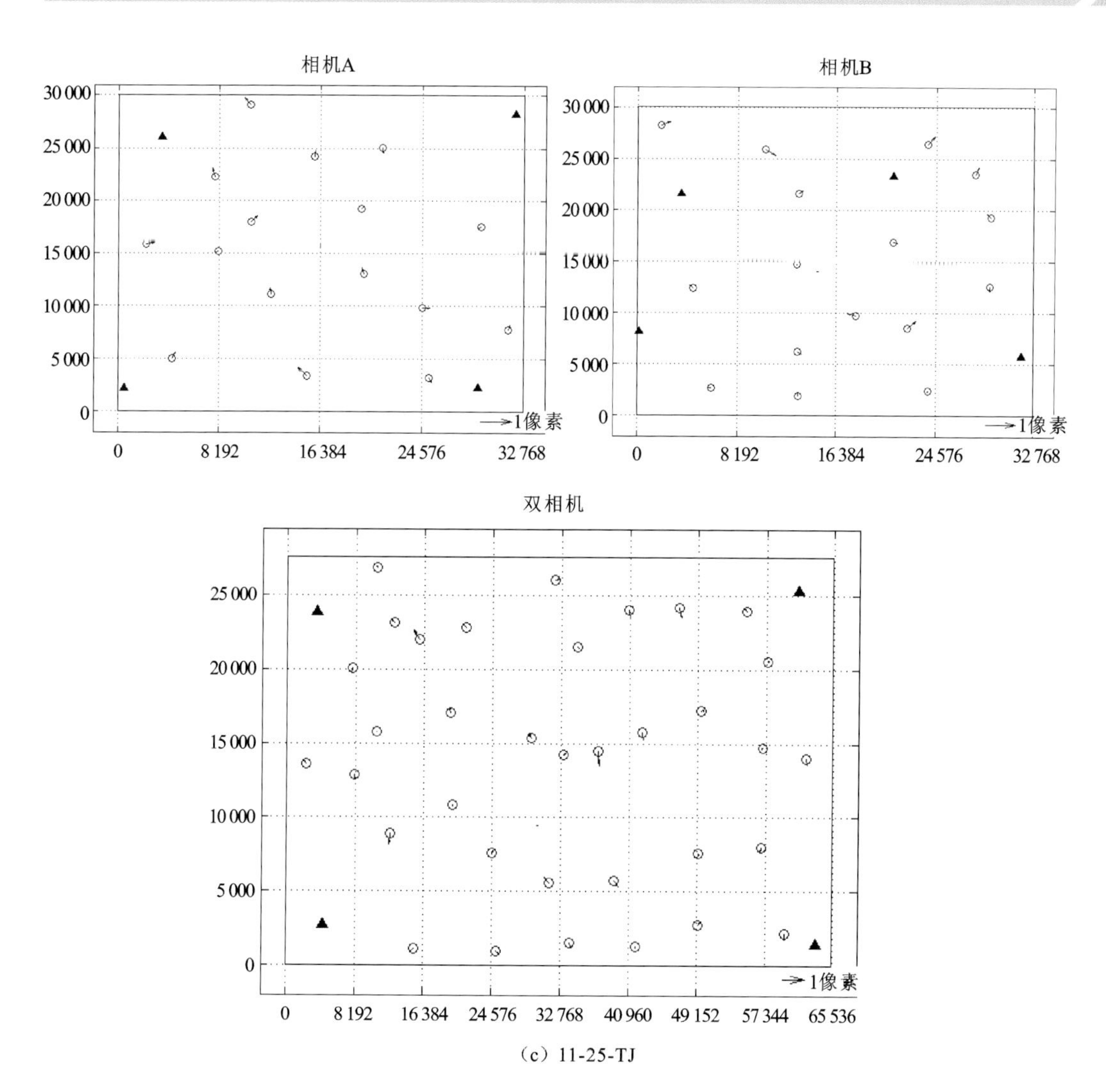

(c) 11-25-TJ

图 5.34　定向精度验证(续)

▲:控制点;○:检查点

5.6 小　　结

采用虚拟相机同步成像的方法消除影像中由于相机畸变、高频误差等引起的变形。虚拟相机平台的姿轨模型可以通过对真实卫星下传姿轨的多项式拟合获得,而虚拟相机满足不受镜头畸变影响、CCD 线阵为理想直线排列且按恒定积分时间曝光成像;通过建立虚拟相机与真实相机成像几何关系,对真实相机获取的影像进行重采样便可消除影像中的复杂变形,得到无畸变影像。

采用资源三号进行验证,标准景影像的 RFM 替代中误差在 0.1%个像素,而对于条带影像产品，其 RFM 替代中误差为 0.03 个像素，满足摄影测量 RFM 替代精度的需求。三线阵影像的平面中误差约为 2.6 m，高程中误差约为 1.8 m。而制作的 DSM 在平原地区的中误差为 3.9 m，丘陵地区的中误差为 6.4 m，高山地的中误差为 6.8 m，该精度满足 1∶50 000 测图精度。

采用遥感 14A 进行验证，采用虚拟相机方法可以实现双相机的无缝拼接，试验表明拼接精度达到 0.3～0.5 个像素，拼接影像的定向精度优于 0.6 个像素。

参考文献

蒋永华. 2015. 国产线阵推扫光学卫星高频误差补偿方法研究. 武汉：武汉大学.

李德仁，张过. 2013. 坚持政产学研用，实现中国遥感卫星质量的飞跃：以我国第一颗民用测绘卫星"资源三号"为例. 中科院院刊（院刊-从空间看地球：遥感发展五十年专辑），28（增刊）：25-32，49.

刘斌. 2011. 高分辨率光学卫星地空一体化定姿及姿态抖动下集合处理方法研究. 武汉：武汉大学.

潘红播. 2014. 资源三号测绘卫星基础产品精处理. 武汉：武汉大学.

潘红播，张过，唐新明，等. 2013a. 资源三号测绘卫星传感器校正产品几何模型. 测绘学报，40（10）：516-522.

潘红播，张过，唐新明，等. 2013b. 资源三号测绘卫星影像产品精度分析与验证. 测绘学报，42（5）：738-744.

唐新明，张过，祝小勇，等. 2012. 资源三号测绘卫星三线阵成像几何模型构建与精度初步验证. 测绘学报，41（2）：191-198.

张过，李德仁，潘红播，等. 星载光学标准产品制作软件［简称：SC］V1.0：2014SR105550.

张过，厉芳婷，江万寿，等. 2010. 推扫式光学卫星影像系统几何校正产品的三维几何模型及定向算法研究，测绘学报，39（1）：34-38.

张过，刘斌，江万寿. 2012. 虚拟 CCD 线阵星载光学传感器内视场拼接. 中国图象图形学报，17（6）：696-701.

De Lussy F，Kubik P，Greslou D，et al. 2005. Pleiades-HR image system products and quality：Pleiades-HR image system products and geometric accuracy. Proceedings of the ISPRS International Conference：1-6.

Hinz A，Heier H. 2000. The Z/I imaging digital camera system. The Photogrammetric Record，16（96）：929-936.

Pan H，Zhang G，Tang X，et al. 2013. Basic products of the ZiYuan-3 satellite and accuracy evaluation. Photogrammetric Engineering & Remote Sensing，79（12）：1131-1145.

Tang L，Dörstel C，Jacobsen K，et al. 2000. Geometric accuracy potential of the digital modular camera. International Archives of Photogrammetry and Remote Sensing，33（B4/3；PART 4）：1051-1057.

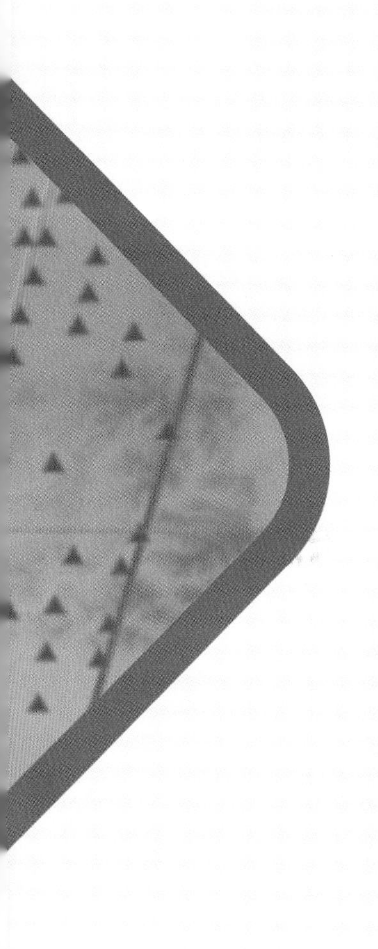

第 6 章

区域网平差方法

线阵推扫式光学卫星为动态成像系统，在成像过程中不可避免地会引入误差，造成影像的几何定位精度降低，需要利用一定数目的控制点和连接点，并采用相应的几何模型消除误差，恢复成像时光线的位置和方向。本章介绍国内外区域网平差的研究进展，重点论述轨道约束的卫星影像立体区域网平差，DEM 约束卫星影像平面区域网平差，以 SRTM-DEM 为控制的遥感影像纠正等平差方法的原理、模型与算法，并利用多颗卫星数据分别进行试验，验证算法的精度和有效性。

6.1 立体区域网平差研究进展

区域网平差的目的是为了恢复成像时刻光线的位置和方向。针对卫星影像而言一般采用一定的模型来描述影像的成像几何，而通过区域网平差估计出相应的模型参数以恢复出成像几何模型。

线阵推扫式传感器的成像几何模型可以划分为严密成像几何模型和通用成像几何模型。其中，严密成像几何模型一般是指扩展共线方程，包括行方向上的基于共线方程的中心投影和外方位元素模型。通用成像几何模型是指不考虑传感器成像的物理因素，直接采用数学函数建立影像与地面的对应关系。

6.1.1 严密成像几何模型的区域网平差

基于严密成像几何模型的区域网平差方式取决于其扩展模型的形式，不同的扩展模型形式，其相应的求解方式也不同。简单来讲，可以将这种严密成像几何模型的区域网平差分为两类：一类是直接通过控制点求解外方位元素模型；另一类是通过星上测量值建立外方位元素模型，然后利用控制点对外方位元素模型进行改正。

(1) 在第一类严密模型区域网平差中，通常需要对卫星姿态和轨道进行一定的假设，认为卫星轨道和姿态在一景成像时间范围内服从某种规律，并在此基础上建立外方位元素模型，将星上测量值作为模型的初值参与平差。然而由于模型参数较多，需要的控制点数目较多。常见模型有以下几种。

Konecny 等(1987)假设在影像获取时间内按匀速直线运动且姿态保持不变，将随时间变化的部分用 8 个附加参数加以吸收，从而建立起成像几何模型。该模型中的未知数包括 3 个外方位线元素、3 个外方位角元素和 8 个附加参数，应用于 SPOT 时需要 18 个控制点获得稳定求解。

Gugan(1987)提出了利用开普勒轨道描述卫星的外方位元素，当卫星对星下点成像时，未知数仅仅只有真近点角、升交点轨道倾角和轨道长半轴等 4 个参数，基于两个控制点即可建立成像几何模型。当考虑姿态和漂移时，可以将模型进一步扩展为 14 参数的外方位模型(Dowman et al.,2003)。Dowman 和 Michalis 在此基础上建立了同轨立体模型，通过直接建立轨道模型，减少了控制点的数目需求，提高了解的可靠性(Michalis et al.,2008;Dowman et al.,2003)。

李德仁等(1988)通过建立外方位线元素和外方位角元素的线性模型，进行了光束法平差以处理 SPOT 影像。

Kratky(1989a;1989b)提出了基于参考点和轨道参数获取外方位线元素，对姿态建立二次多项式模型，此外加入了焦距和主点的自检校参数共 14 个参数的严密成像几何模型。Orun 在姿态轨道的二阶多项式模型的基础上，顾及俯仰角和沿轨向的位移，翻滚角和垂轨向的位移高度相关，提出了一种改化模型，将未知数由 18 个减少到 12 个参数(去除了滚动角和俯仰角的模型)，针对 SPOT 影像取得较好效果(Orun et al.,1994)。

Toutin(1995)的模型是基于共线方程的基础上，通过一系列的展开与简化得到了Toutin模型。通过合并共线方程中的相关项，保留非相关部分，减少了未知数的数目。该模型作为PCI Geomatica中的成像几何模型应用于星载光学卫星影像和SAR影像，均取得较好的定位效果。

(2)第二类平差模型是基于卫星上的外方位元素测量值建立起外方位元素模型。由于外方位元素测量值中存在误差，导致模型也不准确，因此需要利用控制点对模型进行改正。由第三章的外方位元素畸变分析可知，影像外方位元素的畸变在像方上高度相关，因此可以通过基于像方模型进行改正。常见的几种改正模型如下。

Westin(1990)假设一景影像获取时间内，轨道为圆形平面轨道，轨道形状可以通过星历数据拟合三次多项式模型得到，其轨道形状保持不变，因此未知轨道参数为4个，而姿态参数通过姿态角速度测量得到，因此认为其仅存在常数偏移(3个未知姿态参数)，在此基础上建立相应的严密成像几何模型。Radhadevi等(1994)建立了与Westin相同的未知数模型，不同之处在于描述现有的轨道和姿态的方式不同；且其将该模型进一步应用于条带影像中，可以得到与标准景影像相近的精度(Radhadevi，1998)。

Poli(2007)提出了分段多项式模型，在外方位元素测量值的基础上建立二次分段多项式模型，其分段数取决于轨迹的长度和平滑度，而模型的次数也可以减少，此外还可以添加其他自检校参数，该模型可以应用于星载线阵推扫式传感器和机载线阵推扫式传感器等。

Weser等(2008)建立外方位元素的三次分段样条函数模型，在此基础上通过系统偏移改正，即外方位元素的常数偏移值(6个)建立严密成像几何模型，该改正模型亦可以扩展为高次形式。

受到基于RFM的像方补偿方案的影响，部分学者提出基于严密模型的像方补偿模型。如Jung等(2007)提出了视线矢量的平差模型，以及Teo(2011)的基于像方仿射变换的模型。像方仿射变换模型的精度往往要优于轨道、姿态改正模型(Topan et al.，2014；Teo，2011)。

受早期卫星姿态轨道测量和处理方法及技术的限制，卫星的姿态轨道测量值较少或几乎没有使用，在第一类严密模型平差中将其作为初值加快收敛速度，但仍然需要求解外方位元素模型参数，此时模型参数在12个或以上，需要至少6个控制点，且对控制点要求较为严格，如Toutin的模型要求控制点在平面和高程上均匀分布等。近年来，第二种模型得到越来越多的应用，主要原因是轨道、姿态测量和处理技术的发展，使得卫星定轨与定姿精度越来越高。基于GPS的精密定轨当前已经可以达到厘米级(Yoon et al.，2009)，相对于摄影测量处理该影响几乎可以忽略；而随着星敏和陀螺以及卡尔曼滤波技术的发展，定姿水平也越来越高。受益于越来越精确的轨道、姿态，改正模型也越来越简单，因此基于少量的控制点即可实现高精度的区域网平差。Toutin(2011)的模型也逐渐向这一方向发展，基于现有的RFM建立虚拟高程控制点实现混合模型。

6.1.2 通用传感器模型的区域网平差

通用传感器模型可以分为两种类型：一种是基于一定假设条件的数学模型，另一种是替代传感器模型。

(1) 基于一定假设条件的数学模型是对成像几何进行一定假设的基础上，得到的一种近似的简化模型。其平差模型即直接求解出模型中的各个参数，常见的模型有以下几种。

三维模型基于平行投影这一假设，即认为窄视场角的中心投影可以用平行投影来替代(Fraser et al.,2004)；Zhang 等(2002)等顾及其行中心投影的特点，加入了相应的改正项。张剑清模型仅仅适用于处理地形平坦区域，对于地形起伏较大的区域需要扩展三维模型(Jacobsen,2007)。

基于行方向中心投影、列方向平行投影的假设，即认为卫星沿匀速直线运动且姿态保持不变(Gupta et al.,1997)。Ono(1999)在平行投影的基础上加入了中心投影改正和地形起伏改正得到与此近似的模型。

直接线性变换模型是中心投影模型，可以通过共线方程直接变换得到，该模型基于整景影像符合中心投影这一假设(Jacobsen,2007)。部分学者对这一模型进行了扩展，如扩展的直接线性变换模型和自检校直接线性变换等(张永生等,2004)。

(2) 替代传感器模型是一种通用性的传感器模型，用以代替严密的成像几何模型。常见的替代传感器模型有以下几种。

格网内插模型(又称为定位点模型)(Konecny et al.,1987)通过严密成像几何模型建立像方坐标和物方格网的一一对应关系，正反变换通过格网的内插得到。

有理多项式模型通过比值多项式的形式建立影像与地面的一一对应关系(Tao,2001)。Dowman(2000)在有理多项式模型的基础上发展了统一传感器模型，通过将模型分块，减少相应的参数等方式实现。

替代模型中，有理多项式模型由于替代精度高的优点被广泛应用，针对该模型的平差方案自 IKONOS 上天后也被大量研究。由于有理多项式模型的参数不含有任何物理意义，因此无法通过误差来源对其进行改正，因此部分学者将其称为偏移补偿。从补偿的策略上来说，可以将其分为三种类型：物方补偿，姿轨补偿和像方补偿。

基于物方的补偿模型是建立 RFM 计算得到地面点坐标的多项式模型，其中常见的一次模型形式，对于每景影像至少需要 4 个控制点用以解算参数(Di et al.,2003)。该模型也可以进一步扩展到二次或者更高次。

姿轨补偿是将 RFM 作为成像几何模型，恢复成像时刻的轨道和姿态参数。通过控制点对姿态轨道模型进行改正，并基于改正后的姿态轨道参数重新生成新的 RFM(Zhen et al.,2011;2009)。

基于像方的改正模型是建立 RFM 计算得到的像点坐标与量测的像点坐标的多项式模型(Fraser et al.,2005;Tao et al.,2004;Grodecki,2003;Fraser et al.,2002)。Fraser 等 (2002) 在 IKONOS Geo 产品中发现，基于像方的平移模型即可达到子像素级的定位精度，而 Grodecki 等 (2003)提出的基于 RFM 的平差模型，该模型中包含了像方和物方的改正模型。

6.2　平面区域网平差研究进展

在实际数据处理中经常遇到区域内几乎没有交会的近似垂直正视的卫星影像，即呈现弱交会状态。如国家测绘地理信息局启动的地理国情监测以及第二次全国土地调查等项目中所需处理的大多为此类卫星影像，这是因为近似垂直正视的卫星影像由于地形起伏引起的投影差较小，获取正射影像较为容易。张永军等(2005)从理论分析与试验相结合的角度论证了交会角越小，深度(高程)方向的交会误差就越大，即精度越低。张祖勋等(2007)的研究均表明，若测量误差为定值，则前方交会的误差主要取决于交会角，交会角愈小，测量的深度误差愈大。以上的研究均表明，进行弱交会条件下影像的几何处理会引起深度(高程)误差，这对弱交会条件下的卫星影像区域网平差方法研究提出了新的挑战。

然而在弱交会条件下的卫星影像几何处理方面，国内外关于弱交会条件下卫星影像区域网平差方法的公开报道较少，2010年Teo等提出了DEM辅助的弱交会条件下卫星影像区域网平差方法(Teo et al.,2010)，作者采用了不同的几何处理模型进行平面平差并取得了一致的精度。

6.3　轨道约束的卫星影像立体区域网平差

基于严密成像几何模型的区域网平差是对轨道和姿态模型进行求解或改正，因此可以应用于整轨影像进行平差，并大幅减少对控制点的需求。部分数据供应商也将条带影像产品作为一种可选产品提供给用户，如ASTER、IKONOS、资源三号测绘卫星等。

标准景的传感器校正产品通常附带有基于地形无关计算得到的RPC模型。由于RPC中各个参数不含有任何物理意义，因此无法将严密模型中用到的同一个轨道、姿态改正模型直接应用于RFM。可见，恢复标准景影像间的几何约束关系是减少平差参数相关性的关键问题，在减少控制点的需求的同时提高平差的可靠性。

6.3.1　标准景影像之间的几何约束

如今，几乎所有卫星供应商均会将RFM作为影像的成像几何模型发布给用户。从像方仿射变换补偿模型的理论基础来看，基于像方仿射变换的补偿模型可以对卫星轨道的线性误差和姿态角的线性误差建立相应的改正模型。因此对于一轨影像而言，建立一个像方多项式模型即可实现整轨影像的轨道和姿态误差的补偿。

传感器校正产品制作是不可逆的过程，即无法从传感器校正产品中恢复出原始产品。传感器校正产品的制作过程包括两个核心部分：内畸变消除和外畸变消除。其中，内畸变消除是通过对虚拟CCD替代原始CCD实现理想线中心投影成像。对于同一相机，在一轨范围内的内方位元素是一致的，因此其虚拟CCD保持一致。而外畸变消除包括以下三个部分：积分时间归一化、轨道滤波和姿态参数滤波。

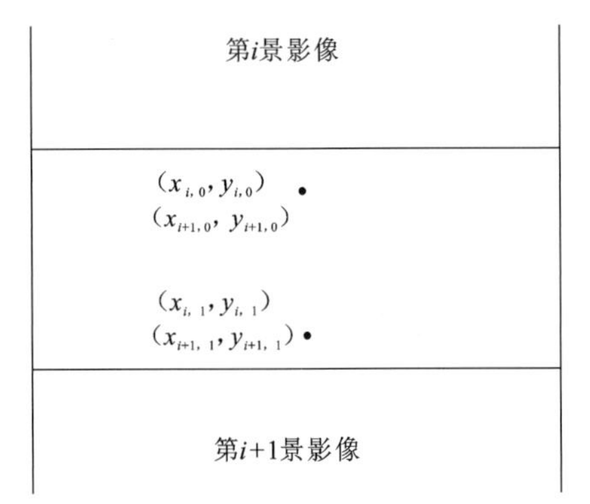

图 6.1 相邻景的几何关系示意图

积分时间归一化有两种策略：一种是基于当前景的积分时间进行归一化，另一种是基于整轨影像的积分时间归一化。前一种策略较好地保证了影像在轨道起始和终止部分的沿轨向分辨率一致的需要，然而由于积分时间跳变的问题，将引起相邻景的重叠部分积分时间不等，导致相邻景重叠区域的沿轨向分辨率不同。如图 6.1 所示，轨道中第 i 景影像中的两点 $(x_{i,0}, y_{i,0})$ 和 $(x_{i,1}, y_{i,1})$ 的 y 坐标差值 Δy_i 与第 $i+1$ 景中两点的 $(x_{i+1,0}, y_{i+1,0})$ 和 $(x_{i+1,1}, y_{i+1,1})$ 的坐标差 Δy_{i+1} 之间存在如下关系：

$$\frac{\Delta y_i}{\Delta y_{i+1}} = \frac{\Delta r_{y_{i+1}}}{\Delta r_{y_i}} = \frac{\Delta t_{s_{i+1}}}{\Delta t_{s_i}} \tag{6.1}$$

当采用一景之内积分时间归一化时，相邻景之间存在由积分时间不同引起的沿轨向的平移和缩放效应。而当一轨影像采用相同的积分时间时，重叠区域的分辨率保持一致，但地球自转和椭圆轨道将会造成轨道起始和终止部分分辨率不一致的问题。

当采用精密轨道进行传感器校正产品制作时，相邻景影像上的同一点采用相同的轨道内插得到，因此 $(x_{i,0}, y_{i,0})$ 和 $(x_{i+1,0}, y_{i+1,0})$ 的外方位线元素相等，如图 6.1 所示。然而，当采用预轨进行制作时，则取决于轨道滤波的方式。当采用 5 次多项式模型进行局部滤波时，通过适当的外扩滤波轨道范围，保证相邻景之间公共轨道部分一致即可。

姿态的低通滤波对相邻景重叠区域的影响取决于滤波策略。当基于整轨数据滤波时，重叠区域部分将保持相同，此时在重成像过程中能保证 $(x_{i,0}, y_{i,0})$ 的成像光线与 $(x_{i+1,0}, y_{i+1,0})$ 完全平行。然而，为减小引入的平面误差和高程误差，需要严格控制姿态滤波过程中造成的成像光线方向的角度的变化，因此基于局部的姿态滤波方案得到更多的应用，如选取当前景成像时间范围内及前后部分时间段内的姿态参数进行低通滤波。此时将引起 $(x_{i,0}, y_{i,0})$ 的成像光线与 $(x_{i+1,0}, y_{i+1,0})$ 的成像光线不平行，从而造成两者形成视差，引入高程误差。然而，这种误差在传感器校正产品制作过程中得到了控制，因此可以认为相邻景的重叠区域的成像光线仍然保持平行。

同一轨道相邻景之间存在沿轨向的平移和缩放效应，因此同轨相邻景之间存在如下的几何约束关系：

$$\left.\begin{aligned} sample_i &= sample_{i-1} \\ line_i &= dc_i \cdot line_{i-1} + dsy_i \end{aligned}\right\} \tag{6.2}$$

其中：dc_i 是第 i 景影像相对于第 $i-1$ 景影像的缩放系数；dsy_i 是第 i 景影像相对于第 $i-1$ 景影像的平移系数。由于重叠区域的成像光线是接近平行的，因此通过物方的几何投影即可建立相邻景影像间的稳定的几何关系，避免人工选点或自动匹配过程中引入的误差。且通过重叠区域的密集连接点，可以精确估计出缩放参数 dc_i 和平移参数 dsy_i。

将相邻景影像作为一个整体进行平差时，需要将同一轨的所有影像的像点坐标进行改正。以第一景影像为基准，通过相邻景之间的几何约束关系将其他景转换到第一景影像上，建立条带影像。条带影像上的像点坐标($sample$，$line$)与第 i 景标准景影像像点坐标($sample_i$，$line_i$)之间的几何关系如下所示：

$$\left.\begin{aligned} sample &= sample_i \\ line &= c_i \cdot line_i + sy_i \end{aligned}\right\} \tag{6.3}$$

其中：c_i 为第 i 景影像与条带影像间的缩放参数；sy_i 为第 i 景影像与条带影像之间的平移参数，有

$$\left.\begin{aligned} c_i &= \prod_{j=1}^{i} dc_j \\ sy_i &= \sum_{j=1}^{i}\Big(\prod_{k=j+1}^{i} dc_k\Big) \cdot dsy_j \end{aligned}\right\} \tag{6.4}$$

其中：$dc_1 = 1$，$dsy_1 = 0$。当整轨积分时间相同时，则 $dc = 1$，$sy_i = \sum_{j=1}^{i} dsy_j$，可以建立如下的约束关系：

$$\left.\begin{aligned} sample &= sample_i \\ line &= line_i + sy_i \end{aligned}\right\} \tag{6.5}$$

以太行山地区下视相机相邻 12 景影像为例，通过建立公共区域的格网计算相邻景之间的平移参数和标准差。其值如表 6.1 所示，其中 x 方向的平移值在 0.2 个像素之内，标准差在 0.08 个像素之内；y 方向的平移值变化较大，在 21 702－21 728 个像素，然而其标准差优于 0.05 个像素。由此表明基于式(6.5)可以为资源三号测绘卫星建立稳定可靠的几何约束关系。

表 6.1　资源三号下视相机相邻景之间的平移值与中误差(单位：像素)

相邻景号	x 平移值	x 标准差	y 平移值	y 标准差
1－2	－0.040	0.051	21 727.423	0.026
2－3	－0.146	0.032	21 720.318	0.034
3－4	－0.127	0.022	21 702.433	0.033
4－5	－0.142	0.066	21 707.280	0.017
5－6	－0.197	0.007	21 715.093	0.006
6－7	－0.033	0.058	21 719.258	0.020
7－8	－0.093	0.072	21 737.598	0.027
8－9	－0.057	0.007	21 711.643	0.044
9－10	0.026	0.058	21 713.275	0.021
10－11	－0.094	0.009	21 716.811	0.007
11－12	0.055	0.065	21 713.472	0.032

6.3.2 基于条带约束的平差模型

在成功建立条带影像后，可以将标准景影像上的点通过公式(6.5)转换为条带影像上像点。基于像方仿射变换的区域网平差模型建立误差方程如下所示：

$$\left.\begin{aligned} F_x &= sample_i + a_0 + a_1 \cdot sample_i + a_2 \cdot (line_i + sy_i) - x_i = 0 \\ F_y &= line_i + b_0 + b_1 \cdot sample_i + b_2 \cdot (line_i + sy_i) - y_i = 0 \end{aligned}\right\} \tag{6.6}$$

对于控制点而言，未知数为平差参数(a_0,a_1,a_2,b_0,b_1,b_2)；而对连接点而言，未知数包括平差参数和相应的物方坐标(lat,lon,h)。对式(6.6)进行一阶泰勒级数展开，可以得到线性化的误差方程：

$$\left.\begin{aligned} F_x &= F_{x0} + \frac{\partial F_x}{\partial a_0} \cdot \Delta a_0 + \frac{\partial F_x}{\partial a_1} \cdot \Delta a_1 + \frac{\partial F_x}{\partial a_2} \cdot \Delta a_2 + \frac{\partial F_x}{\partial lat} \cdot \Delta lat + \frac{\partial F_x}{\partial lon} \cdot \Delta lon + \frac{\partial F_x}{\partial h} \cdot \Delta h = 0 \\ F_y &= F_{y0} + \frac{\partial F_y}{\partial b_0} \cdot \Delta b_0 + \frac{\partial F_y}{\partial b_1} \cdot \Delta b_1 + \frac{\partial F_y}{\partial b_2} \cdot \Delta b_2 + \frac{\partial F_y}{\partial lat} \cdot \Delta lat + \frac{\partial F_y}{\partial lon} \cdot \Delta lon + \frac{\partial F_y}{\partial h} \cdot \Delta h = 0 \end{aligned}\right\} \tag{6.7}$$

即可得到间接平差模型

$$V = \boldsymbol{A}X + \boldsymbol{B}Y - L, P \tag{6.8}$$

其中：X 为平差参数

$$X = [\Delta a_0 \quad \Delta a_1 \quad \Delta a_2 \quad \Delta b_0 \quad \Delta b_1 \quad \Delta b_2]$$

$\boldsymbol{A}$ 为未知数 X 的系数矩阵

$$\boldsymbol{A} = \begin{bmatrix} 1 & sample & line & 0 & 0 & 0 \\ 0 & 0 & 0 & 1 & sample & line \end{bmatrix}$$

Y 为连接点的地面坐标

$$Y = [\Delta lat \quad \Delta lon \quad \Delta h]$$

$\boldsymbol{B}$ 为未知数 Y 的系数矩阵

$$\boldsymbol{B} = \begin{bmatrix} \frac{\partial x}{\partial lat} & \frac{\partial x}{\partial lon} & \frac{\partial x}{\partial h} \\ \frac{\partial y}{\partial lat} & \frac{\partial y}{\partial lon} & \frac{\partial y}{\partial h} \end{bmatrix} = \begin{bmatrix} \frac{\partial x}{\partial X} \cdot \frac{\partial X}{\partial P} \cdot \frac{\partial P}{\partial lat} & \frac{\partial x}{\partial X} \cdot \frac{\partial X}{\partial L} \cdot \frac{\partial L}{\partial lon} & \frac{\partial x}{\partial X} \cdot \frac{\partial X}{\partial H} \cdot \frac{\partial H}{\partial h} \\ \frac{\partial y}{\partial Y} \cdot \frac{\partial Y}{\partial P} \cdot \frac{\partial P}{\partial lat} & \frac{\partial y}{\partial Y} \cdot \frac{\partial Y}{\partial L} \cdot \frac{\partial L}{\partial lon} & \frac{\partial y}{\partial Y} \cdot \frac{\partial Y}{\partial H} \cdot \frac{\partial H}{\partial h} \end{bmatrix}$$

$$= \begin{bmatrix} \frac{SAMP\_SCALE}{LAT\_SCALE} \cdot \frac{\partial X}{\partial P} & \frac{SAMP\_SCALE}{LONG\_SCALE} \cdot \frac{\partial X}{\partial L} & \frac{SAMP\_SCALE}{HEIGHT\_SCALE} \cdot \frac{\partial X}{\partial H} \\ \frac{LINE\_SCALE}{LAT\_SCALE} \cdot \frac{\partial Y}{\partial P} & \frac{LINE\_SCALE}{LONG\_SCALE} \cdot \frac{\partial Y}{\partial L} & \frac{LINE\_SCALE}{HEIGHT\_SCALE} \cdot \frac{\partial Y}{\partial H} \end{bmatrix}$$

L 为常数项，可以计算得到

$$L = \begin{bmatrix} -F_{x0} \\ -F_{y0} \end{bmatrix}$$

$\boldsymbol{P}$ 为权矩阵。

对于控制点，$\boldsymbol{B}$ 为 $\boldsymbol{0}$。当同时存在控制点和连接点时，即可建立如下的误差方程：

$$\begin{bmatrix} A_1 & \mathbf{0} \\ A_2 & \mathbf{B} \end{bmatrix}\begin{bmatrix} X \\ Y \end{bmatrix}=\begin{bmatrix} L_1 \\ L_2 \end{bmatrix},\begin{bmatrix} P_1 & 0 \\ \mathbf{0} & P_2 \end{bmatrix} \tag{6.9}$$

对于两类未知数的误差方程，可以消除第二类未知数 Y 得到相应的改化法方程：

$$\begin{aligned}&[A_1^{\mathrm{T}}P_1A_1+A_2^{\mathrm{T}}P_2A_2-A_2^{\mathrm{T}}P_2\mathbf{B}\ (\mathbf{B}^{\mathrm{T}}\ P_2\mathbf{B})^{-1}\mathbf{B}^{\mathrm{T}}\ P_2A_2]X\\&=A_1^{\mathrm{T}}P_1L_1+A_2^{\mathrm{T}}P_2L_2-A_2^{\mathrm{T}}P_2\mathbf{B}\ (\mathbf{B}^{\mathrm{T}}\ P_2\mathbf{B})^{-1}\mathbf{B}^{\mathrm{T}}\ P_2L_2\end{aligned} \tag{6.10}$$

当连接点的交会角满足一定条件时，矩阵 $\mathbf{B}^{\mathrm{T}}P_2\mathbf{B}$ 的逆存在。当缺少足够的控制点时，方程(6.10)的系数矩阵秩亏。可以通过截断 SVD(singular value decomposition)分解或 Tikhonov 正则化等方法进行正则化求解。此外，可以通过选权迭代或抗差最小二乘法提高解的可靠性，剔除粗差点的影响。

在求解出平差参数后，可以为虚拟条带内的每景影像计算其相应的改正参数：

$$\left.\begin{aligned}x_i&=a_0+a_2\cdot sy_i+(a_1+1)\cdot sample+a_2\cdot line\\y_i&=b_0+b_2\cdot sy_i+b_1\cdot sample+(b_2+1)\cdot line\end{aligned}\right\} \tag{6.11}$$

求解流程如图 6.2 所示。

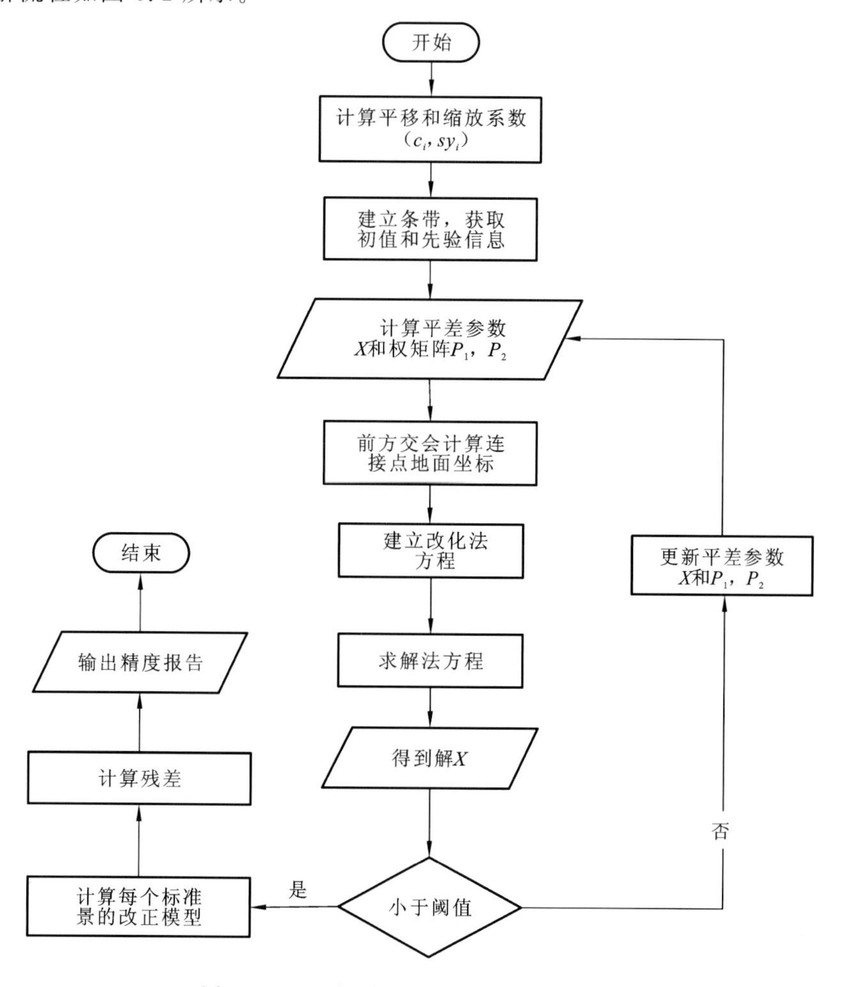

图 6.2　基于轨道约束的区域网平差流程图

6.3.3 资源三号测绘卫星应用试验

1. 试验数据概述

张家口试验区由相邻两轨影像组成，分别为资源三号 305 轨和 381 轨，其覆盖地面区域纵跨太行山山脉，分布于内蒙古、山西省、河北省境内，测区宽 82 km，长 560 km，高程范围为 64～2 705 m。其中，305 轨覆盖 7 个标准景影像范围，381 轨覆盖 12 个标准景影像范围，两轨影像覆盖地面范围如图 6.3 所示，影像信息如表 6.2 所示。每轨影像包含前后下视三视影像，其中前后视影像分辨率为 3.5 m×3.7 m（沿轨 3.7 m，垂轨 3.5 m），下视影像分辨率为 2.1 m×2.1 m，且同时生成有标准景和条带影像产品。影像获取时间分别为 2012 年 1 月 29 日和 2012 年 2 月 8 日，时间跨度为 10 天。受时间、天气的限制，两轨影像的第一景均有少量雪覆盖，305 轨最后一景部分被云遮挡。

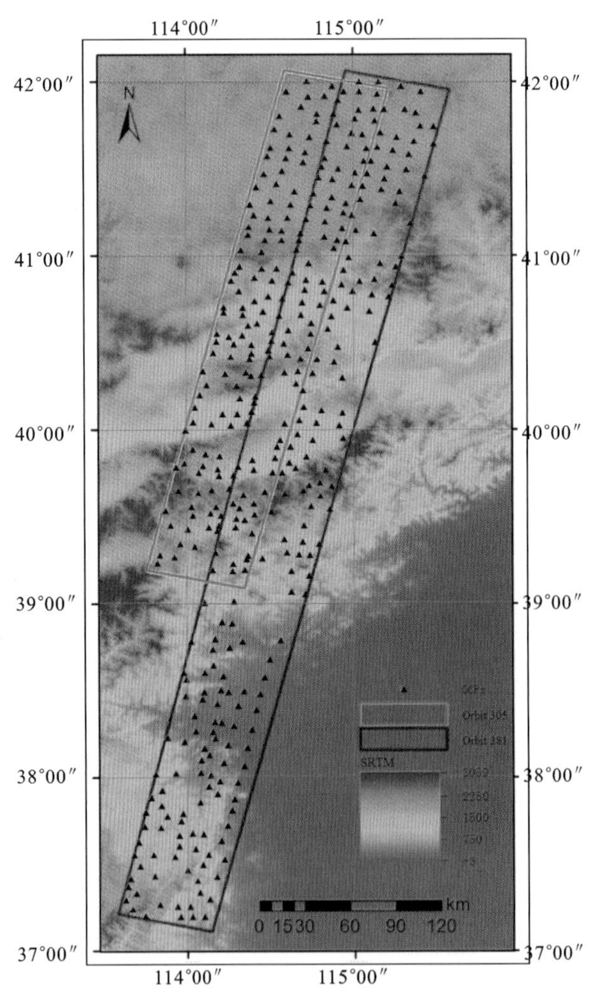

图 6.3　张家口测区地形及控制点分布示意图（底图为 SRTM v4.1）

表6.2 张家口测区影像信息

影像轨道号	305轨		381轨	
影像获取时间	2012年1月29日		2012年2月8日	
景数	7×3		12×3	
影像覆盖地面大小	320 km×51 km		560 km×51 km	
影像覆盖范围/(°)	E114.578216	N42.061784	E114.947709	N42.064374
	E115.189070	N41.957640	E115.54751	N41.956830
	E114.330221	N39.100110	E114.107452	N37.138009
	E113.744110	N39.211297	E113.544067	N37.226530

为了验证区域网平差的精度，在测区范围内均匀布设大量控制点，控制点与控制点之间间隔约10 km。控制点大部分选取为道路交叉口，少量为地物转角处。在困难山区，部分锐角相交处选作了控制点。由于测区区域较大，大部分控制点利用TOPCON NET-G3A单点静态观测，部分控制点利用MAGELLAN ProFlex500进行网络RTK(real-time kinematic)观测，经地面数据处理后定位精度在10 cm之内。经过剔除部分无法识别点位以及小角度道路交会处之后，余下的392个控制点在影像中的分布如图6.3所示，从图中可以看到控制点在平面和高程上均匀分布。影像上控制点通过人工量测获取。

资源三号测绘卫星在太行山地区同时包含有条带影像产品和标准景影像产品，因此可以用来比较条带影像产品精度、标准景影像精度与轨道约束的区域网平差精度。为了较好的评价平面精度和高程精度，在计算最终精度时将检查点和控制点均转换到UTM(universal transverse mercator)投影系下。由于条带影像产品与标准景影像产品之间存在严格的对应关系，为了避免重复选点以及选点误差，将条带影像上的像点坐标反算回原始影像，再计算出相应标准景上像点坐标。为了避免相邻轨的影响，基于轨道约束的区域网平差将针对单轨数据381轨和305轨展开分析。

2. 条带影像的区域网平差

将上述所有控制点作为检查点进行无控平差时，影像定向中误差为0.357个像素，其中垂轨向0.274个像素，沿轨向0.230个像素，定向精度达到子像素精度；检查点中误差平面为6.24 m，高程为5.46 m。误差分布如图6.4(a)所示，图中蓝色箭头为高程误差，红色箭头为平面误差。从图中可以看出：381轨平面误差极小，而305轨中存在系统性的平面误差，这是因为381轨经过了嵩山检校场(不位于影像之内)，经检校消除了部分误差，因此其平面定位精度大大优于305轨。由此可以说明，条带数据的姿轨误差是系统性的，较为稳定。

因此，当利用7个控制点对两个条带进行周边布控，至少保证每轨4个控制点平差

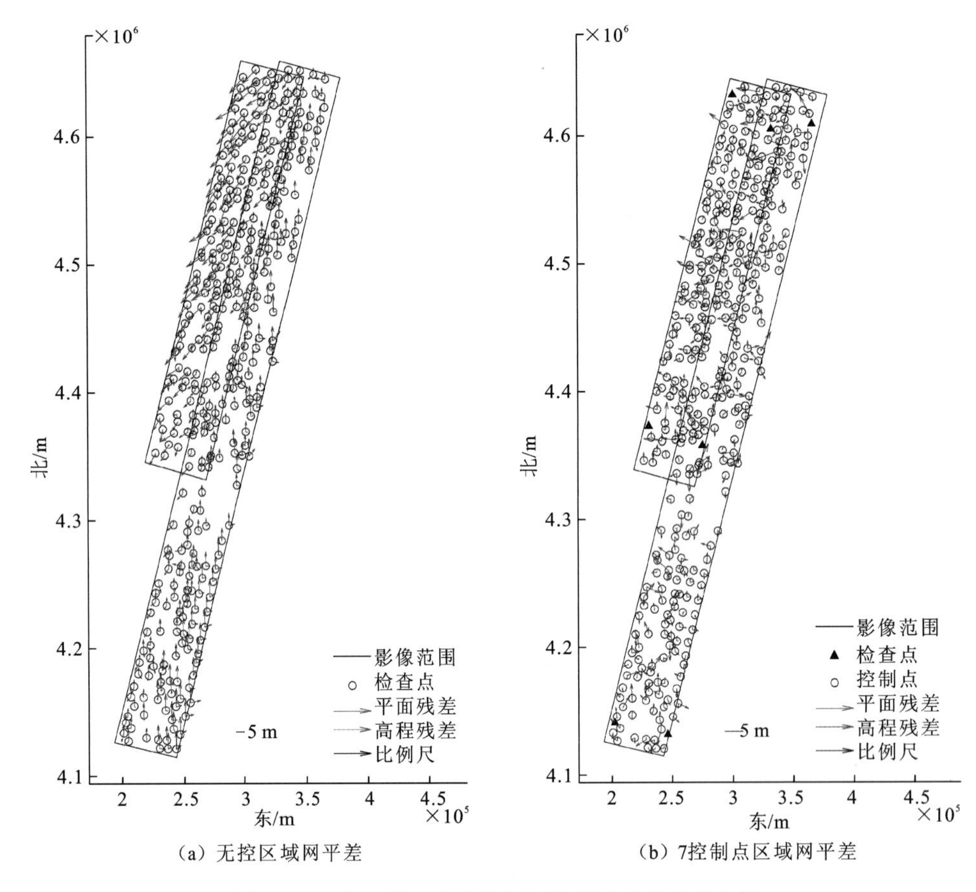

(a) 无控区域网平差　　(b) 7控制点区域网平差

图 6.4　太行山测区条带数据区域网平差误差分布图

时,其定向中误差为 0.46 个像素,垂轨向误差为 0.34 个像素,沿轨向误差为 0.31 个像素;检查点平面中误差 2.46 m,高程中误差 1.49 m,误差分布图如图 6.4(b)所示。从图中可以看出,误差呈现随机性,且此种情况下,利用少量控制点平差精度与标准景能达到精度相仿。这表明资源三号测绘卫星的轨道、姿态在一轨之内较为稳定,符合线性模型。因此,基于像方的仿射变换模型可以吸收相关误差。

当两轨条带数据进一步增加到 18 个控制点时,检查点平面中误差 2.40 m,高程中误差 1.65 m。与 7 个控制点相比,精度并无明显提升,且高程精度有所降低,主要是由控制点选点精度的差异造成。

3. 基于轨道约束的区域网平差

381 轨影像覆盖 12 景标准景影像范围,影像范围内包含有 280 个控制点。分析基于轨道约束的区域网平差、条带影像区域网平差和标准景影像区域网平差在无控制点、4 角点控制、18 个控制点以及 34 个控制点时的平差精度,平差结果如表 6.3 所示。

表6.3 太行山试验区381轨区域网平差结果对比表

平差方案	控制点/个	检查点/个	X/m	Y/m	平面中误差/m	高程中误差/m
基于轨道约束的区域网平差	0	280	2.41	1.77	2.99	8.59
	4	276	1.85	1.68	2.50	1.81
	18	262	1.73	1.73	2.44	1.74
	33	247	1.70	1.70	2.40	1.63
条带影像区域网平差	0	280	2.40	1.77	2.99	8.52
	4	276	1.84	1.67	2.49	1.63
	18	262	1.72	1.71	2.43	1.66
	33	247	1.68	1.67	2.37	1.53
基于标准景的区域网平差	0	280	2.11	1.76	2.75	8.57
	4	276	2.03	1.83	2.73	6.36
	18	262	1.96	2.00	2.80	2.00
	33	247	1.83	2.04	2.74	1.61

当381轨影像上所有控制点用作检查点时，基于轨道约束的区域网平差的平面中误差为2.99 m，高程中误差为8.59 m，此时基于条带影像产品的精度与之相近，而基于标准景影像的平面精度略好，为2.75 m，高程精度相近。

当在影像四角点布设控制点时，基于轨道约束的区域网平差的未知数为18个，观测值为24个，可以稳定求解。此时，平面中误差为2.5 m，高程中误差为1.81 m。而条带影像产品的平面中误差为2.49 m，高程中误差为1.63 m。两者的残差对比如图6.5所示。从图中可以看出，基于轨道约束的区域网平差影像第3景和第4景影像的高程误差较条带影像产品较大。由此可见，基于轨道约束的几何条件较条带影像的约束要差。

对于标准景影像的区域网平差而言，由于其求解参数有216个，而观测值仅仅只有24个，方程严重病态。尽管此时的未知数高度相关，然而基于正则化的求解方式不能实现数值稳定的求解，因此精度较前两者更差。此时其平面中误差为2.73 m，高程中误差为6.36 m。

当影像中存在18个控制点时，基于轨道约束的区域网平差和条带影像区域网平差的精度仅发生微小变化，轨道约束的区域网平差精度略有提升，而条带影像产品的平面精度有所提升而高程精度有所降低。由于其变化在mm级，几乎可以认为不变；而此时对于标准景影像，18个控制点可以保证每景影像上至少分布有3个控制点，方程解唯一，其平面中误差为2.8 m，高程中误差为2.0 m，精度较前两者依旧差。

当进一步将控制点数目增加到34个时，基于轨道约束的区域网平差的检查点平面中误差为2.4 m，高程中误差为1.63 m。而条带影像的平面中误差为2.37 m，高程中误差为1.53 m。标准景影像的区域网平差的平面中误差为2.74 m，高程中误差为1.61 m。造成该影响的主要原因是：基于轨道约束的区域网平差影像内部的稳定性较好，大量减少

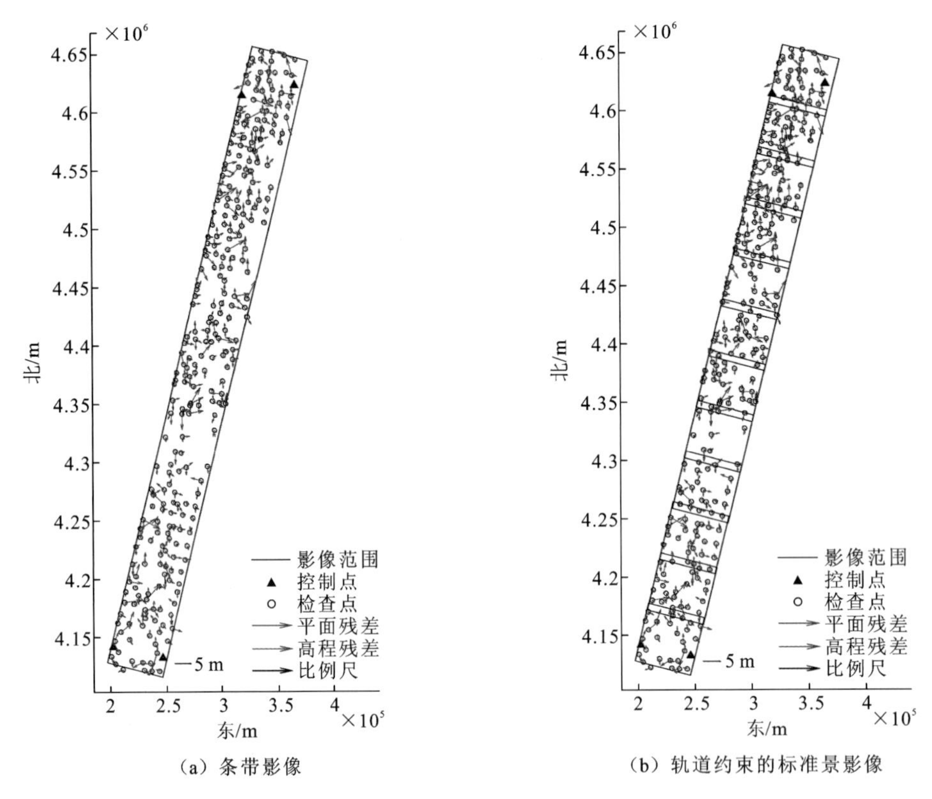

(a) 条带影像　　(b) 轨道约束的标准景影像

图 6.5　太行山试验区 381 轨条带影像产品与轨道约束 4 角点布设控制点区域网平差残差对比图

了控制点，当控制点中出现精度较差的点时，对最终的平差结果影响较小。而对于标准景影像的区域网平差，由于每景影像通过影像内部控制点进行平差，当出现个别误差较大的点时，将造成该景影像的精度损失。如图 6.6 所示，第 3 景影像和第 12 景影像中都出现了标准景影像精度较差的现象。这是因为这两个区域都对应为山区，在该区域人工目标较少，控制点在像方量测精度难以保证，因此引起了该区域检查点精度较差。

如图 6.7 所示，当对比太行山试验区 381 轨影像不同平差方案随控制点数目增加时的精度变化可以看出，对于轨道约束的标准景影像和条带影像，当控制点数目增加到 4 个及以上时，其精度水平并无明显改善，因此对于一般的测图应用来说，在测区的四角点处选择质量较好的 4 个控制点即可实现高精度的区域网平差。甚至可以通过平原地区布设控制点实现山区等困难区域的高精度测图。而标准景影像产品的区域网平差过程中，未能有效消除影像参数之间的相关性，因此其精度较前两种方案相对较差。

相同的现象也可以从 305 轨的区域网平差结果中看出，当对 305 轨进行 0，4 个，16 个控制点的条带影像区域网平差、轨道约束区域网平差和标准景影像的区域网平差时，基于轨道约束的区域网平差精度与条带影像产品相近，且优于标准景影像产品，平差结果如表 6.4 所示。

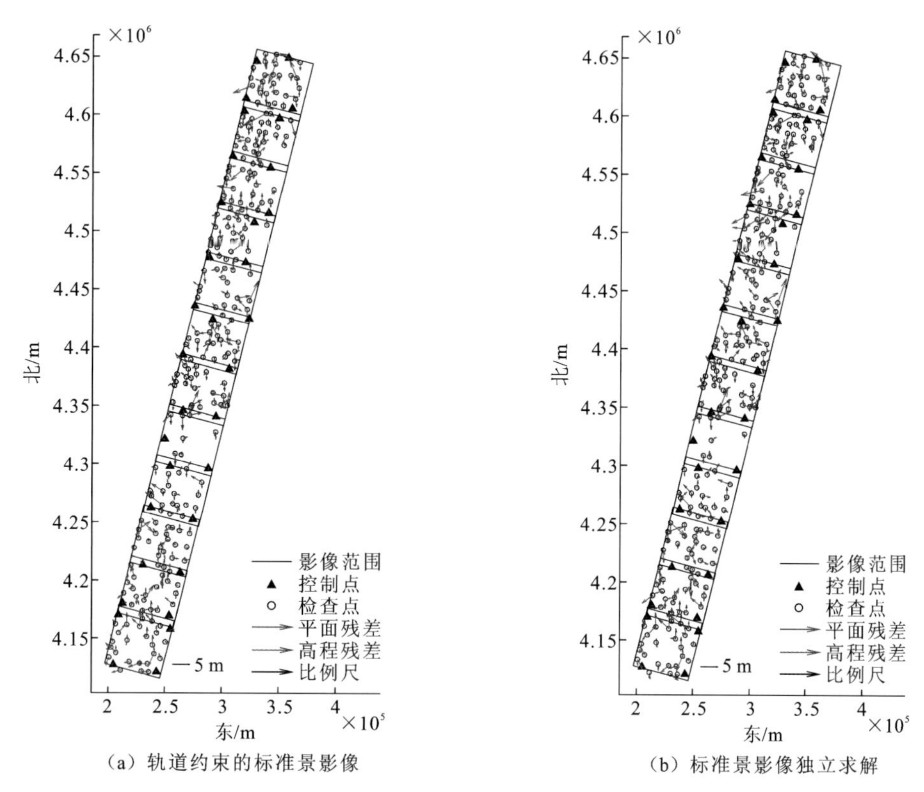

（a）轨道约束的标准景影像　　（b）标准景影像独立求解

图 6.6　太行山试验区 381 轨轨道约束和标准景影像布设 34 个控制点的区域网平差残差对比图

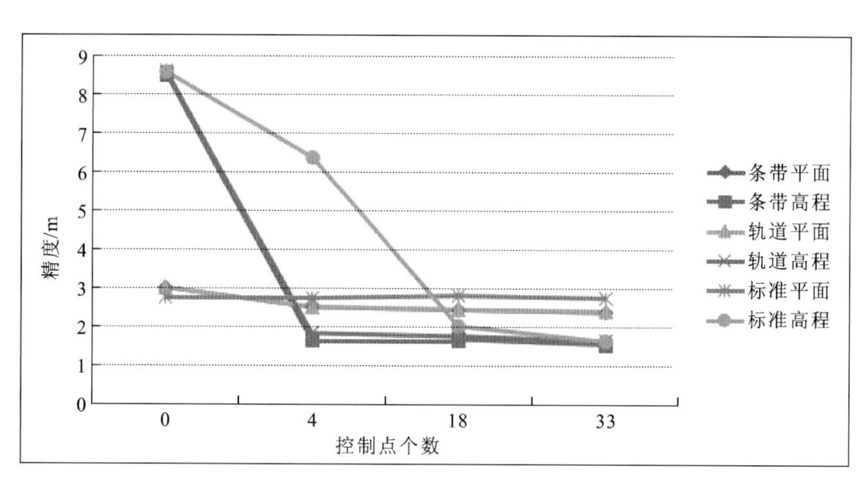

图 6.7　太行山试验区 381 轨区域网平差结果对比

表 6.4　太行山试验区 305 轨区域网平差结果对比表

平差方案	控制点/个	检查点/个	X/m	Y/m	平面中误差/m	高程中误差/m
基于轨道约束的区域网平差	0	193	7.80	7.49	10.82	3.86
	4	189	2.01	2.00	2.84	1.83
	16	177	1.76	1.79	2.51	1.41

续表

平差方案	控制点/个	检查点/个	X/m	Y/m	平面中误差/m	高程中误差/m
条带影像区域网平差	0	193	7.82	7.45	10.80	3.88
	4	189	1.98	2.05	2.85	1.86
	16	177	1.72	1.79	2.48	1.42
基于标准景的区域网平差	0	193	7.86	8.08	11.27	3.76
	4	189	5.88	2.63	6.44	2.04
	16	177	1.81	1.78	2.54	1.71

在16个控制点的情况下，基于标准景的区域网平差更易受质量较差的控制点的影响，如图6.8中第3景影像的高程误差所示。

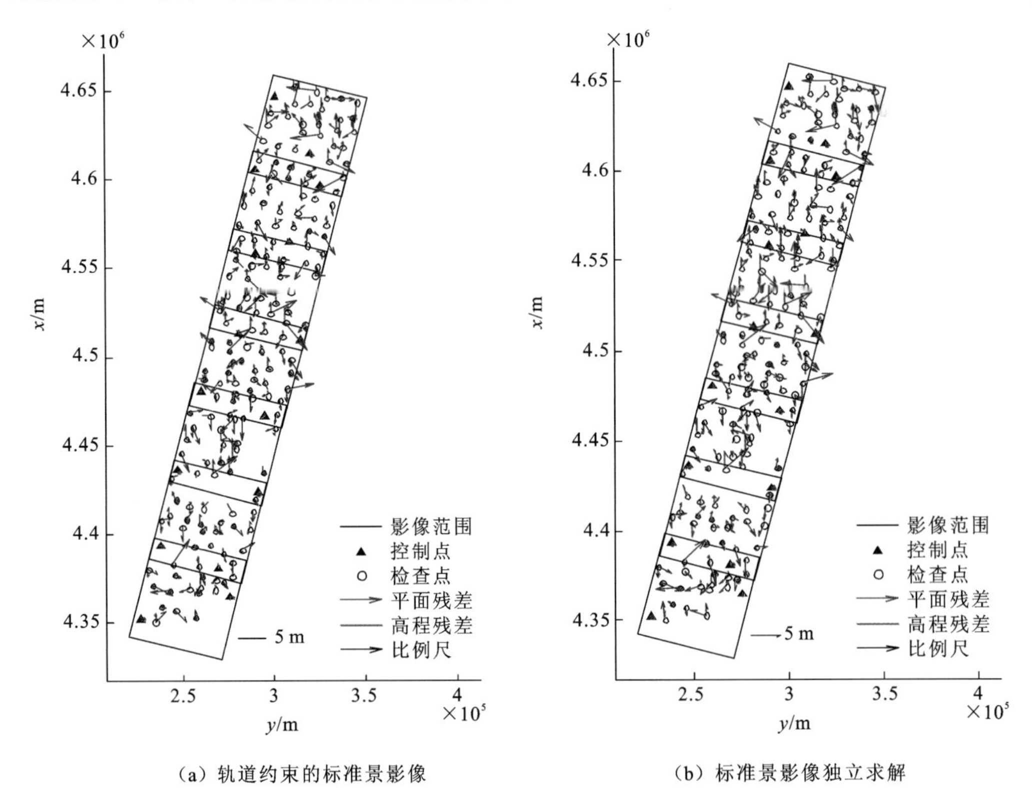

(a) 轨道约束的标准景影像　　(b) 标准景影像独立求解

图6.8　太行山试验区305轨轨道约束和标准景影像布设16个控制点的区域网平差残差对比图

6.4　DEM约束卫星影像平面区域网平差

6.4.1　平面平差的基本原理

参与区域网平差的卫星影像间交会角较小(小于10°)时，一般称之为弱交会条件。

此时，若采用经典的卫星影像平差方式会造成平差结果不收敛、连接点处高程求解异常等问题。卫星影像的平面平差是指在区域网平差过程中不求解连接点地面坐标的高程值，仅计算卫星影像的定向参数和连接点物方平面坐标的一种区域网平差方式，这种平差方式可以保证平差解算的稳定以及平差后物方点平面坐标的精度。和经典基于 RFM 的立体区域网平差类似，平面区域网平差时并不改正 RPC 参数，而是仅仅改正 RPC 模型的系统误差补偿参数。平面平差采用像方仿射变换模型作为系统误差补偿模型。

将像方补偿的仿射项参数(e_0,e_1,e_2)和(f_0,f_1,f_2)作为未知数与地面点平面坐标(X,Y)等未知数一并求解，即得到基于 RFM 模型的区域网平差误差方程式：

$$\begin{bmatrix} v_r \\ v_c \end{bmatrix}=\begin{bmatrix} \dfrac{\partial r}{\partial e_0} & \dfrac{\partial r}{\partial e_1} & \dfrac{\partial r}{\partial e_2} & 0 & 0 & 0 & \dfrac{\partial r}{\partial X} & \dfrac{\partial r}{\partial Y} \\ 0 & 0 & 0 & \dfrac{\partial c}{\partial f_0} & \dfrac{\partial c}{\partial f_1} & \dfrac{\partial c}{\partial f_2} & \dfrac{\partial c}{\partial X} & \dfrac{\partial c}{\partial Y} \end{bmatrix}\cdot\begin{bmatrix} \Delta e_0 \\ \Delta e_1 \\ \Delta e_2 \\ \Delta f_0 \\ \Delta f_1 \\ \Delta f_2 \\ \Delta X \\ \Delta Y \end{bmatrix}-\begin{bmatrix} r-\hat{r} \\ c-\hat{c} \end{bmatrix} \tag{6.12}$$

其中：$\Delta X,\Delta Y$ 为待定点的地面坐标改正数。

从式(6.12)中可以看出，平面平差在平差过程中实际不求解地面点坐标的高程值，仅在每次平差结束之后得到连接点新的物方平面坐标。此时，加入 DEM 作为高程约束，在连接点处通过 DEM 内插该点的地面点坐标高程值 Z（而非通过前方交会得到），将其与平面坐标(X,Y)一起代入平差系统中进行下一次迭代计算，直到整个平差过程收敛。具体流程如图 6.9 所示。

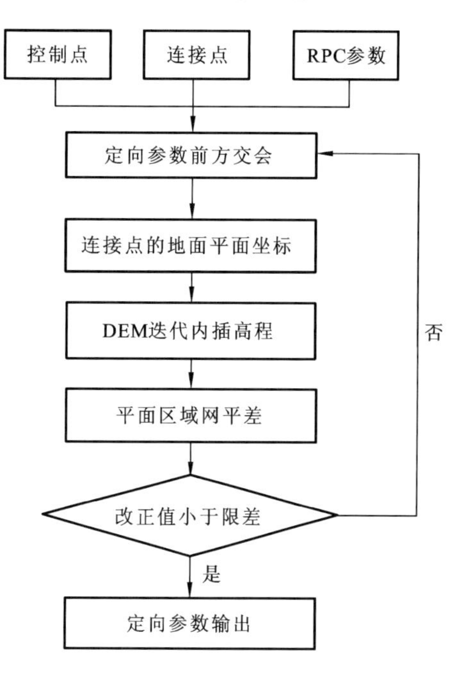

图 6.9　卫星影像平面平差流程图

6.4.2 平面与立体平差对比试验结果与分析

1. 试验数据介绍

采用经过几何检校的资源三号测绘卫星的传感器校正产品作为试验数据，包含影像和 RPC 参数。

采用两个试验区数据，分别为黑龙江省的齐齐哈尔测区和陕西省的渭南测区。齐齐哈尔测区范围为东经 122.107°～124.614°，北纬 45.082°～48.723°，试验区的地貌包括平原和山地，平原为主，高程范围 130～300 m。该测区共有 5 轨数据，每轨分别含有 1 景前、后、正视全色影像，共 15 幅影像；其中有 2 景是长条带影像数据（沿轨方向分别为 2、3 个标准景），该测区内量测了 73 个均匀分布的控制点。

陕西渭南测区范围为东经 107.738°～109.335°和北纬 33.983°～35.316°。试验区地势南北高，中间低，东西开阔。按地表形态可粗分为山地、平原两大土地类型，平原为主。该测区共有 3 轨数据，每轨分别含有 3 景前、后、正视全色影像，共 27 幅影像。该测区同样采用人工量测的方式刺了 52 个控制点。

试验区基本参数如表 6.5 所示。

表 6.5 试验区基本参数

项目	齐齐哈尔 5×1 试验区	渭南 3×3 试验区
正视影像分辨率/m	2.1	2.1
前后视影像分辨率/m	3.5×3.7	3.5×3.7
轨道数/条	5	3
控制点/个	73	52
连接点/个	62	28
最大地形起伏/m	300（平原和山地）	767（平原和山地）

所有在影像上量测的控制点均为明显地物点，如道路交叉口、房屋拐角点等，通过人工比对控制影像和资源三号卫星影像上的同名点得到。控制影像满足 1∶10 000 国家基础测绘生产成果的精度，平面位置精度为±5 m，高程值通过 1∶50 000DEM 内插获得。但是本测区控制点片对应的影像分辨率差异较大，这对于资源三号卫星 2.1 m 的分辨率会导致控制点不易识别（高分辨率影像上的地物在资源三号卫星影像上对应的位置较难准确找到），且部分控制点布设在围墙角，房顶等起伏较大区域，刺点精度在±1 个像素甚至更低。图 6.10 中左图影像为 1∶10 000 测图的控制影像，其影像上可识别地物远远多于资源三号影像（右影像）上的地物，这种分辨率不一致给控制点的像点坐标量测带来了一定的精度损失。

2. 试验方案设计

为了比较和验证资源三号影像的平面区域网平差和立体区域网平差的精度差异，以

图 6.10　控制点在控制影像与资源三号影像上对比

及不同精度的 DEM 对平面区域网平差精度的影响，每个试验区域在同一套控制数据和同一套检查数据的保障下，主要采用以下几种方案进行对比试验。

（1）试验一：平面区域网平差与立体区域网平差对比试验，平面区域网平差采用 1∶50 000DEM 作为高程约束，格网大小是 25 m×25 m。该试验的目的是为了验证弱交会条件下的平面区域网平差和立体区域网平差所能达到的平面精度。

① 方案 1：仅采用资源三号卫星的正视影像进行无控制点的自由网平面区域网平差，所有的控制点都作为独立检查点；

② 方案 2：仅采用资源三号卫星的正视影像进行带控制点的区域网平面区域网平差，在区域中均匀分布稀少的控制点，其余控制点作为独立检查点；

③ 方案 3：采用资源三号卫星的前正后视影像进行无控制点的自由网立体区域网平差，所有的控制点都作为独立检查点；

④ 方案 4：采用资源三号卫星的前正后视影像进行带控制点的区域网立体区域网平差，在区域中均匀分布稀少的控制点，其余控制点作为独立检查点；

（2）试验二：验证不同 DEM 精度对平差区域网精度的影响。该试验仅采用资源三号正视影像，其目的是为了验证平面平差所需要 DEM 的精度，以及 DEM 精度对最终平面平差精度的影响。

① 方案 1：采用全球 SRTM 作为高程控制，格网大小是 90 m×90 m，无控制点的自由网平面平差；

② 方案 2：采用全球 SRTM 作为高程控制，格网大小是 90 m×90 m，带控制点的控制网平面平差；

③ 方案 3：采用全球 DEM 作为高程控制，格网大小是 1 000 m×1 000 m，无控制点的自由网平面平差；

④ 方案 4：采用全球 DEM 作为高程控制，格网大小是 1 000 m×1 000 m，带控制点的控制网平面平差。

3. 立体与平面区域网平差对比试验

采用所设计的试验方案，进行了资源三号立体和平面区域网平差的对比试验，依据检查点统计的结果列于表 6.6。

表 6.6 资源三号立体平差和平面平差的比较结果

试验区	平差类型	平差方案	控制点/个	检查点/个	最大残差/m				中误差/m			
					E	N	平面	高程	E	N	平面	高程
齐齐哈尔	立体平差	无控平差	0	73	20.516	9.817	22.585	16.048	8.748	5.125	10.139	6.400
		带控平差	12	61	7.531	8.125	8.319	7.911	2.806	3.172	4.235	3.366
	平面平差	无控平差	0	73	25.122	8.843	26.287	—	10.970	3.598	11.545	—
		带控平差	12	61	6.710	8.781	9.134	—	2.837	3.136	4.229	—
陕西渭南	立体平差	无控平差	0	52	13.315	15.689	18.865	20.759	9.282	10.252	13.830	13.902
		带控平差	9	43	6.218	7.130	7.159	6.861	3.317	2.967	4.450	2.622
	平面平差	无控平差	0	52	15.154	18.304	20.130	—	9.478	9.429	13.370	—
		带控平差	9	43	6.049	7.227	7.425	—	2.523	2.999	3.919	—

从表 6.6 的结果可以看出，无论是平面平差还是立体平差，从自由网平差后检查点的残差来看均带有明显的系统性，即检查点残差的大小和方向在图中表现得较为一致，如图 6.11 和图 6.13 所示。在测区内分别布设了少量控制点后再进行带控制的区域网平差，此时通过控制点确定了平差的空间基准，并经最小二乘法则将误差进行了合理的配赋，再通过迭代计算使各点较好地收敛到一个最合适位置，从而明显提高了影像间的连接点和独立检查点的空间位置精度，如图 6.12 和图 6.14。

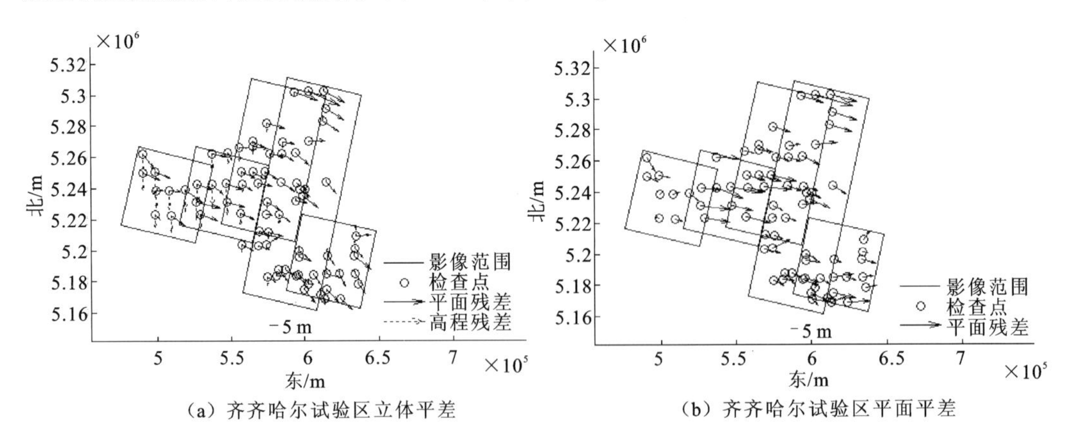

(a) 齐齐哈尔试验区立体平差　　(b) 齐齐哈尔试验区平面平差

图 6.11 齐齐哈尔测区自由网平差检查点的残差分布图

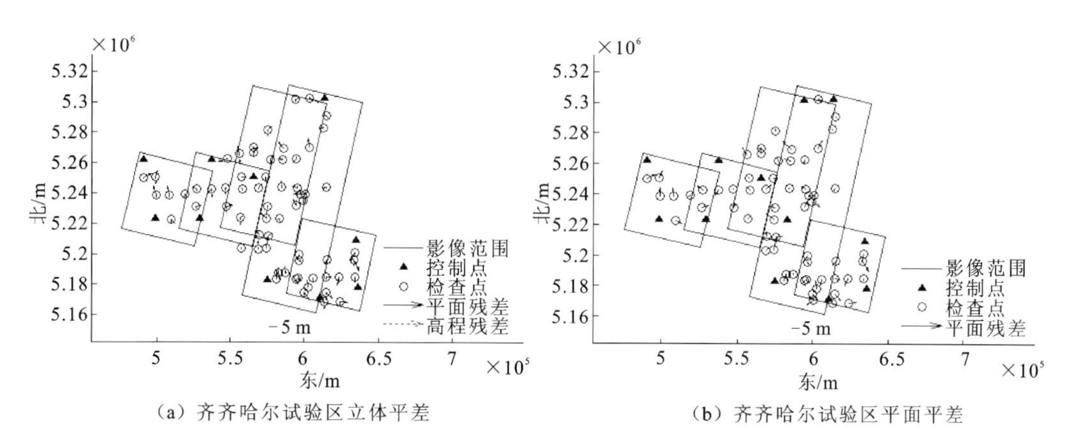

（a）齐齐哈尔试验区立体平差　　（b）齐齐哈尔试验区平面平差

图6.12　齐齐哈尔测区控制网平差检查点的残差分布图

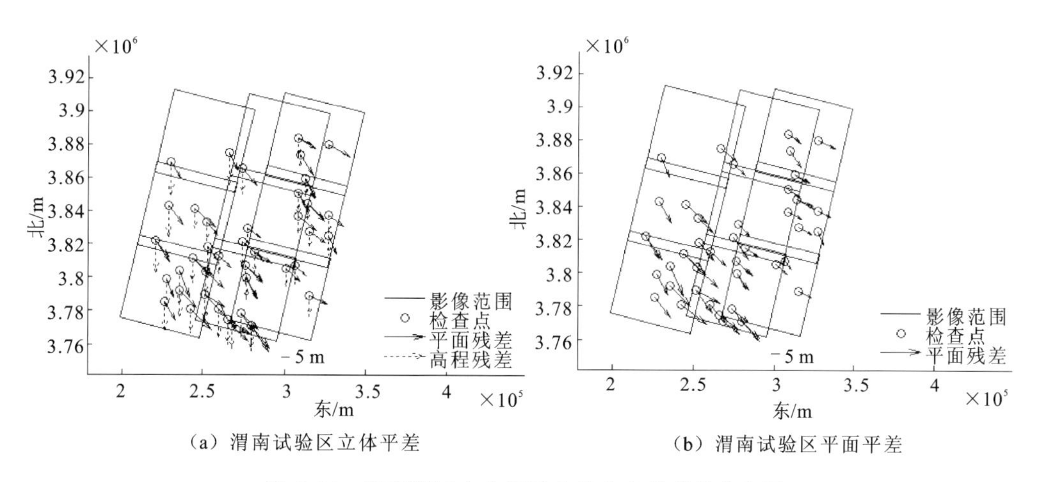

（a）渭南试验区立体平差　　（b）渭南试验区平面平差

图6.13　渭南测区自由网平差检查点的残差分布图

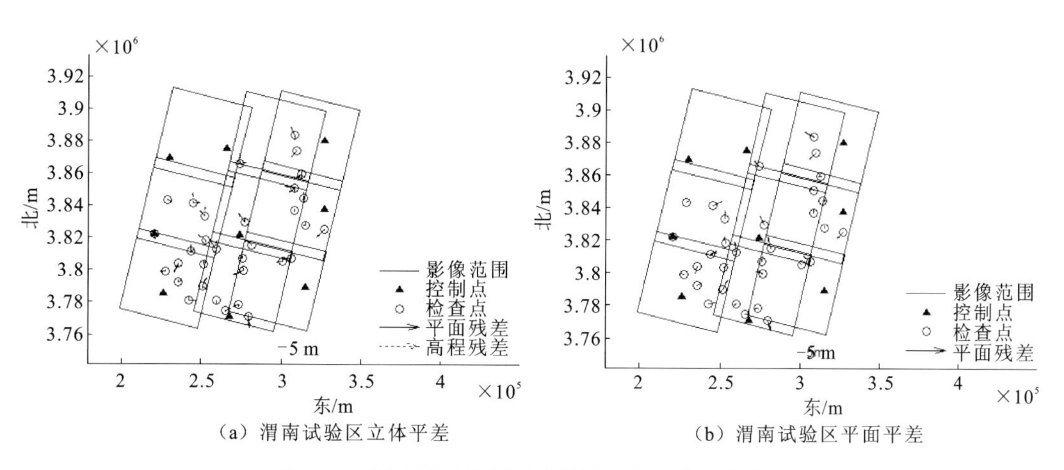

（a）渭南试验区立体平差　　（b）渭南试验区平面平差

图6.14　渭南测区控制网平差检查点的残差分布图

分别比较齐齐哈尔和陕西渭南两个试验区的结果不难发现，每个试验区在同一套控制和检查体系下，平面平差和立体平差所能达到的平面精度是一致的。这说明，在弱交会下的平面区域网平差中，DEM 的作用相当于三线阵平差中的前后视影像所起到的高程约束作用。试验验证了平面区域网平差的平面精度能达到立体平差平面精度相当的水平。

4. 不同精度 DEM 支持下平面平差试验

对比表 6.6 和表 6.7 的结果可以看出，在平面区域网平差中，连接点的高程控制无论是选择全球 1 000 m 格网的 DEM、90 m 格网 SRTM 还是 25 m 格网的 1∶50 000DEM，均可以获得一致的平面精度。这是因为参与平面区域网平差的资源三号影像仅采用的是近似于垂直观测的正视全色影像，地形起伏引起的投影差非常小。对于资源三号正视全色影像，全球 1 000 m 格网的 DEM 和 90 m 格网的 SRTM 可以起到同样高程约束的效果，并不会造成平面区域平差后检查点平面精度的下降。若对于侧摆角较大的卫星影像，平面区域网平差还是建议采用精度较高的 DEM 数据作为高程约束。

表 6.7 不同精度的 DEM 对平差结果的影响

试验区	DEN网格	平差方案	控制点/个	检查点/个	最大残差/m			中误差/m		
					E	N	平面	E	N	平面
齐齐哈尔	90	无控平差	0	73	20.880	8.948	21.990	9.964	3.627	10.600
		带控平差	12	61	6.992	8.781	9.134	2.626	3.110	4.0710
	1000	无控平差	0	73	21.340	8.949	22.460	9.822	3.620	10.460
		带控平差	12	61	6.794	8.781	9.135	2.624	3.100	4.066
陕西渭南	90	无控平差	0	52	15.710	18.360	20.310	9.611	9.450	13.470
		带控平差	9	43	5.953	7.227	7.439	2.485	3.010	3.900
	1000	无控平差	0	52	18.660	18.850	22.690	10.350	9.620	14.130
		带控平差	9	43	6.098	7.287	7.635	2.568	3.010	3.964

此外，由于平面平差中采用的 DEM 高程值均是不包含人工建筑的高度值的，因此在进行平面平差时控制点以及影像间的连接点一般不要选择在人工建筑上或者其附近。这是因为平面平差时地面点高程的初始值非常重要，若所赋地面点高程的初始值较差，该点通过迭代计算后可能无法收敛，导致平差发散。同理，地形陡峭以及地形变化剧烈的位置不能选择控制点和检查点。

6.4.3 卫星影像正射纠正试验结果与分析

1. 试验数据介绍

采用三个试验区的资源三号数据进行区域正射纠正试验，分别为：(1)张家口试验区，共有 5 轨数据，每轨有 2 景影像，共 10 景影像；(2)东北试验区，共有 5 轨数据，每轨有 5

景影像，共 25 景影像；(3)河北试验区，影像覆盖河北省全景的数据，共 10 轨数据，139 景影像。具体试验区域的相关参数如表 6.8 所示。

表 6.8　试验区基本参数

项目	张家口试验区	东北试验区	河北试验区
正视影像分辨率/m	2.1	2.1	2.1
轨道数/条	5	5	10
控制点/个	86	81	313
连接点/个	31	130	402
影像间平均交会角/(°)	8	8	8
最大地形起伏/m	1125(山地)	137(平原)	1606(山地)

其中控制数据的获取采用人工判读方法通过比对资源三号正视全色影像和国家基础测绘成果(1∶10 000 和 1∶50 000 DOM)的控制片影像，量测了均匀分布的地面控制点，考虑到人工量测误差以及控制片本身的点位误差，控制点实际精度为平面 5 m。

2. 试验方案设计

为了比较和验证资源三号影像在不同区域大小以及不同地形环境下的正射纠正精度，以及正射影像的接边精度，分别三个区域进行试验，主要采用以下几种试验方案进行。

(1) 试验一：控制点的数目和分布情况对平面平差结果的影响。平面平差采用 1∶50 000 DEM 作为高程约束，格网大小是 25 m×25 m。该试验的目的是为了给出平面区域网平差的控制点布设方案。

卫星遥感影像区域网平差的基准是由地面控制点确定的，地面控制点的数量和分布决定了区域网平差的几何条件，并对平差精度产生直接影响。为此，采用图 6.15 所示的 5 种地面控制方案进行光束法平差试验中。

方案 A：区域四角各布设 1 个控制点；

方案 B：在方案 A 的基础上，在区域中央加了 1 个控制点；

方案 C：沿卫星飞行方向布设两排控制点；

方案 D：在区域周边布设控制点；

方案 E：区域内均匀分布控制点。

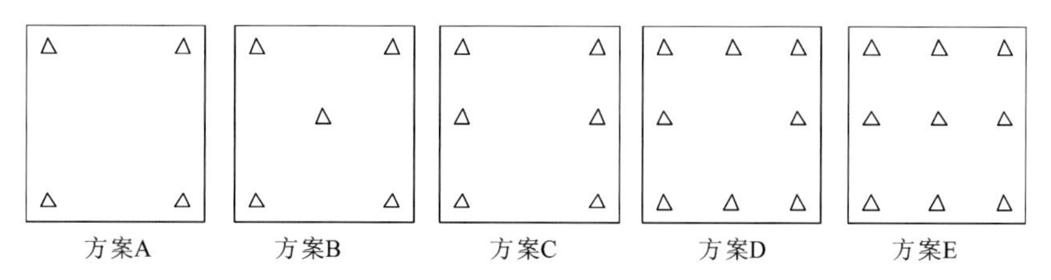

图 6.15　平面区域网平差地面控制方案

(2) 试验二:不同区域大小的平面区域网平差比较试验,平面平差采用1∶50 000DEM作为高程约束,格网大小是25 m×25 m。该试验的目的是为了验证不同地形环境下的平面区域网平差所能达到的物方平面精度。

方案1:仅采用资源三号卫星的正视影像进行无控制点的自由网平面区域网平差,所有的控制点都作为独立检查点;

方案2:仅采用资源三号卫星的正视影像进行带控制点的区域网平面区域网平差,在区域中均匀分布稀少的控制点,其余控制点作为独立检查点。

(3) 试验三:利用试验二的平差结果进行大区域影像的正射纠正试验。该试验的目的是为了验证大区域正射纠正的接边精度。

比较和分析无控平差和带控平差下连接点处的像方残差,并统计其精度结果。同时,通过叠加显示的方法,目视评价几何纠正后相邻影像接边处的精度。

3. 试验结果与分析

首先,对张家口试验区分别采用试验一中所述的五种不同控制点布设方案进行平面平差,试验结果如表6.9所示。

表6.9 基于不同控制方案的平面区域网平差精度

试验区	方案	控制点/个	检查点/个	最大残差/m				中误差/m			
				E	N	平面	高程	E	N	平面	高程
张家口试验区	A	4	82	9.893	10.416	11.470	—	5.245	4.214	6.728	—
	B	5	81	12.156	11.121	14.648	—	4.564	4.854	6.663	—
	C	6	80	9.070	10.056	10.419	—	4.585	3.888	6.011	—
	D	8	78	6.516	9.845	9.847	—	3.398	3.786	5.087	—
	E	9	77	7.060	6.251	7.150	—	3.742	2.601	4.557	—

从表6.9可以看出,采用方案E时,平面平差的精度最好,达到了平面4.557 m的精度水平。这说明,对于平面平差在测区内均匀布设控制点的方案是合适的。通过试验一得知,控制点的分布应该尽量包含整个平差测区,且均匀分布在测区内。控制点的布设方案将在后续试验中进行进一步的验证。

采用试验二的方案分别对张家口试验区(10景)、东北试验区(25景)、河北试验区(139景)进行无控制和带控制的平面平差试验,其中,带控制平差试验中的控制点布设方案按试验一的方案E实施。试验结果如表6.10所示。

表6.10 不同区域的资源三号影像平面平差结果

试验区	平差方案	控制点/个	检查点/个	最大残差/m				中误差/m			
				E	N	平面	高程	E	N	平面	高程
张家口试验区	无控平差	0	86	16.943	15.928	18.937	—	8.598	6.673	10.884	—
	带控平差	9	77	7.060	6.251	7.150	—	3.742	2.601	4.557	—

续表

试验区	平差方案	控制点/个	检查点/个	最大残差/m				中误差/m			
				E	N	平面	高程	E	N	平面	高程
东北试验区	无控平差	0	81	11.748	12.436	13.261	—	4.143	7.961	8.974	—
	带控平差	9	72	5.326	7.793	9.123	—	2.909	2.849	4.072	—
河北试验区	无控平差	0	313	44.359	31.310	45.410	—	20.642	9.562	22.749	—
	带控平差	33	280	21.230	13.931	22.623	—	5.591	4.115	6.942	—

从表 6.10 中不难看出，三个区域的平面平差结果均达到预期的精度。张家口试验区(10 景)和东北试验区(25 景)均达到了约平面 4 m 的精度水平。河北试验区(139 景)大测区的平差精度稍差，为平面 6.942 m 的精度水平。主要原因是河北试验区的覆盖范围较大，控制资料的空间基准以及精度水平很难统一(控制片有 1∶10 000 和 1∶50 000 两种国家基础测绘成果资料)，造成平面平差精度有轻微下降。并且通过比对所有测区的无控制平面平差和带控制平面平差的结果，可以从残差图上明显看出，无控制平差后检查点的像方残差带有一定的系统性，即单景影像内残差的大小和方向基本一致。通过带控制平差后，系统误差均被很好地消除了，如图 6.16～图 6.18 所示。

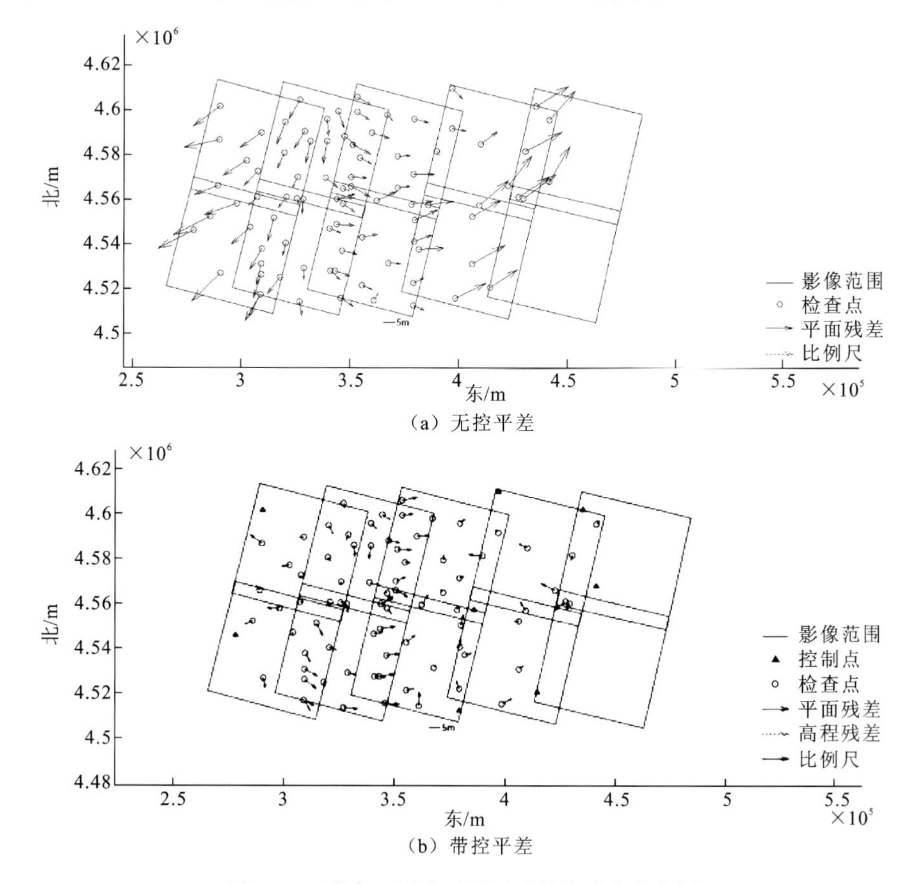

图 6.16　张家口试验区平面平差的残差分布图

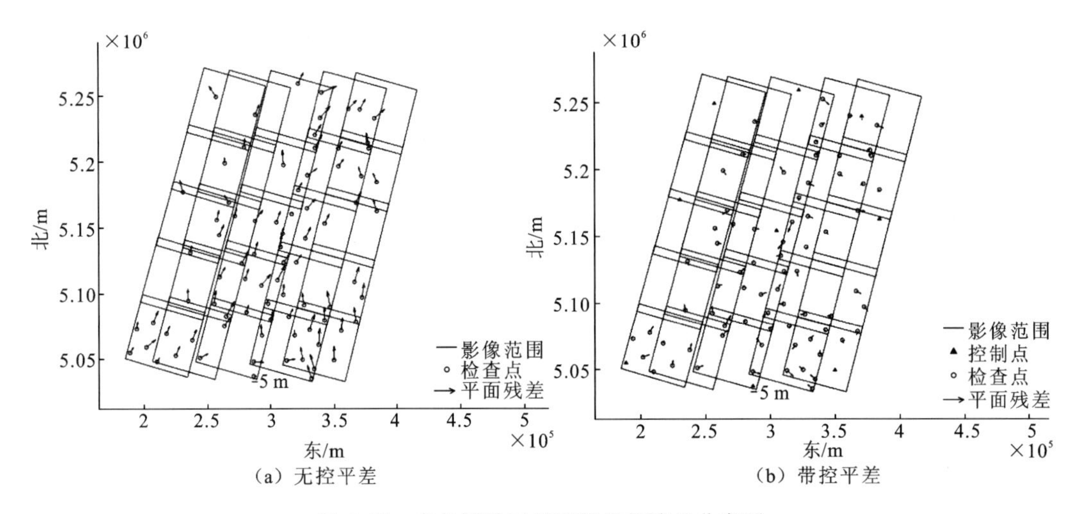

(a) 无控平差　　(b) 带控平差

图 6.17　东北试验区平面平差的残差分布图

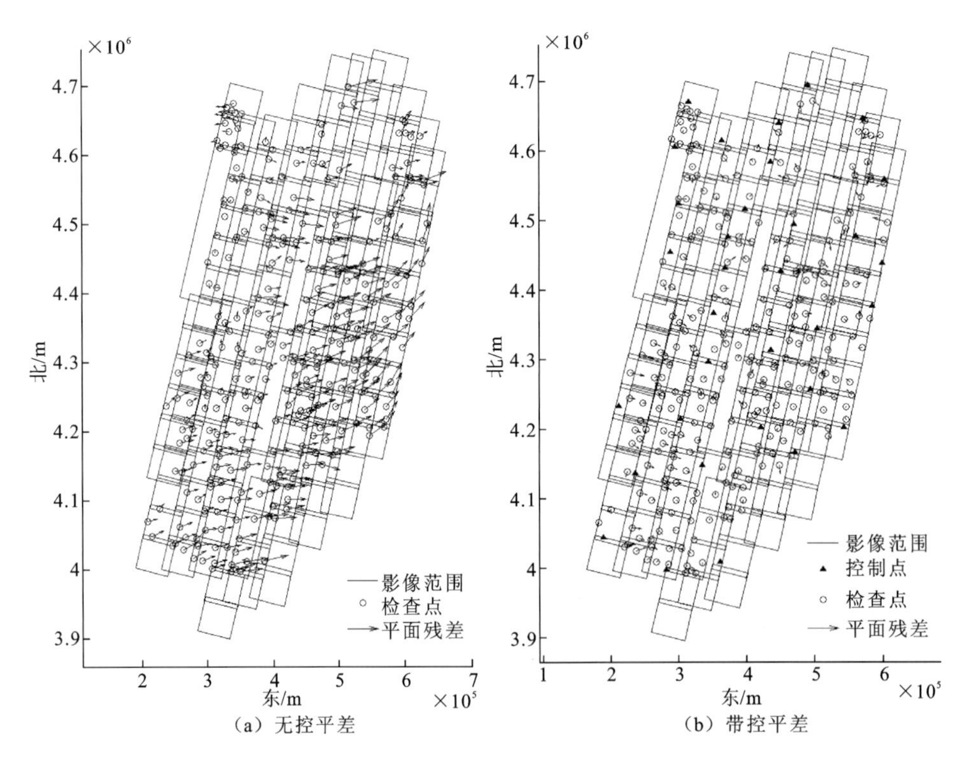

(a) 无控平差　　(b) 带控平差

图 6.18　河北试验区平面平差的残差分布图

从表 6.10 中还可以发现,三个试验区的平面平差中所用的控制点数远小于卫星影像数,这说明本研究方法可以极大地减少区域正射纠正所需控制点,仅用少量的控制点即可满足测区精度需求,节省人工作业量。

最后,为了验证平面平差后影像间的接边精度,对每个区域平差后连接点的像方残差精度进行了统计，如表 6.11 所示。

表 6.11 不同区域资源三号正视影像的平面平差连接点试验结果

试验区	平差方案	连接点/个	最大残差/像素				中误差/像素			
			x	y	平面	高程	x	y	平面	高程
张家口试验区	无控平差	31	0.530	0.468	0.567	—	0.169	0.161	0.233	—
	带控平差	31	0.837	0.727	1.109	—	0.201	0.213	0.292	—
东北试验区	无控平差	130	1.074	1.300	1.339	—	0.344	0.343	0.486	—
	带控平差	130	1.165	1.246	1.704	—	0.363	0.372	0.520	—
河北试验区	无控平差	402	1.895	0.796	1.941	—	0.387	0.215	0.443	—
	带控平差	402	2.351	1.119	2.443	—	0.537	0.271	0.602	—

从表 6.11 可以看出，连接点的中误差均在±0.5 个像素的精度水平。控制网平差的连接处精度会比自由网平差略低，这是因为在人工刺点的过程中，控制点的转刺精度很难达到 0.5 个像素以内，导致和连接点的像方精度存在略微的不一致。同时，平差时的控制点都被当为真值，精度较差的控制点会影响整个区域网的网型，体现在影像接边处的精度存在轻微下降。

经过平面平差后可以获得所有参与平差影像的定向参数即影像的像方系统误差改正参数，利用批处理技术可以对每景影像进行自动正射纠正处理。以张家口试验区为例，将纠正后的影像导入 ERDAS 软件，通过叠加相邻景纠正后的影像，显示了影像接边处精度较好且山区道路、房屋等地形起伏较大的区域均没有出现明显错位现象，如图 6.19 所示。以上试验表明，本章方法能够保证相邻影像进行镶嵌时镶嵌线不用进行再次的选择，即最优镶嵌的搜索这一步工作基本可以省去，优化了影像镶嵌的处理流程。同时，保证了区域内所有影像的接边处都达到了较高的相对几何精度，影像间无须再重新选点做相对纠正。

(a) 沿轨向接边示意图

图 6.19 正射纠正后相邻影像的接边处相对位置关系示意图

(b) 垂轨向接边示意图

图 6.19 正射纠正后相邻影像的接边处相对位置关系示意图(续)

6.5 以 SRTM-DEM 为控制的遥感影像纠正

对光学影像构建的每一个立体像对,可以通过密集匹配方法生成 DEM,以 SRTM-DEM 作为控制对多个 DEM 进行独立模型法区域网平差,获得每个 DEM 的定向参数,基于此定向参数计算对应光学影像的定向参数,进行正射纠正。

6.5.1 组建单元模型

由于轨道误差、姿态误差等误差影响,立体像对中不同影像的同名光线并不能实现对对相交,利用像面加仿射变换的 RFM 模型进行自由网平差,获得每个影像对应 6 个仿射变换系数,通过密集匹配的方法生成 DEM,作为进一步处理的单元模型。

6.5.2 独立模型法 DEM 区域网平差

1. DEM 区域网平差定向模型

将 DEM 视为刚体,只能做平移、缩放、旋转,则定向后 DEM 与原始 DEM 的关系可以视为三维相似变换关系,将三维相似变换模型作为 DEM 区域网平差的定向模型。DEM 区域网平差即通过平差计算每个 DEM 的定向模型参数。

DEM 区域网平差的定向模型如式(6.13)。

$$\left.\begin{aligned}&\begin{bmatrix}x'\\y'\\z'\end{bmatrix}=\boldsymbol{T}+s\boldsymbol{R}\begin{bmatrix}x\\y\\z\end{bmatrix}\\&\boldsymbol{T}=[T_x\quad T_y\quad T_z]\end{aligned}\right\}\tag{6.13}$$

其中

$$R=\begin{bmatrix}1 & 0 & 0\\0 & \cos\omega & -\sin\omega\\0 & \sin\omega & \cos\omega\end{bmatrix}\begin{bmatrix}\cos\varphi & 0 & -\sin\varphi\\0 & 1 & 0\\\sin\varphi & 0 & \cos\varphi\end{bmatrix}\begin{bmatrix}\cos\kappa & -\sin\kappa & 0\\\sin\kappa & \cos\kappa & 0\\0 & 0 & 1\end{bmatrix}$$

$\boldsymbol{T}$ 表示平移矩阵；$\boldsymbol{R}$ 表示旋转矩阵；T_X，T_y，T_Z 分别表示 X 轴，Y 轴，Z 轴方向的平移量；ω，φ，κ 分别表示绕 X 轴，Y 轴，Z 轴的旋转角；s 表示缩放系数，均为待解算的参数。其中，(x',y',z')，(x,y,z)表示归一化后的点坐标，取值范围为$(-1,1)$。

2. DEM 区域网平差控制点获取

针对两个 DEM 之间的配准问题，Akca 等(2005)提出了 LS3D(least squares 3D surface matching)算法，Zhang 等(2008)等在 LS3D 基础上提出了 NCC(normal correspondence criterion)算法，即最小法线距离法，并验证其更适用于格网 DEM 的匹配。以上算法针对的是两景 DEM 之间的匹配，本节针对区域 DEM，提出独立模型法 DEM 区域网平差方法：将 SRTM-DEM 和 DEM，以及不同 DEM 之间，采用 NCC 算法进行配准获取对应点，将 SRTM-DEM 与 DEM 之间的对应点视为“控制点”，将 DEM 之间的对应点视为“连接点”，通过最小二乘法，同时使“控制点”“连接点”沿法线之间的距离最小，获取 DEM 的定向参数。如图 6.20，提取 DEM 上的点沿法线方向与另一 DEM 的交点，区分为“控制点”“连接点”。

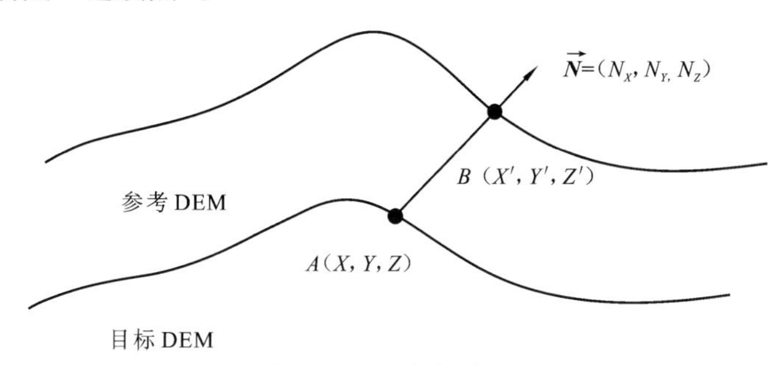

图 6.20　对应点关系图

另外，影像误匹配、云遮挡等会造成 DEM 存在错误值点，Noh(2014)等提出了基于 GC(geometric constraints)点去除 DEM 粗差点的方法。在提取“控制点”“连接点”之前，根据坡度、坡向、起伏度的相似度去除粗差点。

独立模型法 DEM 区域网平差得到了每个 DEM 的定向参数，通过重算 RPC 参数来完成对应影像的定向。

6.5.3　数据试验及结果分析

1. 试验数据

采用经过几何检校的资源三号测绘卫星的传感器校正产品作为试验数据，包括影像体和 RPC 参数，前、中、后视的影像分辨率分别为 3.5 m、2.1 m、3.5 m，有两个试验区，分别为湖北省的咸宁测区和江西测区。

咸宁测区范围为东经 113.628～114.350，北纬 29.221～30.168，试验区南高北低，地貌包括山地和平原，山地为主，高程范围为 10～1 229 m。该测区有一景前、中、后视资源三号全色影像，数据获取时间为 2012 年，如图 6.21(a)中实线所示，该测区共设置了 41 个均匀分布的 GPS 点。另外，获取了该区域的 Pleiades 立体像对，将四角的 GPS 点作为控制点、区域内其余 6 个 GPS 点作为检查点，进行区域网平差，平差后检查点的平面中误差优于 1 m，高程中误差优于 1.5 m，并采用立体匹配方式制作格网大小为 10 m 的 Pleiades－DEM，作为验证用控制数据使用，其范围如图 6.21(a)中虚线所示。

江西测区位于江西省的西北，范围为东经 114.113°～115.811°，27.623°～29.757°。试验区以山地为主，有少量平原，高程范围为 6～1 770 m。获取了该区域的 10 景前、后、正视全色影像，共 30 幅影像，其范围如图 6.21(b)白线所示，该测区内共设置了 18 个 GPS 点。

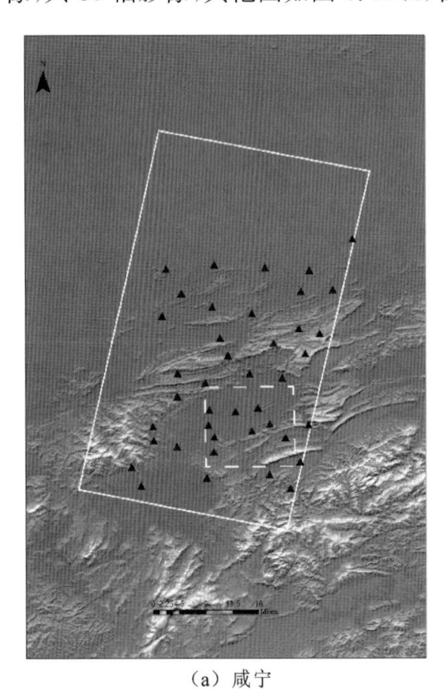

(a) 咸宁

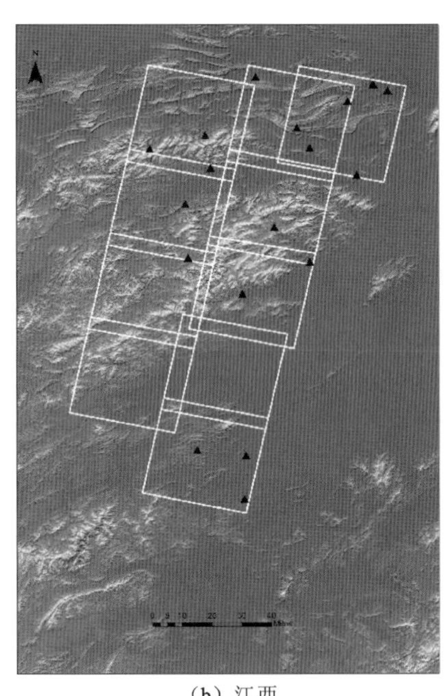

(b) 江西

图 6.21　GPS 点分布图

GPS 点坐标通过 RTK 方式在 WGS84 坐标系下获取，物方平面和高程精度均优于0.1 m，设在道路交叉口、地块分界点等影像上较为清楚的位置，人工刺点精度优于 1 个像素。

2. 试验方案设计

为了验证 DEM 做控制进行遥感影像正射纠正的有效性，以及比较分析不同精度 DEM 做控制的试验结果，本小节对两个测区的资源三号数据分别进行处理，主要按照以下三种试验方案进行：

(1) 方案 1：每个立体像对进行自由网平差并生成 DEM。所有的 GPS 点作为检查点，统计正视影像的像方残差。

(2) 方案 2:以 pleiades-DEM、SRTM-DEM 作为控制对咸宁地区的数据进行处理,对比不同 DEM 进行控制的精度。

(3) 方案 3:以 SRTM-DEM 作控制,对江西测区的 10 景资源三号立体影像进行 DEM 区域网平差,以验证以 SRTM-DEM 为控制的定向精度。

3. 数据试验及结果分析

按照方案 1、方案 2 对咸宁测区的资源三号影像进行处理后,将该区域的 41 个 GPS 点作为检查点,精度统计结果如表 6.12,其对应的残差图如图 6.22。

表 6.12　咸宁资源三号影像 DEM 平差前后结果对比

类型	X/像素			Y/像素			平面/像素			DEM 精度/m		
	Min	Max	RMS	Min	Max	RMS	Min	Max	RMS	Min	Max	RMS
自由网	4.49	10.46	8.52	−4.27	−8.94	6.74	7.32	13.70	10.86	−0.12	36.09	7.52
Pleiades-DEM 作控制	−0.14	3.69	1.88	−0.05	6.87	3.18	0.47	6.99	3.69	0.02	14.87	3.54
SRTM-DEM 作控制	−1.56	−7.78	4.06	4.95	11.78	8.26	6.49	12.60	9.20	−0.53	9.39	4.53

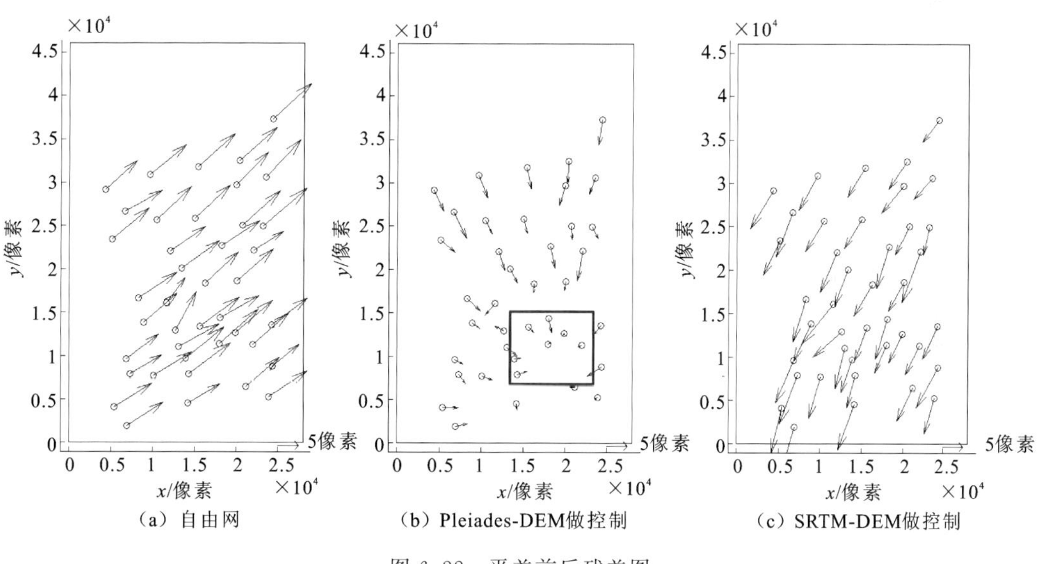

图 6.22　平差前后残差图

由表 6.12、图 6.22 可知:

(1) 以 Pleiades-DEM 做控制进行平差后,正视影像的平面定向精度由 10.86 个像素提高到 3.69 个像素,DEM 的精度由 7.52 m 提高到 4.53 m。另外,提取的“控制点”的分布会影响最终的定向精度,Pleiades-DEM 的范围如图 6.22(b)中红线所示,从残差分布来看,离红线范围越远的地方,残差有增大的趋势,有 DEM 控制的区域系统误差能够得到较好的消除。

(2) 从 SRTM-DEM 做控制的结果来看,正视影像的定向精度由 10.86 个像素提高到 9.20 个像素，DEM 的精度由 7.52 m 提高到 4.53 m，从图 6.22(c)可以看到，平差后影像仍然存在明显的系统差，与图 6.22(b)对比可以推知，这与 SRTM-DEM 的精度有关，用于做控制的 DEM 的精度越高，平差后影像的精度也能得到相应的提高。

(3) 将 GPS 点作为检查点评定 SRTM-DEM 的精度为 6.67 m，定向后 DEM 的精度提高到 4.53 m，考虑到 SRTM-DEM 的格网大小只有 90 m，DEM 的格网大小为 10 m，可推知，通过本小节方法能够得到更高精度的 DEM。

按照方案 1、方案 3 对江西测区的 10 景资源三号影像进行试验后，精度统计结果如表 6.13。

表 6.13　江西资源三号影像 DEM 平差前后结果对比

类型	X/像素			Y/像素			平面/像素			DEM 精度/m		
	Min	Max	RMS	Min	Max	RMS	Min	Max	RMS	Min	Max	RMS
平差前	−3.87	15.97	10.60	−0.50	−12.11	6.60	4.31	17.02	12.93	−5.22	−20.06	14.31
平差后	−0.09	−10.84	4.68	−0.01	−10.79	4.38	1.53	11.65	6.85	−6.31	−17.55	12.19

由表 6.13 可知：

(1) 正视影像的平面定向精度由 12.93 个像素提高到 6.85 个像素，平面精度提升了 47%。Odriguez 等(2006)对 SRTM 的精度进行了验证，欧亚地区的绝对定位精度是 8.8 m。考虑到降采样、匹配错误等因素，定向精度提高到 6.84 个像素(约为 14.4 m)是合理的。

(2) DEM 的精度由 14.31 m 提高到 12.19 m，提升不明显。统计 DEM 误差的均值和标准差，平差前分别为−12.76 m、6.48 m，平差后分别为−11.86 m、2.84 m，可见仍然存在明显的系统差，但是标准差由 6.48 m 提高到 2.84 m。

正射纠正试验，叠加相邻景纠正后的影像，对比图如图 6.23、图 6.24 所示，分别表示相邻正射影像的相对接边关系。其中(a)、(c)表示未作平差的影像直接进行正射影像纠正的接边情况，(b)、(d)表示利用方案 3 的平差定向结果进行正射纠正后的接边情况。从垂轨方向、沿轨方向以及不同区域的相邻影像拼接结果对比来看，影像接边处的相对精度得到提升。

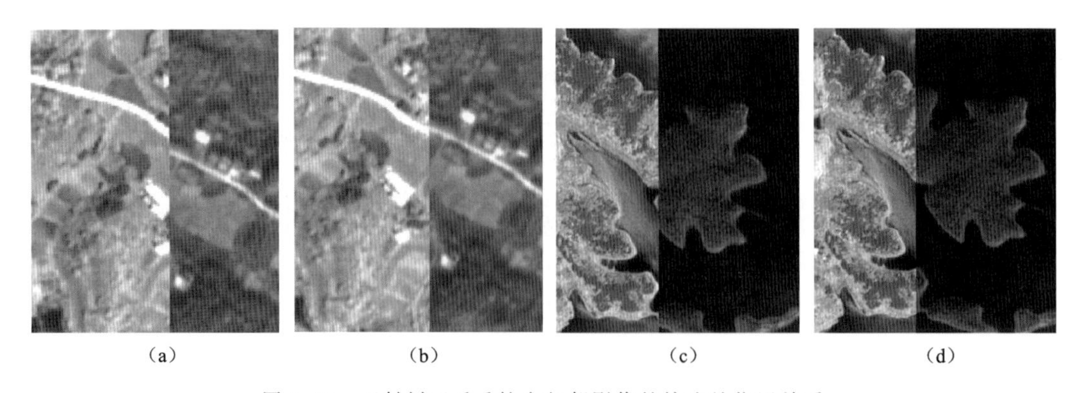

(a)　(b)　(c)　(d)

图 6.23　正射纠正后垂轨向相邻影像的接边处位置关系

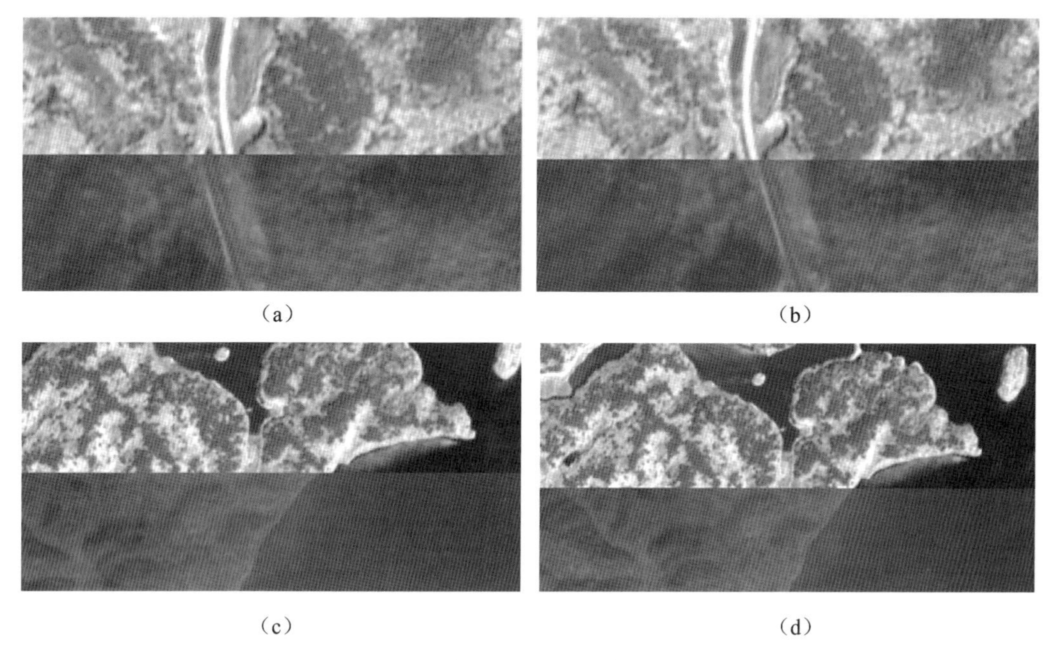

图 6.24　正射纠正后沿轨向相邻影像的接边处位置关系

6.6 小　　结

受姿态、轨道测量误差的影响，引起线阵推扫式传感器的影像成像光线的指向不正确。因此，需要通过区域网平差对误差进行改正。对于不同的模型，改正方式有所差异。针对有理多项式模型，基于像方的仿射变换模型性能卓越，能消除原始影像中存在的轨道和姿态的线性误差，恢复影像的成像几何光线。

(1) 对于大范围测图应用而言，如何减少控制点是提高测图效率的关键因素。对于资源三号测绘卫星，可以通过长达 560 km 的条带影像产品的区域网平差实现这一目的。条带影像产品制作过程中，消除了影像中的内外畸变，制作了高替代精度的 RFM。由于卫星成像时卫星轨道、姿态的稳定性，即仅存在平移项和姿态漂移等线性误差，当在条带影像 4 角点布设控制点时即可消除这些误差，实现大范围稀少控制点区域网平差。

(2) 生产、分发过程中，更多采用的是附带 RFM 的标准景影像产品，而从条带影像产品的区域网平差过程中，可知卫星轨道、姿态的高度稳定性。因此，对于一轨影像，其像方仿射变换模型之间是高度相关的。提出了基于沿轨向的平移和缩放模型，建立起条带影像和标准景影像之间的几何约束关系，从而大幅度减少了对控制点的需求，实现稀少控制点的区域网平差。因为减少了参数，提高了平差的可靠性，所以受控制点误差的影响更小。基于轨道约束的区域网平差可以通过相邻景的几何关系建立起约束模型，然而其约束关系较条带影像产品来说相对较弱，因此精度要略低于条带影像产品。但是，当没有提供或生产条带影像产品时，该模型可以减少控制点的需求，提高平差的精度和可靠性。

(3) 针对区域正射影像制作，提出了DEM约束的平面区域网平差模型，通过不同区域弱交会条件下的资源三号数据的试验结果表明：①同一个区域采用相同的控制和检查体系的前提下，无论是自由网还是控制网，平面区域网平差能够达到与立体区域网平差相当的物方平面精度。②平面区域网平差方法可以减少区域正射纠正中控制点的数量需求，节省人工作业量，提高了区域卫星影像正射纠正的效率。③纠正后相邻影像的接边精度较高，连接点的像方中误差为0.5个像素，达到了几何上无缝拼接的水平。

(4) 将DEM作为控制基准进行光学遥感影像的纠正方法能够保障整个区域影像纠正后，达到较高的相对几何精度，几何上达到了无缝拼接的水平。

参考文献

邓明军，张过，邱双双. 2013. 资源一号02C卫星的影像定向精度验证. 2013年年度桂林会议论文集：13-18.

李德仁，程家喻. 1988. SPOT影像的光束法平差. 测绘学报，3(3)：162-170.

李德仁，张过，江万寿，等. 2006. 缺少控制点的SPOT-5 HRS影像RPC模型区域网平差. 武汉大学学报：信息科学版，31(5)：377-381.

潘红播，张过，唐新明，等. 2013a. 资源三号测绘卫星传感器校正产品几何模型. 测绘学报，40(10)：516-522.

潘红播，张过，唐新明，等. 2013b. 资源三号测绘卫星影像产品精度分析与验证. 测绘学报，42(5)：738-744.

汪韬阳，张过，李德仁，等. 2014. 卫星遥感影像的区域正射纠正. 武汉大学学报：信息科学版，39(7)：838-842.

张过，李德仁，潘红播. 条带约束区域网平差软件[简称：StripConstraintBundleAdjustment]V1.0：2014SR105472.

张过，李德仁，邱双双. 星载卫星同轨分景影像拼接软件[简称：OrbitPinjie]V1.0：2014SR105479.

张过，李德仁，汪韬阳. 星载带轨道约束条件立体平差软件[简称：IATmain Orbit]V1.0：2014SR105476.

张过，李德仁，袁修孝，等. 2006. 卫星遥感影像的区域网平差成图精度. 测绘科学技术学报，23(4)：239-241.

张过，潘红播，唐新明，等. 2014a. 资源三号测绘卫星长条带产品区域网平差. 武汉大学学报：信息科学版，39(9)：1098-1102.

张过，汪韬阳，李德仁，等. 2014b. 基于轨道约束的资源三号标准景影像区域网平差. 测绘学报，43(11)：1158-1164.

张浩，张过，蒋永华，等. 2016. 以SRTM-DEM为控制的光学卫星遥感立体影像正射纠正. 测绘学报，45(3)：326-331.

张永军，张勇. 2005. 大重叠度影像的相对定向与前方交会精度分析. 武汉大学学报：信息科学版，30(2)：

126-130.

张永生，巩丹超. 2004. 高分辨率遥感卫星应用：成像模型、处理算法及应用技术. 北京：科学出版社：49-51.

张祖勋，杨生春，张剑清，等. 2007. 多基线-数字近景测量. 地理空间信息，5(1)：1-4.

Akca D，Gruen A. 2005. Least squares 3D surface and curve matching. ISPRS Journal of Photogrammetry and Remote Sensing，59(3)：151-174.

Di K，Ma R，Li R. 2003. Rational functions and potential for rigorous sensor model recovery. Photogrammetric Engineering and Remote Sensing，69(1)：33-41.

Dowman I，Dolloff J. 2000. An evaluation of rational function for photogrammetric restitution，International Archives of Photogrammetry and Remote Sensing，Amsterdam，The Netherlands，16-23 July，(Amsterdam，The Netherlands：GITC)，33(B3)：254-266.

Dowman I，Michalis P. 2003. Generic rigorous model for along track stereo satellite sensors. ISPRS Workshop High Resolution Mapping from Space.

Fraser C S，Hanley H B，Yamakawa T. 2002. Three-dimensional geopositioning accuracy of ikonos imagery. The Photogrammetric Record，17(99)：465-479.

Fraser C S，Hanley H B. 2005. Bias-compensated RPCs for sensor orientation of high-resolution satellite imagery. Photogrammetric Engineering and Remote Sensing，71(8)：7.

Fraser C S，Yamakawa T. 2004. Insights into the affine model for high-resolution satellite sensor orientation. ISPRS Journal of Photogrammetry and Remote Sensing，58(5/6)：275-288.

Grodecki J，Dial G. 2003. Block adjustment of high-resolution satellite images described by rational polynomials. Photogrammetric Engineering and Remote Sensing，69(1)：59-68.

Grodecki J. 2001. IKONOS stereo feature extraction-RPC approach. Proceedings of the Proc ASPRS Annual Conference，St Louis：23-27.

Gugan D J. 1987. Practical aspects of topographic mapping from spot imagery. The Photogrammetric Record，12(69)：349-355.

Gupta R，Hartley R I. 1997. Linear pushbroom cameras. IEEE Transactions on. Pattern Analysis and Machine Intelligence，19(9)：963-975.

Jacobsen K. 2007. Orientation of high resolution optical space images. Proceedings of the ASPRS 2007 Annual Conference，Tampa，Florida，May：7-11.

Jung H，Kim S，Won J，et al. 2007. Line-of-sight vector adjustment model for geopositioning of SPOT-5 stereo images. Photogrammetric Engineering and Remote Sensing，73(11)：1267.

Konecny G，Lohmann P，Engel H，et al. 1987. Evaluation of SPOT imagery on analytical photogrammetric instruments. Photogrammetric Engineering and Remote Sensing，53(9)：1223-1230.

Kratky V. 1989a. On-line aspects of stereophotogrammetric processing of SPOT images. Photogrammetric Engineering and Remote Sensing，55(3)：311-316.

Kratky V. 1989b. Rigorous photogrammetric processing of SPOT images at CCM Canada. ISPRS Journal of Photogrammetry and Remote Sensing，44(2)：53-71.

Michalis P，Dowman I. 2008. A generic model for along-track stereo sensors using rigorous orbit mechanics. Photogrammetric Engineering and Remote Sensing,74(3):303-309.

Noh Y J, Howat I M. 2014. Automated coregistration of repeat digital elevation models for surface elevation change measurement using geometric constraints. IEEE Transactions on Geoscience and Remote Sensing,52(4):2247-2260.

Odriguez E,Morris C S,Belz J E. 2006. A global assessment of the SRTM performance. Photogrammetric Engineering and Remote Sensing,72(3):249-260.

Ono T. 1999. Epipolar resampling of high resolution satellite imagery. Joint Workshop of ISPRS WG I/1, I/3 and IV/4 on Sensors and Mapping from Space.

Orun A,Natarajan K. 1994. A modified bundle adjustment software for SPOT imagery and photography: tradeoff. Photogrammetric Engineering and Remote Sensing,60(12):1431-1437.

Pan H B,Zhang G,Tang X,et al. 2013. Basic products of the ZiYuan-3 satellite and accuracy evaluation. Photogrammetric Engineering and Remote Sensing,79(12):1131-1145.

Poli D. 2007. A rigorous model for spaceborne linear array sensors. Photogrammetric Engineering and Remote Sensing,73(2):187-196.

Radhadevi P V,Ramachandran R,Murali Mohan ASRKV 1998. Restitution of IRS-1C PAN data using an orbit attitude model and minimum control. ISPRS Journal of Photogrammetry and Remote Sensing, 53(5):262-271.

Radhadevi P V,Sasikumar T P,Ramachandran R. 1994. Orbit attitude modelling and derivation of ground co-ordinates from spot stereopairs. ISPRS Journal of Photogrammetry and Remote Sensing,49(4): 22-28.

Tao C V, Hu Y. 2001. A comprehensive study of the rational function model for photogrammetric processing. Photogrammetric Engineering and Remote Sensing,67(12):1347-1357.

Teo T A. 2011. Bias Compensation in a rigorous sensor model and rational function model for high-resolution satellite images. Photogrammetric Engineering and Remote Sensing,77(12):1211-1220.

Teo T, Chen A, Liu L C, et al. 2010. DEM-aided block adjustment forsatellite images with weak convergence geometry. IEEE Transactions on Geoscience and Remote Sensing,8(4):1907-1918.

Topan H,Maktav D. 2014. Efficiency of orientation parameters on georeferencing accuracy of SPOT-5 HRG level-1A stereoimages. IEEE Transactions on Geoscience and Remote Sensing,52(6):3683-3694.

Toutin T. 1995. Multisource data fusion with an integrated and unified geometric modelling. EARSeL Advances in Remote Sensing,4(2):118-129.

Toutin T. 2011. State-of-the-art of geometric correction of remote sensing data:a data fusion perspective. International Journal of Image and Data Fusion,2(1):3-35.

Wang T Y,Zhang G,Li D R,et al. 2014. Geometric accuracy validation for ZY-3 satellite imagery. IEEE Geoscience and Remote Sensing Letters,11(6):1168-1171.

Wang T Y, Zhang G. 2014. Planar block adjustment and orthorectification of ZY-3 satellite images. Photogrammetric Engineering and Remote Sensing,80(6):559-570.

Weser T,Rottensteiner F,Willneff J,et al. 2008. Development and testing of a generic sensor model for pushbroom satellite imagery. The Photogrammetric Record,23(123):255-274.

Westin T. 1990. Precision rectification of SPOT imagery. Photogrammetric Engineering and Remote Sensing, 56(2): 247-253.

Yoon Y T, Eineder M, Yague-Martinez N, et al. 2009. TerraSAR-X precise trajectory estimation and quality assessment. IEEE Transactions on Geoscience and Remote Sensing, 47(6): 1859-1868.

Zhang G, Qin X W, Tang X M. 2007. Block adjustment from multi-sensor imagery. 12th Conference of Int. Association for Mathematical Geology: 498-501.

Zhang G, Pan H B, Li D R, et al. 2014. Block adjustment of satellite imagery using RPCs with virtual strip scenes. Photogrammertric Engineering and Remote sensing, 80(11): 1053-1059.

Zhang J, Zhang Z. 2002. Strict geometric model based on affine transformation for remote sensing image with high resolution. International Archives of Photogramnetry Remote Sensing and Spatial Information Sciences, 34(3/13): 309-312.

Zhang T G. 2008. Efficient correspondence criterion for gridded DEM co-registration. The International Archives of the Photogrammetry, Remote Sensing and Spatial Information Sciences. Beijing: Copernicus Publications: 1241-1246.

Zhen X, Zhang Y. 2009. A generic method for RPC refinement using ground control information. Photogrammetric Engineering and Remote Sensing, 75(9): 1083-1092.

Zhen X, Zhang Y. 2011. Bundle adjustment with rational polynomial camera models based on generic method. IEEE Transactions on Geoscience and Remote Sensing, 49(1): 190-202.

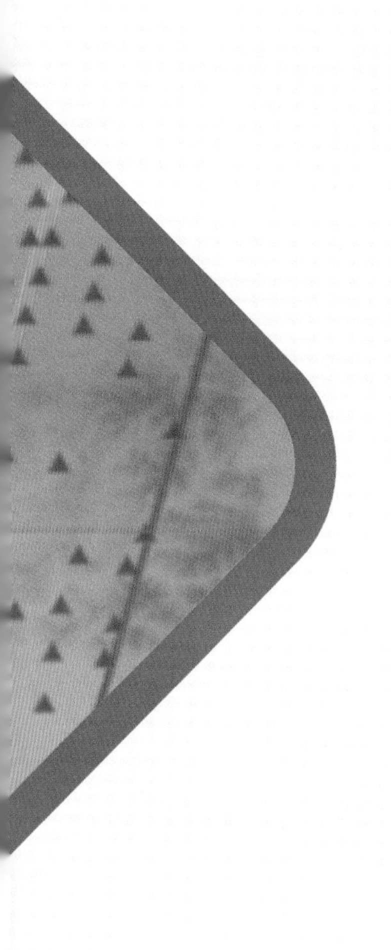

第 7 章

相关软件系统功能介绍

依据前面几章提出的方法，按照软件工程的方式研制了几何检校软件、标准产品制作软件、平面区域网平差软件和立体区域网平差软件等，形成线阵推扫式光学卫星处理软件包，并业务化应用于我国测绘卫星、遥感卫星、资源卫星和商业卫星等系列卫星的预处理和处理系统建设。

7.1 线阵推扫式光学卫星地面应用系统组成与功能

线阵推扫式光学卫星地面应用系统一般包含数据接收、任务管控、数据管理、0 级产品生产、几何辐射检校、预处理、处理、产品质检和数据分发 9 个分系统，系统组成如图 7.1 所示，本书研制的软件涵盖了线阵推扫式地面处理的几何辐射检校、预处理和处理 3 个分系统的核心内容。

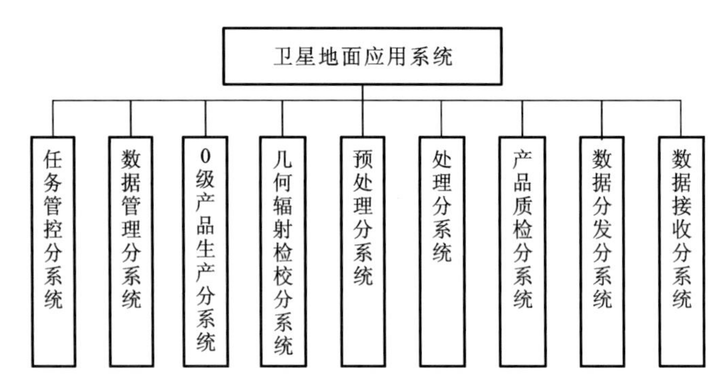

图 7.1 线阵推扫式光学卫星地面应用系统组成图

(1) 几何辐射检校分系统用于对卫星载荷的成像性能定期进行辐射、几何等方面的检校，从而保证地面应用系统能够获得高质量的影像产品；

(2) 预处理分系统负责对接收的地面系统数据进行编目处理，辐射校正处理，传感器校正产品生产，并进行内部质检；

(3) 处理分系统主要在各级标准产品基础上生产各类增值产品。

7.2 预处理分系统

7.2.1 分系统功能

预处理系统主要负责生产线阵推扫式光学卫星影像的高精度传感器校正产品，该分系统运行在 Linux 环境，具体功能包括：

(1) 对 0 级产品进行解析，获取成像参数，并对条带数据进行逻辑分景，具体包含：对 0 级产品数据进行是否可编目和生产传感器校正产品的质量检查；对 0 级产品数据进行编目；对 0 级产品进行数据提取；进行姿轨参数处理。

(2) 星上成像参数精化，具体包括精密定姿、精密定轨等。

(3) 线阵推扫式卫星影像严密几何成像模型的构建，能够实现影像到地面、地面到影像的坐标转换，具体包含：传感器校正产品严密成像几何模型建立和传感器校正产品 RPC 模型分析和参数解算。主要对应本书第 2 章内容。

(4) 传感器校正产品的生成，进行辐射几何无缝拼接等处理生成传感器校正产品，主要对应本书第 4 章和第 5 章内容。

(5) 内部质量检查，具体包含，传感器校正产品几何质量检查和传感器校正产品辐射质量检查。

7.2.2　分系统组成和流程

预处理系统由以下主要功能组成：编目子系统、辐射校正子系统、精密定姿子系统、精密定轨子系统、定位模型构建子系统、传感器校正产品生产子系统、预处理内部质量检查子系统，处理流程如图 7.2 所示。

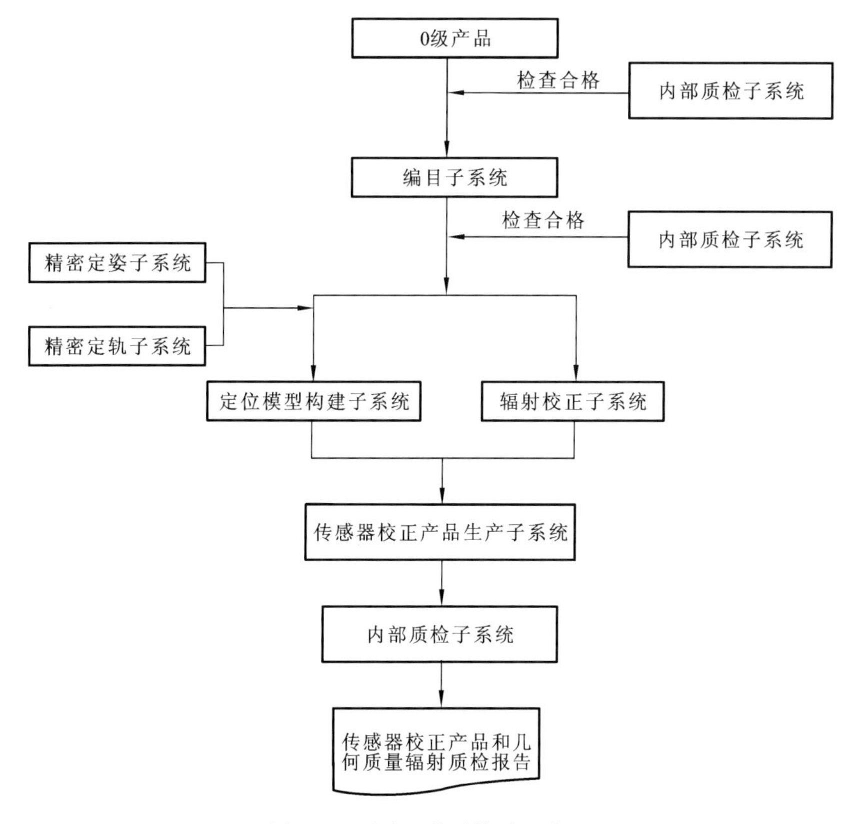

图 7.2　预处理分系统处理流程

推扫影像预处理分系统处理流程如下：

(1) 内部质检子系统检查接收到的 0 级产品数据，给出检查结论；

(2) 若(1)中检查合格，编目子系统基于(1)中的 0 级数据，进行成像辅助数据、图像解析，并进行逻辑分景；

(3) 内部质检子系统对(2)中的编目结果进行检查；若检查合格，继续后续处理流程；

(4) 辐射校正子系统对(2)中解析的原始影像进行辐射处理，提升影像辐射质量；

(5) 精密定姿子系统对姿态传感器观测数据进行处理，获取精密姿态，用以定位模型构建；

(6) 精密定轨子系统对 GNSS 观测数据进行处理,获取精密轨道,用以定位模型构建;

(7) 利用(2)中解析的成像几何参数,(5)、(6)中的精密定姿、精密定轨(该两项可无)建立严密几何成像模型;

(8) 在(7)的基础上,生成传感器校正产品;

(9) 对(8)中生产的传感器校正产品质量进行内部检查,输出几何质量、辐射质量检查报告。

7.3 处理分系统

7.3.1 分系统功能

处理分系统负责对预处理系统生成的传感器校正产品数据进行处理,形成高级产品,该软件运行在 Windows 环境和 Linux 环境。

具体功能包含:

(1) 控制点采集,利用多种手段获取影像对应的控制点和像点坐标;

(2) 平面区域网平差,针对交会角小于 10 度区域影像的区域处理获取定向参数,对应本书的第 6 章;

(3) 立体区域网平差,针对获取的同轨立体或异轨立体数据,获取定向参数,对应本书的第 6 章;

(4) DEM 生产,采用密集点匹配等技术,制作区域 DSM;

(5) DOM 生产,根据(2)或(3)获取的定向参数,利用外部 DEM 或(4)中生产的 DEM,制作区域 DOM,包含匀光匀色;

(6) 内部质量检查,对生产流程和生产结果进行内部质量检查,生产质量检查报告。

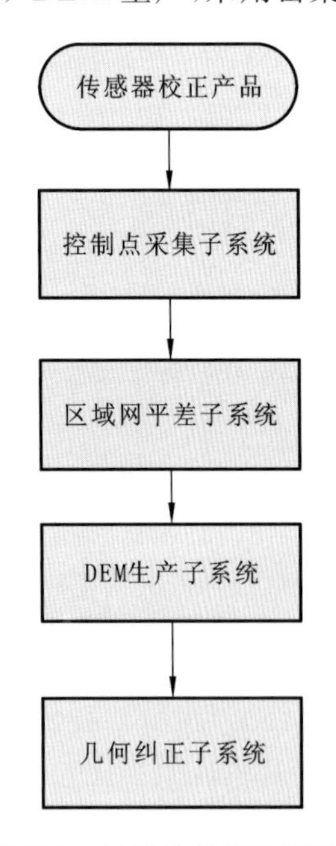

图 7.3 处理分系统处理流程

7.3.2 分系统组成和处理流程

处理分系统由以下主要功能组成:控制点采集子系统、平面区域平差子系统、立体区域平差子系统、DSM 生产子系统、几何纠正子系统等,处理流程如图 7.3 所示。

(1) 控制点采集子系统采集控制点或者通过匹配策略提取影像控制点;

(2) 利用匹配得到的控制点对传感器校正产品区域网平差,平差后得到影像和更新的相关参数,如果区域网平差结果误差超限或者有误,可以重新采集控制点或者匹配控制点再次进行区域网平差；

(3) 利用影像的定向参数进行 DEM 产品，可制作区域 DEM；

(4) 利用影像的定向参数几何纠正可以生产 DOM 级影像产品；

(5) 内部质检子系统对处理各个生产流程并对生产过程进行监督，同时检查各阶段产品质量合格的情况下才能后续的处理，并形成质量检查报告。

7.4　几何辐射检校分系统

几何辐射检校分系统的主要任务职能是保障业务运行系统运行和业务化生产，负责实现在轨几何、辐射参数的检校和验证。主要功能包括几何检校、辐射定标，该软件运行在 Windows 环境。

几何检校利用卫星精度检校数据，基于特征定位或影像匹配算法提取地面标志点的像点坐标；对相机内方位元素进行定期在轨精确标定；对相机之间的夹角参数进行定期在轨精确标定；对相机与星敏感器夹角参数进行定期在轨精确标定；对相机的内方位元素和外方位元素稳定性进行在轨检测，从而为产品生产提供高精度内外参数，主要对应本书第 3 章内容。

辐射定标进行辐射定标图像数据提取与检查，完成实验室定标数据处理，包括图像采集、入瞳辐亮度计算、光谱响应提取等；完成相机原始定标数据处理，形成实验室定标参数，实现相对校正和非线性响应修正；具备相机相对和绝对辐射定标系数提取与修正功能，利用在轨标定数据，进行影像统计、结果分析，完成在轨同步标定，并形成最终标定参数。

7.5　小　　结

研发的预处理分系统和几何辐射检校分系统已经应用于资源三号(应用时间:2012 年)、资源一号 02C(应用时间:2012 年)、遥感 6 号(应用时间:2013 年)、遥感 11 号(应用时间:2013 年)、遥感 10 号(应用时间:2014 年)、高分二号(应用时间:2014 年)、遥感 6A 号(应用时间:2014 年)、遥感 14 号(应用时间:2014 年)、遥感 12 号(应用时间:2015 年)、吉林一号(应用时间:2015 年)、资源三号 02 星(应用时间:2016 年)等系列国产线阵推扫式光学卫星的预处理系统建设，大幅提升了卫星的几何辐射质量。

研发的处理分系统已经应用于资源三号、高分一号、高分二号、WorldView2 等线阵推扫式光学卫星区域处理，推进了国产卫星影像的行业应用。

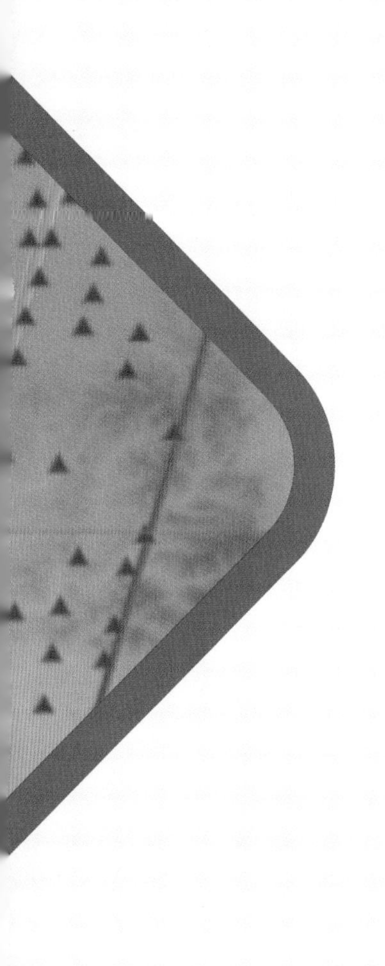

第 8 章

试验数据分析

线阵推扫式光学卫星处理软件已经在10型20颗国产光学卫星地面数据处理系统中得到不同程度的应用，效益明显。本章重点介绍在吉林一号A星几何定标、高频误差探测、无畸变影像产品、区域网平差和资源二号02星首轨数据与01星进行交叉定标处理、资源二号02星场地定标处理等方面试验应用情况。利用卫星获取的实际数据，验证本书提出的理论方法、模型算法、软件系统的正确性与有效性。

8.1 吉林一号A星试验

吉林一号组星于2015年10月7日成功发射，吉林一号组星包括1颗线阵推扫式光学遥感卫星、2颗视频卫星和1颗技术验证卫星，工作在650 km的太阳同步轨道。其中，吉林一号光学A星是高分辨率对地观测光学成像卫星，具备常规推扫、大角度侧摆、同轨立体、多条带拼接等多种成像模式，地面像素分辨率为全色0.72 m、多光谱2.88 m，可为国土资源监测、土地测绘、矿产资源开发、智慧城市建设、交通设施监测、农业估产、林业资源普查、生态环境监测、防灾减灾、公共应急卫生等领域提供遥感数据支持。卫星发射后，采用研制的软件，对其进行几何定标，并进行数据生产和分析。

8.1.1 几何定标数据说明

采用太原1∶5 000的DOM及DEM作为控制数据，同步获取吉林一号A星成像于2015年12月20日的全色、多光谱影像进行几何定标。影像侧摆角9°，覆盖范围内平均高程1068 m，最大高差433 m。图8.1所示为控制数据缩略图，图8.2所示为吉林一号A星数据缩略图。

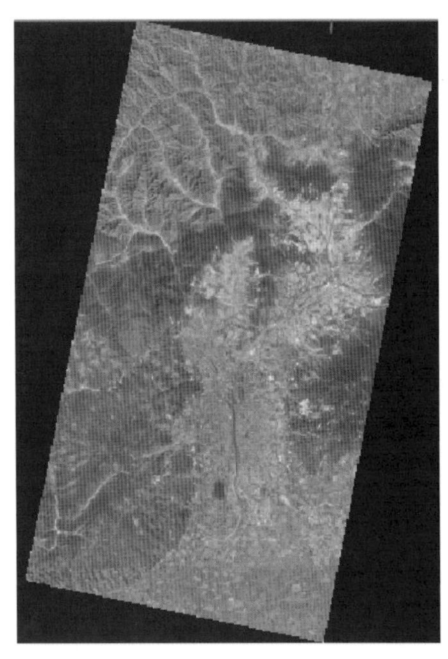

(a) DOM

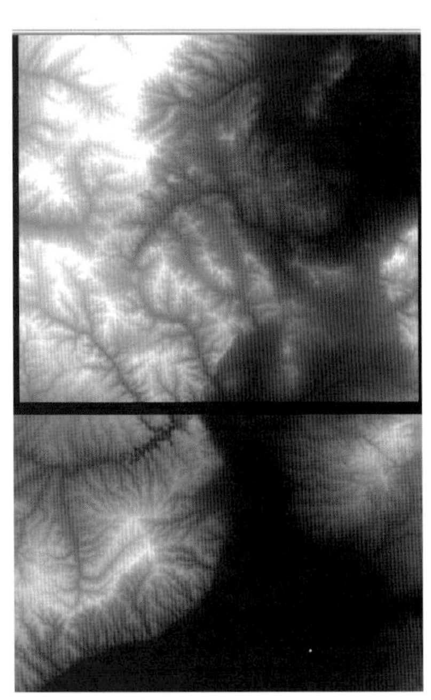

(b) DEM

图8.1 太原区域控制数据

图 8.2　吉林一号 A 星数据缩略图

8.1.2　几何定标结果与分析

1. 全色相机几何定标

1）几何定标结果分析

为了降低平台、姿态量化等“高频误差”对几何定标的影响，选取吉林一号 A 星太原区域影像的 18 000 行到 20 000 行范围进行几何定标。利用高精度配准算法从 DOM/DEM 上提取控制点总计 8 365 个，控制点分布均匀。

检校精度如表 8.1 所示。

表 8.1　几何定位精度对比（单位：像素）

	沿轨			垂轨			平面
	Max	Min	RMS	Max	Min	RMS	
指向角模型	0.70	0.00	0.26	1.38	0.00	0.39	0.47

经过内方位元素检校后，精度优于 0.5 个像素。如图 8.3 所示，内检校后定位残差以 x 为轴对称分布，符合随机性规律，不存在残留系统性误差。

2）相邻 CCD 阵列拼接精度

利用高精度控制点进行几何定标后，可以准确恢复相邻 CCD 间的相对关系。如图 8.4 所示定标获取的相邻 CCD 相对关系。

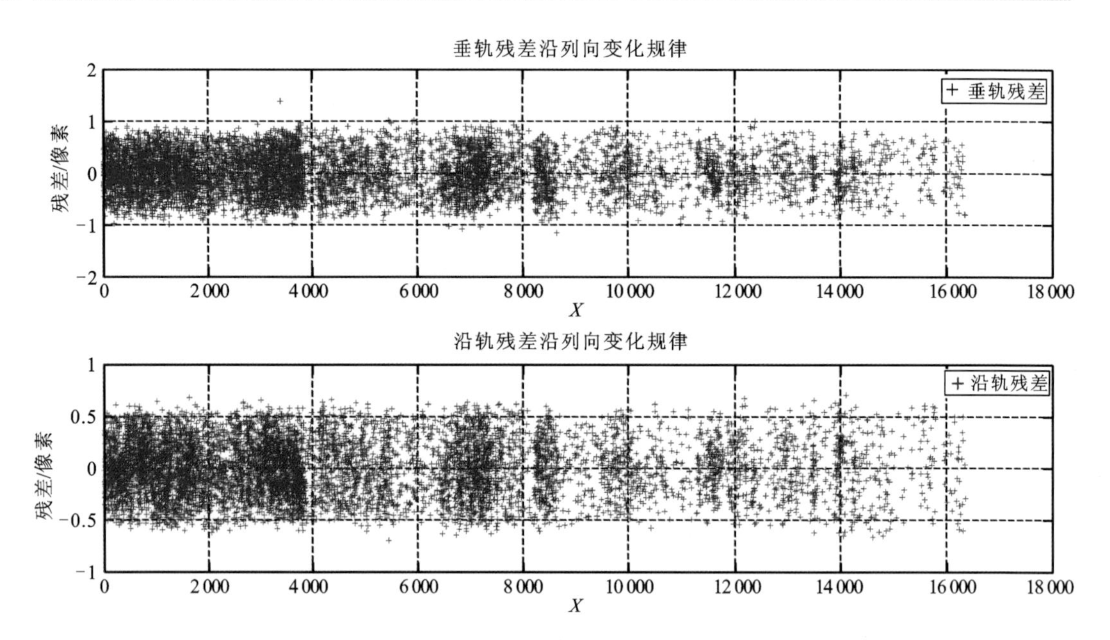

图 8.3 内方位元素定标后定位残差

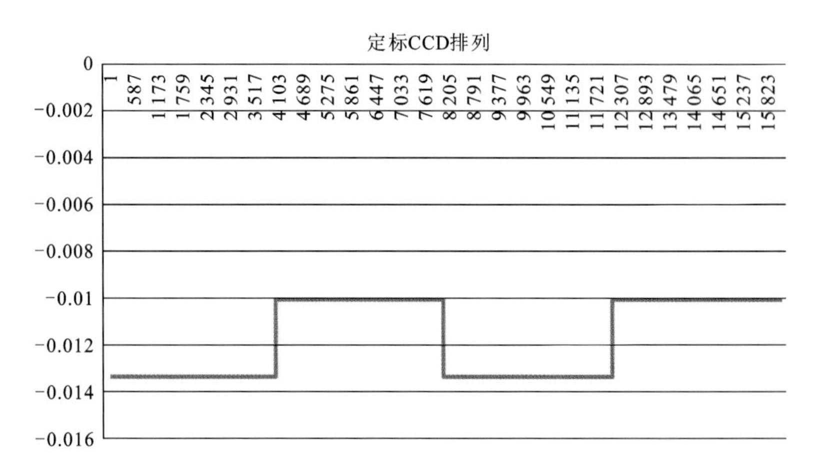

图 8.4 相邻 CCD 相对关系示意图

利用高精度匹配算法，从相邻 CCD 的重叠区域匹配获取同名点 365 对，在不考虑高频抖动影响的前提下，如果内定标精度足够高，那么同名点应该能够交会到地面同一个位置，否则说明内定标恢复的相邻 CCD 相对关系不准，最终将影响拼接效果。

定标后相邻 CCD 拼接精度评估如表 8.2 所示。

表 8.2 相邻 CCD 拼接精度评估(单位：像素)

沿轨			垂轨		
Max	Min	RMS	Max	Min	RMS
0.38	0.000	0.09	0.30	0.000	0.08

从上表可以看到，内定标后相邻 CCD 间相对关系恢复的精度优于 0.1 个像素。

2. 多光谱相机几何定标

1) 几何定标结果分析

为了保障全色与多光谱、多光谱谱段间的配准精度，选取多光谱第一谱段作为基准谱段，以标定后的全色作为基准对其进行标定；而其余谱段则以基准谱段为参考进行几何定标。各谱段定标精度如表 8.3 所示。

表 8.3　多光谱几何定标精度(单位：像素)

	沿轨			垂轨			平面
	Max	Min	RMS	Max	Min	RMS	
B1(基准谱段)	2.77	0.00	0.20	4.04	0.00	0.27	0.34
B2	0.87	0.00	0.12	1.31	0.00	0.16	0.20
B3	0.76	0.00	0.14	1.04	0.00	0.14	0.20

表 8.3 中，由于误匹配点的存在，定标后仍然存在残差在 1 个多像素的点。其中，基准谱段定标后精度在 0.3 个像素，而其余谱段相对基准谱段的定标精度在 0.2 个像素，根本上保障了谱段间配准精度。

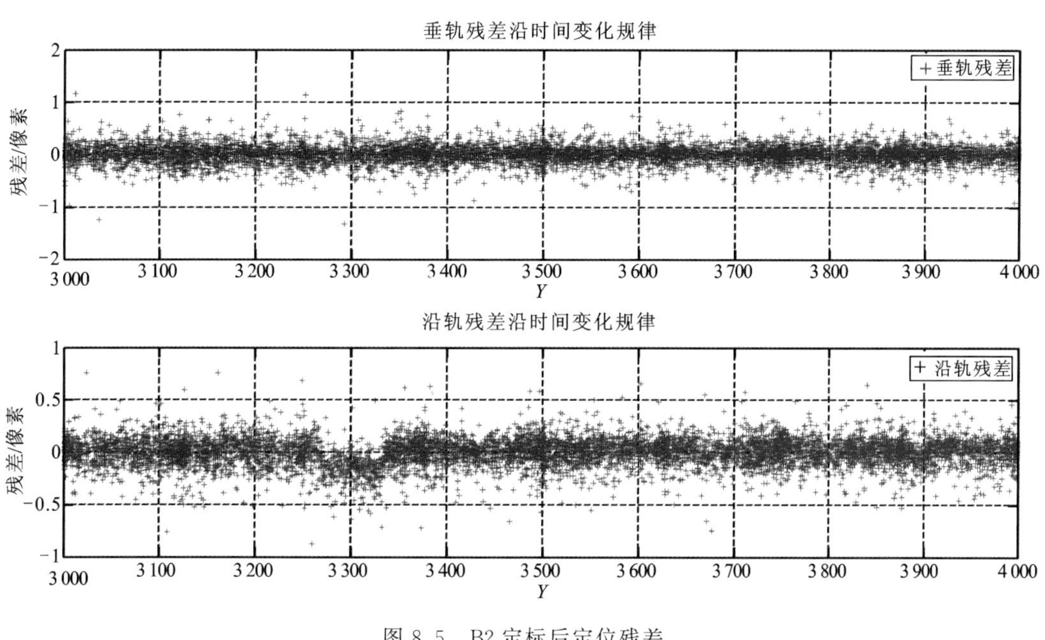

图 8.5　B2 定标后定位残差

图 8.5 以 B2 为例给出了定标后的定位残差，可以明显看到吉林一号 A 星平台受到平台不稳定的影响。

2）谱段间配准精度评估

如图 8.6 所示，采用几何定标后制作的吉林一号 A 星的多光谱产品，无双眼皮现象，多光谱之间配准精度优于 0.5 个像素。

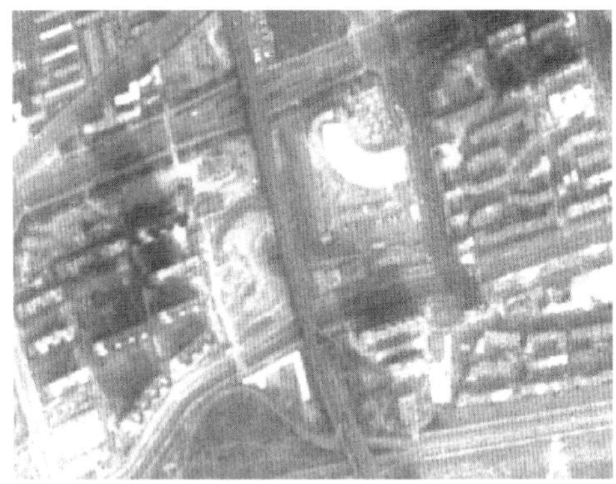

图 8.6　定标后谱段配准精度

8.1.3　无畸变产品生产验证

1. 拼接精度验证

采用 2015 年 12 月 20 日几何定标参数，利用 2015 年 12 月 18 号成像的吉林省内数据作为验证景，生产该景影像的传感器校正产品，该景影像成像侧摆角约为 −8°，利用 Google 控制点进行无控定位精度检查，结果如图 8.7 所示，无控定位精度优于 70 m。

图 8.7　定标后无控精度

从图 8.8 可以看到，经过定标后的内方位元素比较稳定，且能较好地恢复相邻 CCD 相对关系。但是，由于吉林一号 A 星姿态量化精度低且平台存在抖动，几何定位模型中的姿态高频误差影响较大，导致即便准确标定内方位元素仍然无法实现无缝拼接，需要进一步进行高频误差探测。

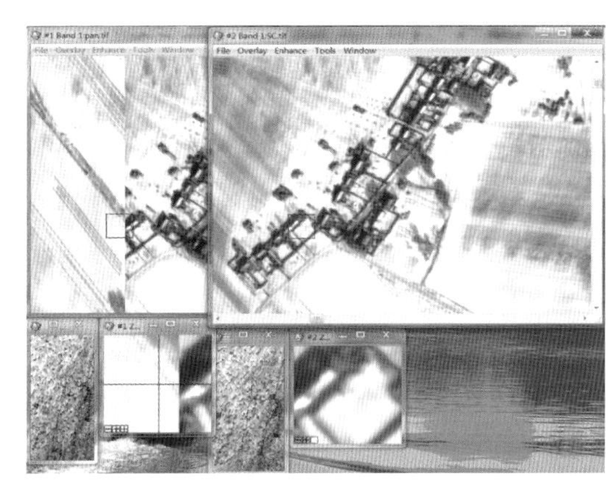

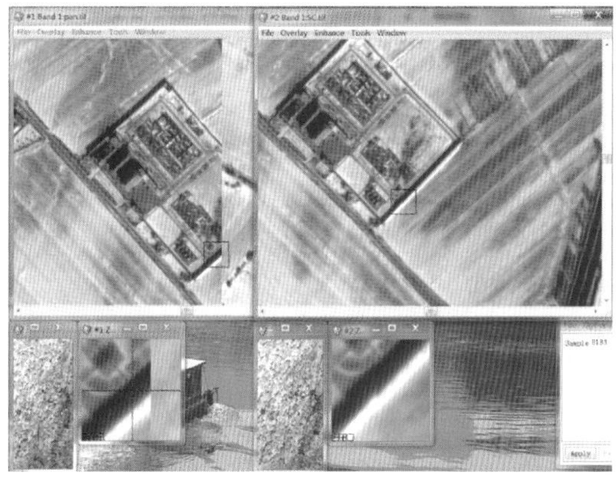

图 8.8　补偿景拼接效果示意图

2. 定向精度验证

收集 2016 年 1 月 7 号成像的太原区域吉林一号 A 星数据作为验证景验证分为如下两步：

(1) 采用短时段内的影像，验证定向精度。这是为了避免高频误差的影响，检验 2015 年 12 月 20 日检校内方位元素的精度；该验证控制点采用高精度配准方法提取，验证所用的控制数据如图 8.9 所示。

(2) 采用 1～2 景长度的影像进行定向验证，在验证中对比高频消除前后的定向精度，验证高频探测方案；该验证控制点采用人工刺点的方式获取。

1) 短时定向验证

取影像第 20 000 行到 23 000 行的 3 000 行影像作为验证区域，采用高精度配准算法提取控制点 4 920 个，控制点分布均匀且密集，如图 8.9 所示，精度见表 8.4，残差图见图 8.10。

图 8.9　控制点分布图

表 8.4　短时精度验证(单位:像素)

方案	沿轨			垂轨			平面
	Max	Min	RMS	Max	Min	RMS	
无控	20.80	12.38	17.45	8.55	1.51	5.12	18.18
带控	1.15	0.00	0.35	1.21	0.00	0.43	0.56

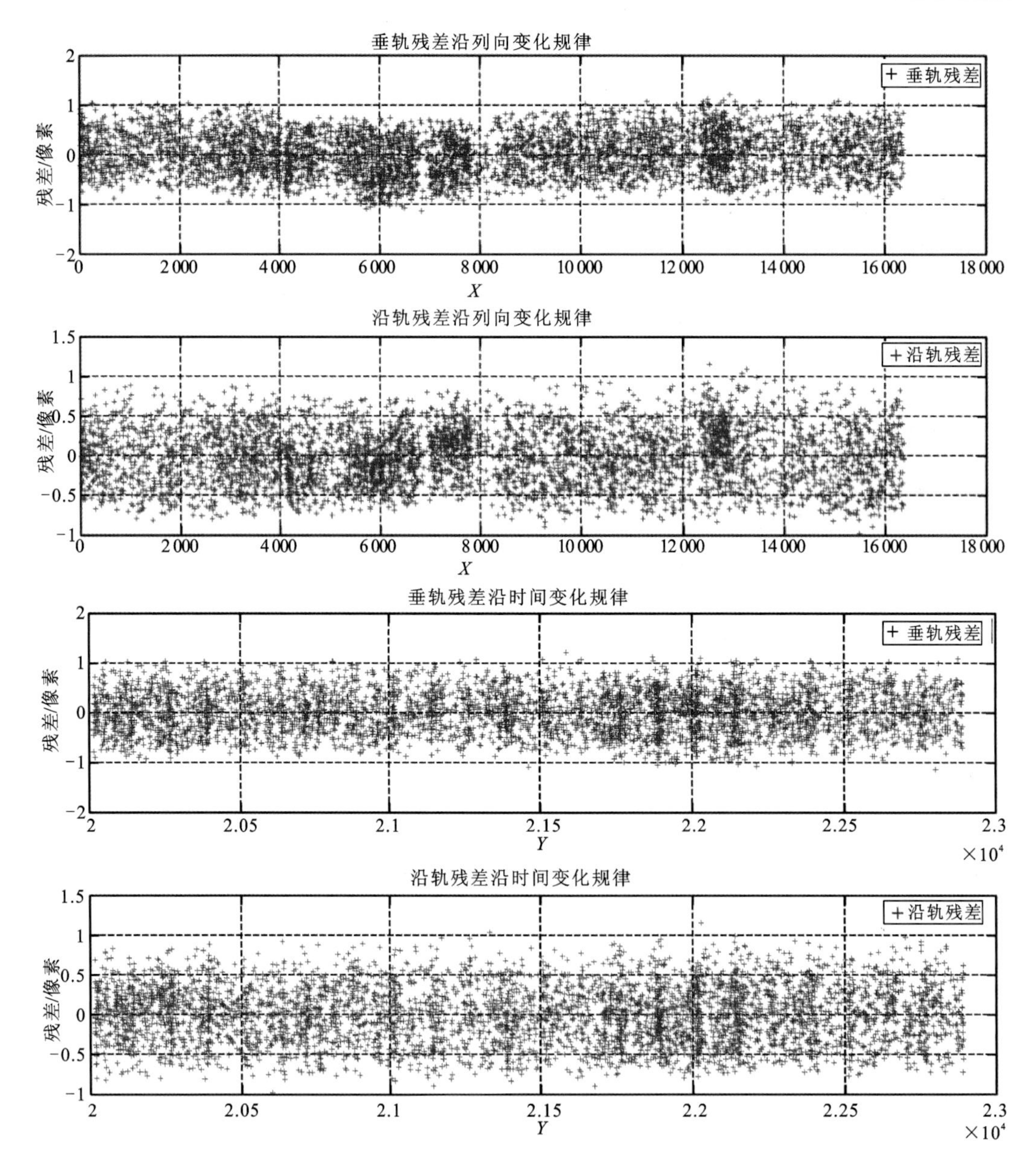

图 8.10　定位残差图

从图 8.10 可以看到，采用 2015 年 12 月 20 日定标的内方位元素进行定向后，定位残差分布随机，并未看到残留的内方位元素系统误差；定向精度优于 0.56 个像素，与定标精度相当，验证了内检校精度；另外，由于仅仅采用 3 000 行图像进行定向验证，成像时间短，高频误差影响小，因此定位残差中没有看到高频误差的影响。

2）整景定向验证

利用 2015 年 12 月 20 日的定标参数生产 2016 年 1 月 7 日太原区域数据的传感器校正产品，其中 A 表示不进行高频处理的产品，B 表示进行高频处理的产品。

图 8.11 左边为 A，右边为 B，可以看到，由于受到姿态量化等误差的影响，不采用高频方案的产品内精度受损，拼接带缝，而采用高频方案的产品能够较好地消除由于姿态量化不够造成的高频误差，提升模型内精度，拼接无缝。

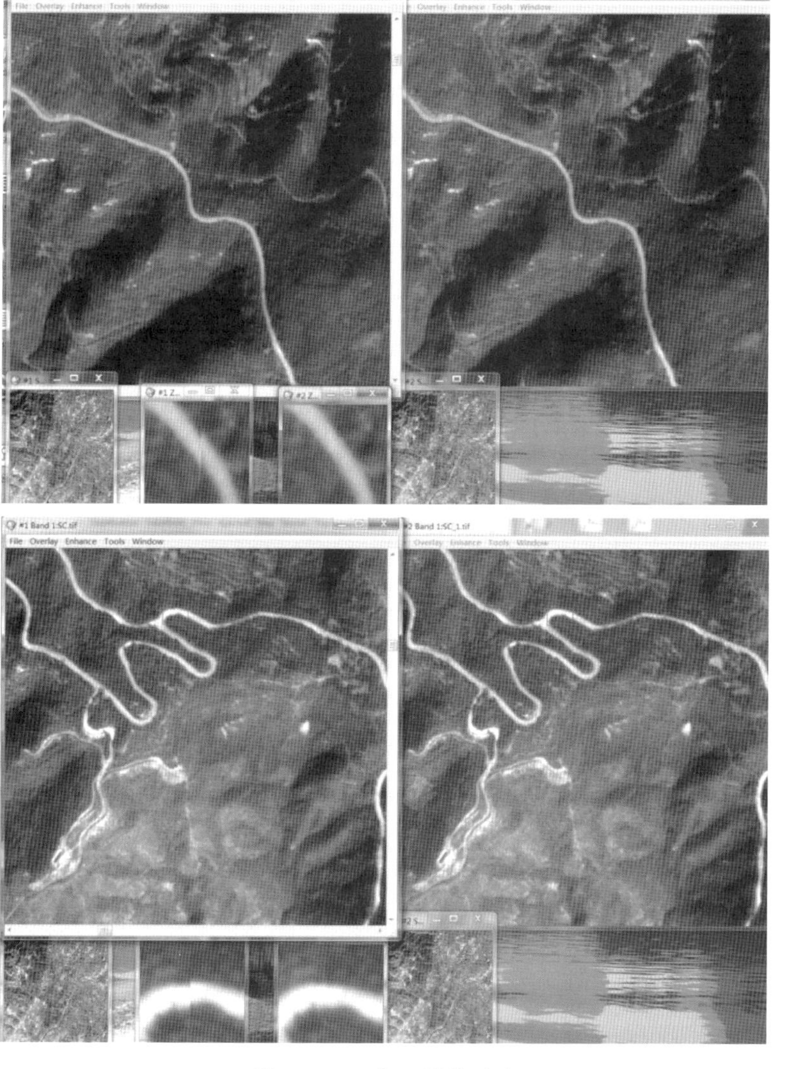

图 8.11　A 与 B 影像对比

图 8.11 A 与 B 影像对比(续)

进一步,采用人工刺点的方案选取了 42 个点进行精度验证,控制点分布如图 8.12 所示,定向精度如表 8.5 所示。

图 8.12 控制点分布图

表 8.5 整景定向精度(单位:像素)

产品	方案	沿轨/RMS	垂轨/RMS	平面
A	4 控	1.42	1.85	2.34
	全控	1.19	1.10	1.62
B	4 控	1.25	1.77	2.17
	全控	1.15	1.06	1.57

由于太原区域 DOM、DEM 与吉林一号 A 星数据成像时间间隔过大,地物变化较大,因此刺点精度仅在 1～2 个像素左右,因此无论 4 控或是全控精度均与控制精度相当,且

4控平差与全控平差的精度差异主要受限控制精度。图8.11中，B的内精度应该要明显高于A的内精度，而表8.5中两者差距却并不大，其根本原因仍是受限在控制点精度。总的来说，试验验证了高频方案能很好地消除由于姿态量化精度不够造成的高频误差，影像定向精度与控制精度相当，说明内部精度较高。

8.1.4　平面区域网平差试验

吉林一号A星平面区域网平差试验测区在美国密苏里州的西北部，范围为东经−94.414°～−94.318°，北纬39.883°～39.746°，试验区的地貌以平原为主。该测区共有2轨数据，每轨分别含有2景全色影像，共4幅影像，在重叠区域选择11点作为连接点，如图8.13所示。采用平面区域网平差方法，平差后精度如表8.6所示，拼接精度优于0.3个像素，沿轨向和垂轨向拼接图如图8.14所示，几何无缝。

表8.6　连接点残差(单位：像素)

连接点/个	最大残差			中误差		
	E	N	平面	E	N	平面
11	0.618	0.277	0.650	0.259	0.142	0.295

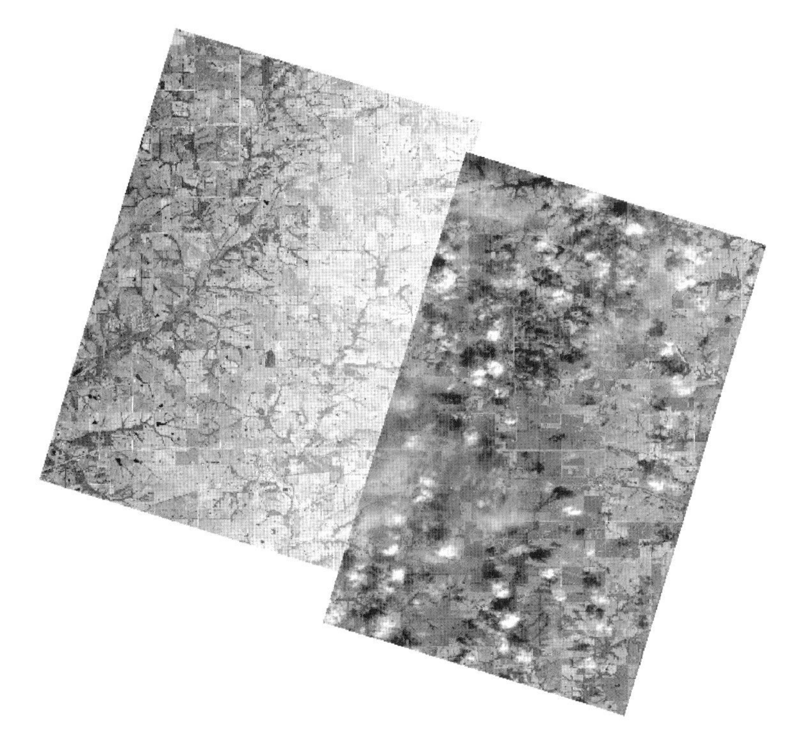

图8.13　影像示意图

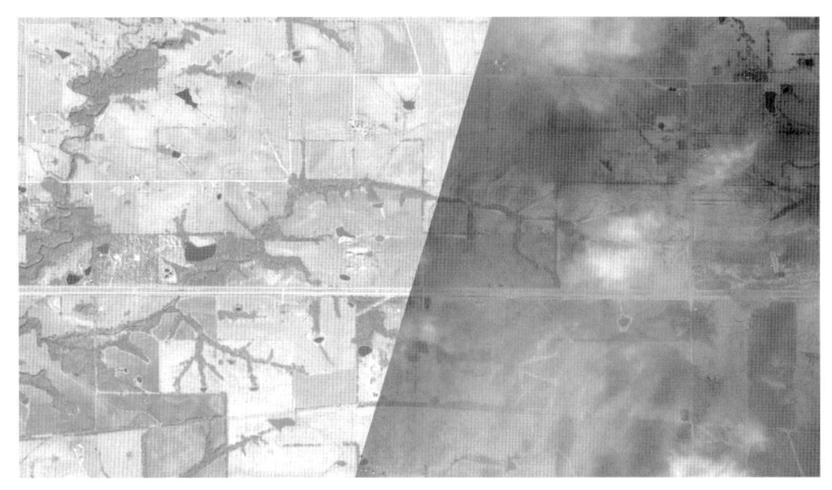

(a) 垂轨

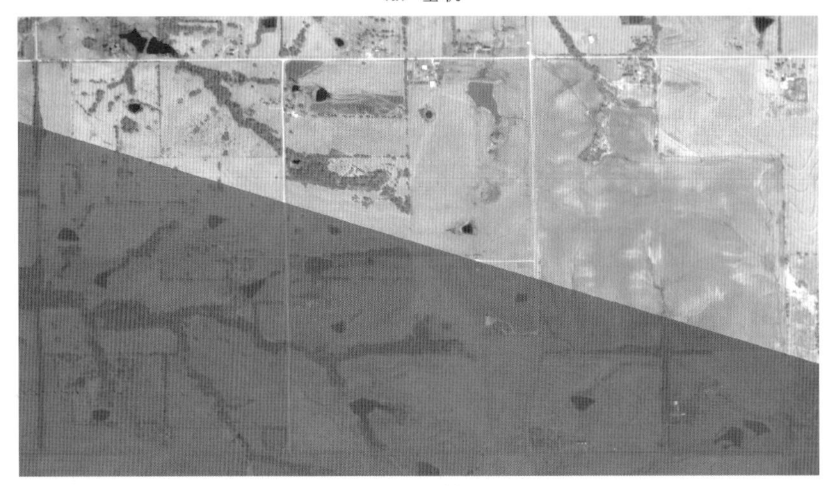

(b) 沿轨

图 8.14　拼接示意图

8.2　资源三号 02 星首轨数据定标与处理试验

资源三号 02 星于 2016 年 5 月 30 日发射成功，资源三号 02 星是列入国家民用空间基础设施中长期发展规划发射的首颗卫星，充分继承了资源三号 01 星技术状态，采用一步正样研制并进行适应性改造。其中影像前后视立体影像分辨率由 01 星的 3.5 m 提升到 2.5 m，实现了 2 m 分辨率级别的三线阵立体影像高精度获取能力，为 1∶50 000、1∶25 000万比例尺立体测图提供了坚实基础。双星组网运行后，将进一步加强国产卫星影像在国土测绘、资源调查与监测、防灾减灾、农林水利、生态环境、城市规划与建设、交通等领域的服务保障能力。

2016 年 5 月 31 日上午 10 时 57 分，资源三号 02 星首次开机成像并成功获取影像图，包括前、正、后视全色和多光谱影像，覆盖黑龙江、河北、内蒙古、天津、山东等地区。首批影像图图像清晰，色彩丰富，质量优良。首轨数据采用资源三号 01 星数据进行交叉定标进行传感器校正产品生产，并验证其初步精度，保障了产品生产。

8.2.1　数据说明

资源三号 02 星在轨飞行 16 圈于 2016 年 5 月 31 日 10 点 57 分获取的第一轨影像，位于黑龙江牙克石地区，主要地形为平原和丘陵，如图 8.15 所示。几何标定利用相似角度的资源三号 01 星数据，如图 8.16 所示，采用交叉定标获取几何定标参数。精度验证采用外业 GPS 点，人工转刺到卫星影像上，控制点物方坐标精度优于 0.1 m，像点量测精度优于 0.5 个像素。

图 8.15　资源三号 02 星待定标正视全色数据

图 8.16　资源三号 01 星正视全色数据

8.2.2　几何交叉定标

如图 8.17 所示，在资源三号 02 星景和资源三号 01 星景上通过自动匹配获取同名点 12 146 对，配准点均匀分布。

(a) 资源三号02星景

(b) 资源三号01星景

图 8.17　几何交叉定标影像同名点分布

利用配准提取的所有同名点对资源三号 02 星景进行交叉检校，结果见表 8.7。

表 8.7　交叉检校平差精度(单位:像素)

检校景		沿轨			垂轨			平面
		Max	Min	RMS	Max	Min	RMS	
正视全色	A	1.648	0	0.862	8.883	0	4.667	4.747
	B	0.633	0	0.207	0.520	0	0.214	0.298
前视	A	1.522	0	0.456	22.109	0	9.799	9.810
	B	0.529	0	0.221	0.5628	0	0.218	0.310
后视	A	0.944	0	0.305	21.813	0.014	10.599	10.603
	B	0.605	0	0.220	0.596	0	0.197	0.295

表 8.7 中,A 代表仅仅求解资源三号 02 星景相对于资源三号 01 星景偏置矩阵后的误差,B 表示在 A 基础上实现了内方位元素交叉定标后的误差。由于内方位元素误差受到包括线阵平移误差、探元尺寸误差、CCD 旋转误差及镜头畸变的影像,如表 8.7A 所示资源三号 02 星正视相机实验室测量内方位元素误差在 5 个像素以内,前后视相机内方位元素误差在 15 个像素以内;而如表 8.7B 所示,经内方位元素交叉定标后,前正后相机内方位元素精度保证在 0.3 个像素左右。以正视相机为例,从图 8.18(a)残差图看到,定位模型如果直接采用实验室测量内方位元素,存在明显的内方位元素误差。经交叉检校后,从图 8.18(b)所示残差图看到几何定位误差以 0 为中心对称分布,符合随机误差特性,无残余系统误差。

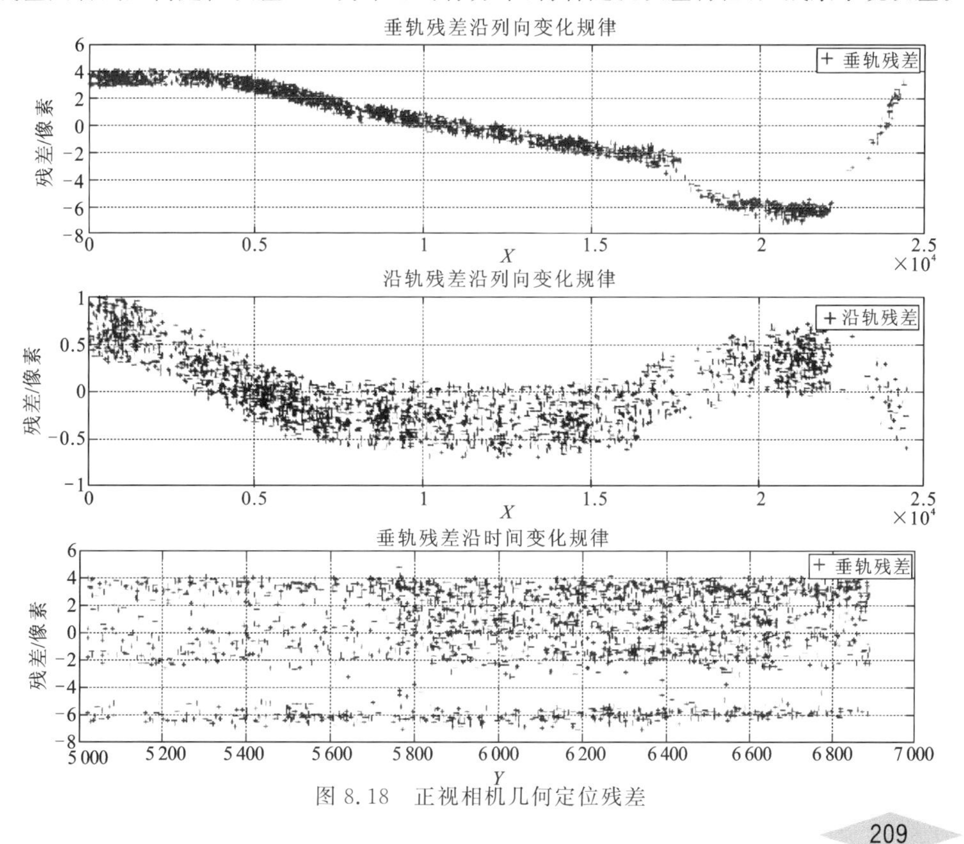

图 8.18　正视相机几何定位残差

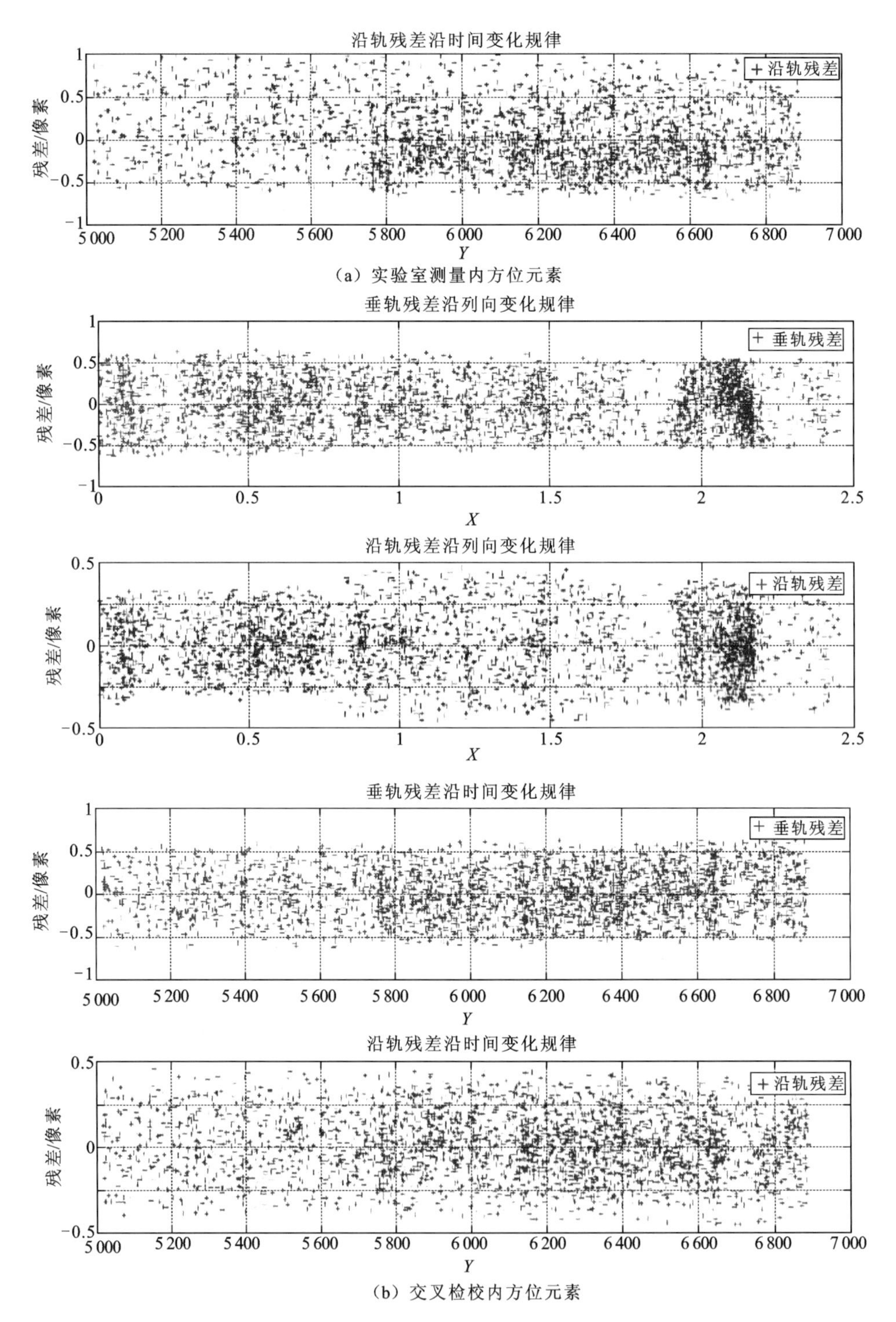

（a）实验室测量内方位元素

（b）交叉检校内方位元素

图 8.18 正视相机几何定位残差(续)

8.2.3　立体平差处理精度验证

采用几何交叉定标结果采用虚拟重成像技术进行传感器校正产品生产，采用区域网平差和密集匹配技术，进行传感器产品的 RFM 模型精化和 DSM 生产，并进行精度验证。选取的 10 个高精度的控制点，其中 3 个作为控制点，7 个作为检查点，来初步验证资源三号 02 星的立体几何精度。如图 8.19 所示，实心三角形表示控制点，空心圆圈表示检查点。控制点残差的标准差东西向为 0.56 m、南北向为 1.4 m、高程为 0.179 m；检查点(圆圈)残差的标准差东西向为 2.28 m、南北向为 3.16 m、高程为 2.08 m；像面残差的标准差 CCD 方向为 0.56 m、沿轨向为 0.18 m、高程为 0.024 m。因此，3 个控制点条件下的平面精度优于 3.89 m，高程精度优于 2.08 m。

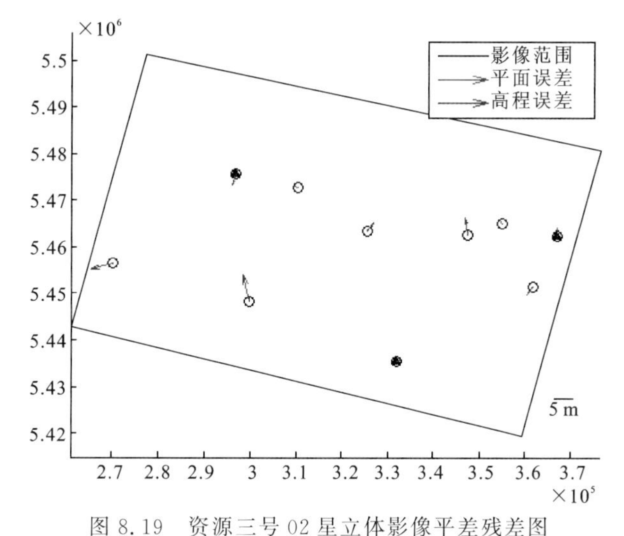

图 8.19　资源三号 02 星立体影像平差残差图

8.3　资源三号 02 星场地几何定标与处理试验

8.3.1　几何定标数据说明

图 8.20 所示为获取于 2007 年天津 1∶2 000DOM 和 DEM 数据为控制数据。天津 DOM 分辨率约 0.2 m，覆盖范围约 80(东西)km × 60(南北)km。

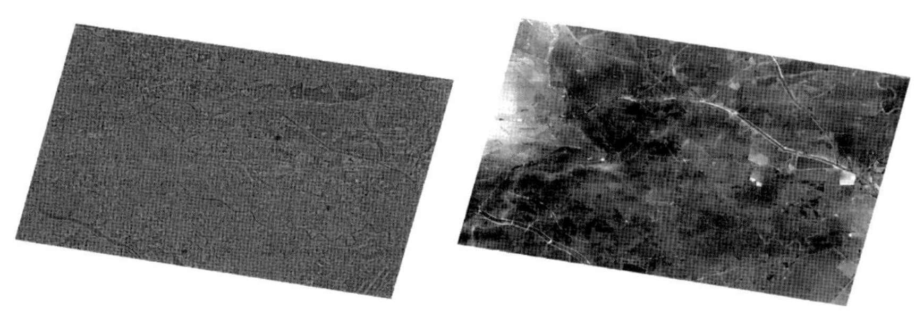

图 8.20　天津 1∶2000 控制数据

获取了 2016 年 7 月 2 日成像的天津区域的资源三号 02 星四个相机（正视相机、后视相机、前视相机、多光谱相机）的影像进行几何定标，如图 8.21 所示。

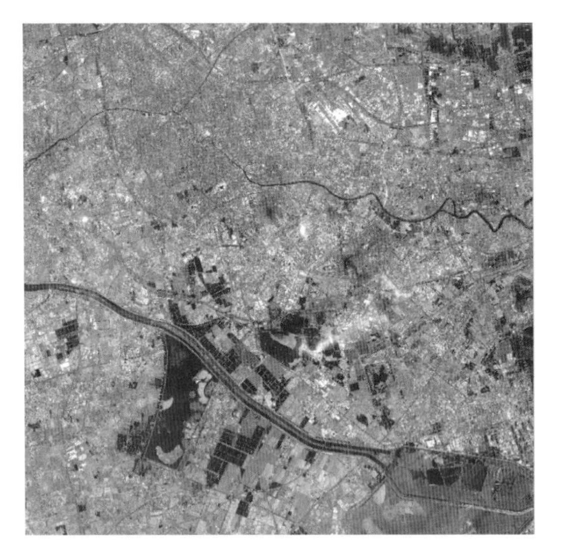

图 8.21　资源三号 02 星几何定标数据

8.3.2　正视相机几何定标

1. 几何定标结果分析

为了降低平台抖动等“高频误差”对几何定标的影响，选取 ZY302 正视相机天津区域影像的 2 500 行到 4 500 行范围进行几何定标。采用高精度配准算法从 DOM/DEM 上提取控制点总计 8 895 个，控制点分布均匀，如图 8.22 所示，检校精度如表 8.8 所示。

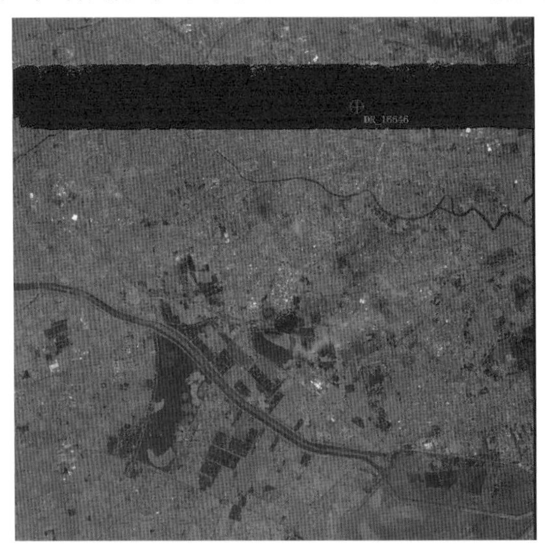

图 8.22　正视相机检校控制点分布

表8.8 资源三号02星正视全色几何定标精度(单位:像素)

精度	沿轨			垂轨			平面
	Max	Min	RMS	Max	Min	RMS	
直接定位	48.02	36.60	42.70	286.52	268.44	276.88	280.16
偏置矩阵	6.27	0.002	3.22	1.61	0.00	0.33	3.24
指向角模型	0.37	0.00	0.15	0.80	0.00	0.20	0.25

上表中,对比"直接定位"与"偏置矩阵"的精度可以发现,利用控制点求解偏置矩阵后的定位精度提升了277个像素左右,但平面定位精度仍在3个像素,这部分误差由采用实验室测量的内方位元素不准确误差引起的,无法被偏置矩阵消除。图8.23为表8.8中"偏置矩阵"定位残差图,横轴代表影像列(也即探元编号),纵轴代表定位残差,该定位残差由内方位元素误差引起。经过指向角模型定标后,定标精度为0.25个像素。如图8.24所示,内检校后定位残差以x为轴对称分布,符合随机性规律,不存在残留系统性误差。

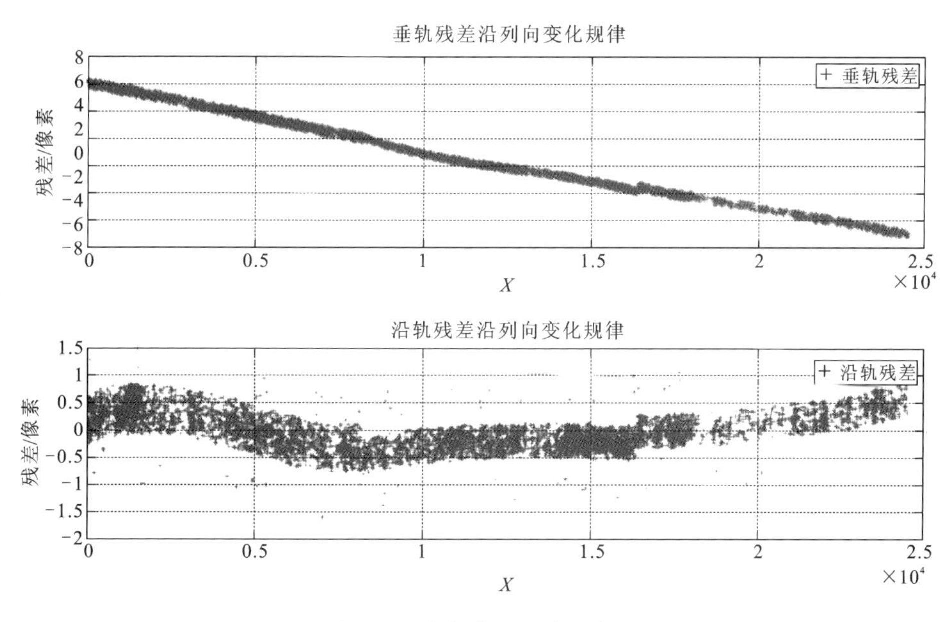

图8.23 求解偏置矩阵后残差

2. 相邻CCD阵列拼接精度

利用定标恢复的相邻CCD关系进行多片CCD影像拼接,效果如图8.25所示。

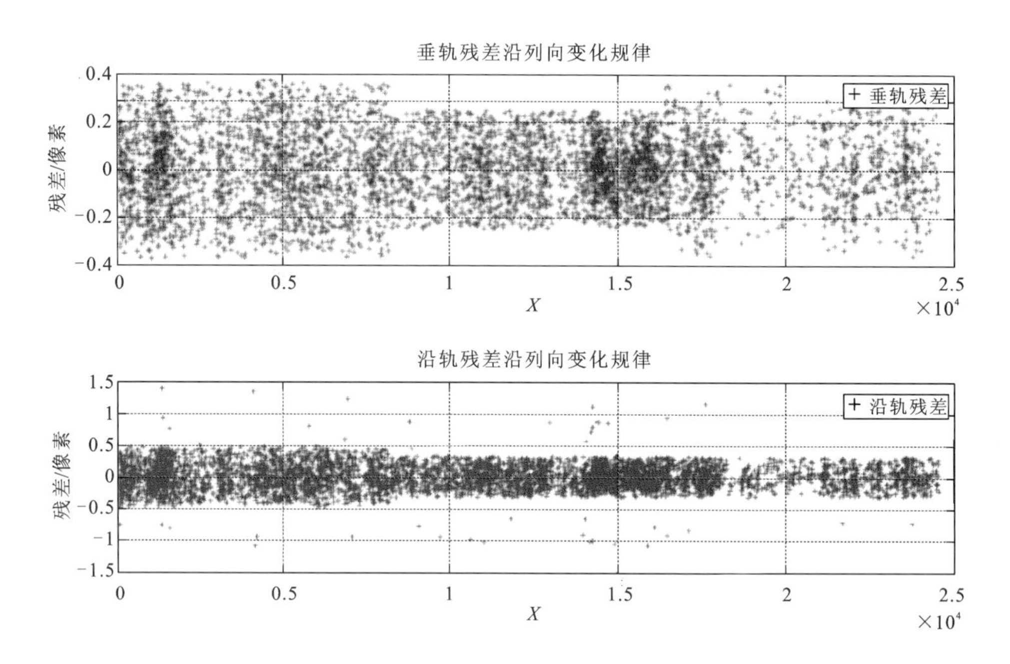

图 8.24　内方位元素定标后残差

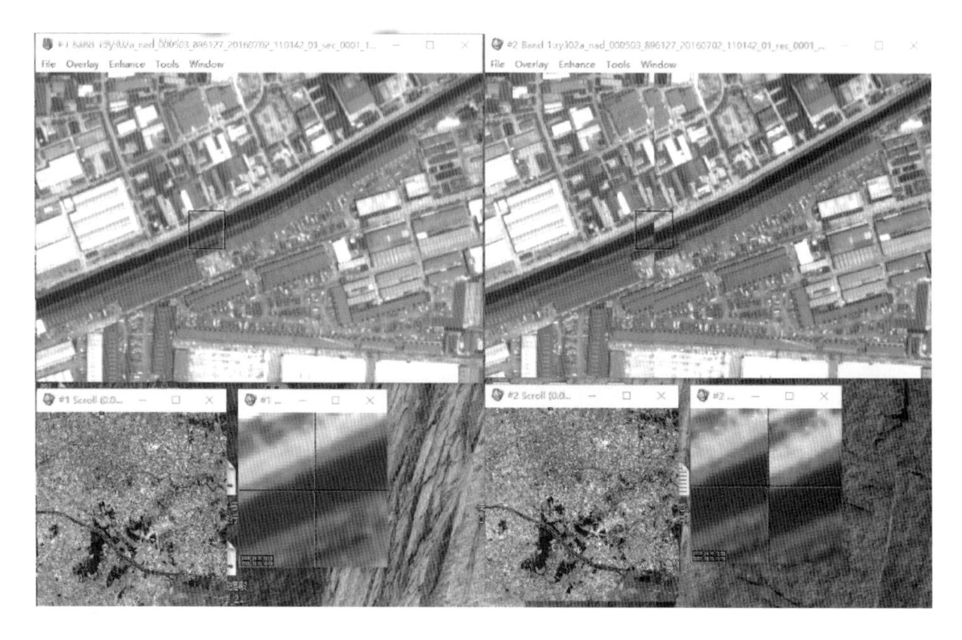

图 8.25　多片 CCD 拼接效果图

8.3.3　前视相机/后视相机几何定标

采用和正视全色类似的方案，对前后视相机进行几何定标，如表 8.9 和表 8.10 所示。

表 8.9　前视相机几何定标精度(单位:像素)

精度	沿轨			垂轨			平面
	Max	Min	RMS	Max	Min	RMS	
直接定位	40.96	0.00	23.47	10.91	8.71	9.83	25.45
偏置矩阵	28.76	0.02	13.35	0.93	0.00	0.44	13.36
指向角模型	0.45	0.00	0.17	0.62	0.00	0.19	0.25

表 8.10　后视相机几何定标精度(单位:像素)

精度	沿轨			垂轨			平面
	Max	Min	RMS	Max	Min	RMS	
直接定位	36.38	0.00	20.67	22.20	19.38	20.92	29.41
偏置矩阵	21.83	0.00	11.57	0.90	0.00	0.27	11.57
指向角模型	0.41	0.00	0.18	0.67	0.00	0.20	0.27

表 8.9 和表 8.10 中,对比“直接定位”与“偏置矩阵”的精度可以发现,利用控制点求解偏置矩阵后的定位精度均由提升,但是定标精度仅十几个像素,该部分误差主要是由于不准确的内方位元素导致的,经过指向角模型内定标后,精度优于 0.3 个像素。如图 8.26 和图 8.27 所示检校后定位残差以 x 为轴对称分布,符合随机性规律,不存在残留系统性误差。

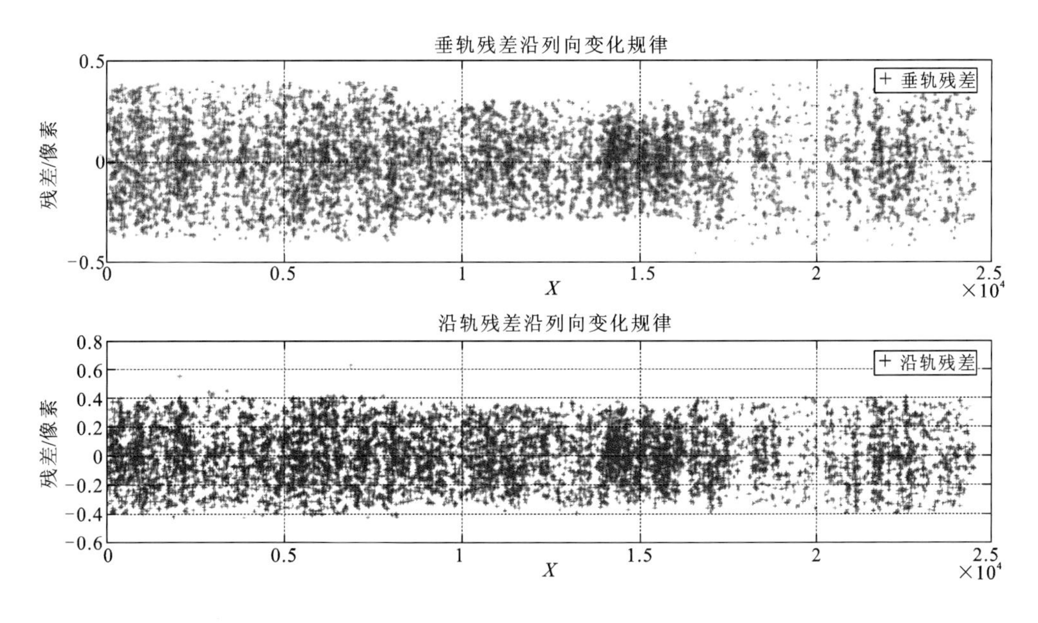

图 8.26　前视相机内方位元素定标后残差

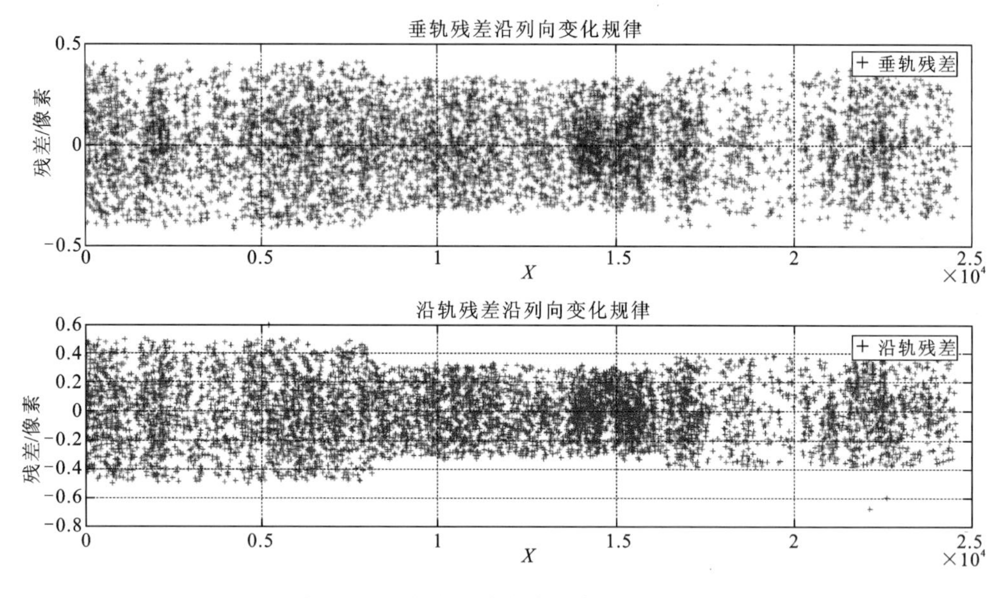

图 8.27 后视相机内方位元素定标后残差

8.3.4 多光谱相机几何定标

为了保障多光谱谱段间的配准精度，选取基准谱段，采用天津高精度 DOM/DEM 对基准谱段进行几何定标，而其余谱段则以基准谱段为参考进行几何定标。各谱段定标精度如表 8.11 所示。

表 8.11 多光谱几何定标精度(单位：像素)

精度	沿轨			垂轨			平面
	Max	Min	RMS	Max	Min	RMS	
B1(基准谱段)	0.26	0.00	0.10	0.30	0.00	0.12	0.16
B2	0.10	0.00	0.04	0.13	0.00	0.04	0.05
B3	0.12	0.00	0.03	0.18	0.00	0.04	0.06
B4	0.29	0.00	0.08	0.27	0.00	0.09	0.12

其中，基准谱段定标后精度在 0.16 个像素左右，而其余谱段相对基准谱段的定标精度在 0.1 个像素以内，保障了谱段间配准精度。而其余谱段相对基准谱段的定标精度在 0.2 个像素以内，根本上保障了谱段间配准精度。

8.3.5 立体区域网平差验证试验

1. 试验数据

本试验选取中国东部沿海辽宁地区、南方内陆江西地区的两个地区的三线阵传感器校正产品进行立体区域网平差试验验证，信息如表 8.12 所示，图如 8.28 和 8.29 所示，采用平面精度为 5 m 的基础数据做平面控制，采用 SRTM-DEM 为高程控制，平差结果如表 8.13 所示。

表 8.12　三线阵数据信息 SC 数据产品

测区	轨道号	轨道/Row	成像时间
辽宁测区	1263	887/122	20160821
江西测区	1111	889/154	20160811

图 8.28　辽宁地区传感器校正产品图

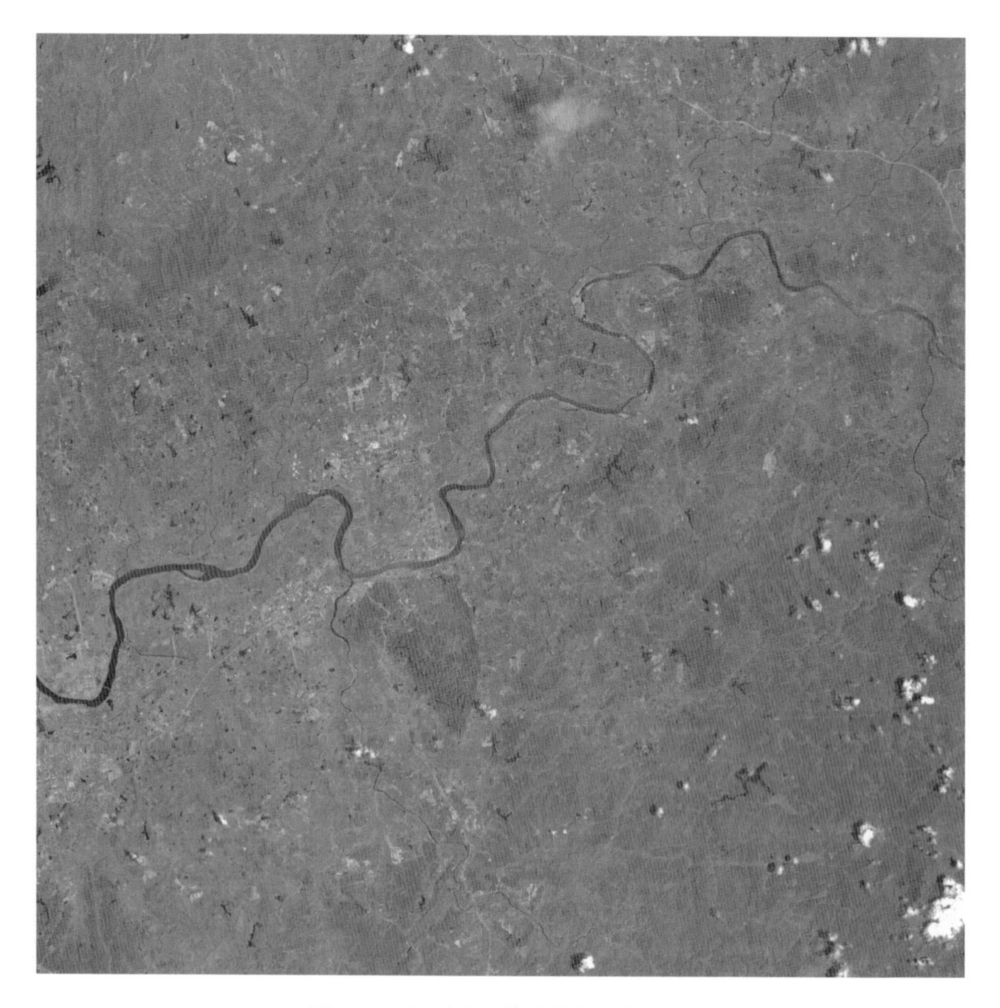

图 8.29　江西地区传感器校正产品图

表 8.13　立体区域网平差结果(单位:m)

测区	检校参数	控制点中误差			检查点中误差		
		X	Y	Z	X	Y	Z
辽宁测区	交叉定标	0.637 898 61	0.658 961 81	1.326	1.030 726 02	1.319 891 33	1.155
	场地定标	0.637 576 26	0.643 273 74	1.329	0.728 721 88	1.426 475 32	2.165
江西测区	交叉定标	0.771 723 98	0.807 493 13	2.462	1.046 231 58	0.823 891 49	4.489
	场地定标	0.777 248 59	0.809 964 67	2.456	0.878 307 24	0.972 969 22	3.211

如表 8.13 所示,利用交叉定标和场地定标参数制作的传感器校正产品精度相当,差别不明显,也可能是由于控制点不准确引起的。总体来看,平面精度和高程精度均和控制精度相当。

8.4 小 结

通过对 2015 年发射的吉林一号 A 星和 2016 年发射的资源三号 02 星的处理和分析，表明研制的相关软件可解决我国线阵推扫式光学卫星几何检校、高频误差探测、传感器校正产品到区域网平差等一系列技术难题。